高等学校城市地下空间工程专业规划教材

地下空间规划设计

王　艳　王大伟　主　编

人民交通出版社股份有限公司
China Communications Press Co.,Ltd.

内 容 提 要

城市地下空间规划是城市地下空间开发的重要前提和必要工作,是现代城市规划的重要组成部分,并对城市的发展起到引导和推动作用。本书共分为8章,主要内容包括:绪论、地下空间总体规划设计、地下交通网系统规划设计、地下轨道交通站点规划设计、地下停车场规划设计、城市地下商业街规划设计、地下综合管廊规划设计、地下空间防灾与安全。

本书可作为城市地下空间工程专业本、专科的教材,可供城市规划、城市设计、城市建设和管理人员阅读,也可供相关专业人员学习和参考。

图书在版编目(CIP)数据

地下空间规划设计 / 王艳,王大伟主编. — 北京 :
人民交通出版社股份有限公司, 2017.2

高等学校城市地下空间工程专业规划教材

ISBN 978-7-114-13682-5

Ⅰ. ①地… Ⅱ. ①王… ②王… Ⅲ. ①地下建筑物—城市规划—高等学校—教材 Ⅳ. ①TU984.11

中国版本图书馆 CIP 数据核字(2017)第 029519 号

高等学校城市地下空间工程专业规划教材

书　　名: 地下空间规划设计
著 作 者: 王　艳　王大伟
责任编辑: 张征宇　赵瑞琴
出版发行: 人民交通出版社股份有限公司
地　　址: (100011)北京市朝阳区安定门外外馆斜街3号
网　　址: http://www.ccpress.com.cn
销售电话: (010)59757973
总 经 销: 人民交通出版社股份有限公司发行部
经　　销: 各地新华书店
印　　刷: 北京建宏印刷有限公司
开　　本: 787×1092　1/16
印　　张: 14
字　　数: 331千
版　　次: 2017年2月　第1版
印　　次: 2023年8月　第3次印刷
书　　号: ISBN 978-7-114-13682-5
印　　数: 4001-5000册
定　　价: 32.00元

高等学校城市地下空间工程专业规划教材

编　委　会

序　言

近年来，我国城市建设以前所未有的速度加快发展，规模不断扩大，人口急剧膨胀，不同程度地出现了建设用地紧张、生存空间拥挤、交通阻塞、基础设施落后等问题，城市可持续发展问题突出。开发利用城市地下空间，不但能为市民提供创业、居住环境，同时也能提供公共服务设施，可极大地缓解中心城市密度，疏导交通增加城市绿地，改善城市生态。

为适应城市地下空间工程的发展，2012年9月，教育部颁布了《普通高等学校本科专业目录》（以下简称专业目录），专业目录里将城市地下空间工程专业列为特设专业。目前国内已有数十所高校设置了城市地下空间工程专业并招生，在这个前所未有的发展时期，城市地下空间工程专业系列教材的建设明显滞后，一些已出版的教材与学生实际需求存在较大差距，部分教材未能反映最新的规范或标准，也没有形成体系。为满足高校和社会对于城市地下空间工程专业教材的多层次要求，人民交通出版社股份有限公司组织了全国十余所高等学校编写"高等学校城市地下空间工程专业规划教材"，并于2013年4月召开了第一次编写工作会议，确定了教材编写的总体思路，于2014年4月召开了第二次编写工作会议，全面审定了各门教材的编写大纲。在编者和出版社的共同努力下，目前这套规划教材陆续出版。

这套教材包括《地下工程概论》《地铁与轻轨工程》《岩体力学》《地下结构设计》《基坑与边坡工程》《岩土工程勘察》《隧道工程》《地下工程施工》《地下工程监测与检测技术》《地下空间规划设计》《地下工程概预算》等11门课程，涵盖了城市地下空间工程专业的主要专业核心课程。该套教材的编写原则是"厚基础、重能力、求创新，以培养应用型人才为主"，体现出"重应用"及"加强创新能力和工程素质培养"的特色，充分考虑知识体系的完整性、准确性、正确性和适用性，强调结合新规范、增大例题、图解等内容的比例，做到通俗易懂，图文并茂。

为方便教师的教学和学生的自学，本套教材配有多媒体教学课件，课件中除教学内容外，还有施工现场录像、图片、动画等内容，以增加学生的感性认识。

反映城市地下空间工程领域的最新研究成果、最新的标准或规范，体现教材的系统性、完整性和应用性，是本套教材力求达到的目标。在各高校及所有编审人员的共同努力下，城市地下空间工程专业系列规划教材的出版，必将为我国高等学校城市地下工程专业建设起到重要的促进作用。

高等学校城市地下空间工程专业规划教材编审委员会

人民交通出版社股份有限公司

前　言

随着城市化进程的加快,城市建设用地在不断扩大,我国土地资源又非常有限,很难适应城市发展对土地的需求。目前,土地资源紧缺已成为城市发展最致命的约束条件,如何建设具有中国特色的生态环保型和资源节约型城市,成为我国城市建设面临的重大问题。解决这一问题的关键是充分开发利用城市地下空间,解决人口、资源、环境三者之间的危机,其在发达国家的城市中得到普遍的运用。

当前合理利用地下空间,不仅符合"坚持科学发展观,构建资源节约型、环境友好型社会"的要求,还可以满足城市生产、生活的需要,减轻城市环境污染和防灾的压力。城市地下空间的开发使用对提高土地利用率,优化城市功能布局,疏导城市交通,扩充基础设施容量,增加城市绿地,保持历史文化景观,减少环境污染和改善城市生态环境起到不可忽视的作用。因此,城市地下空间的开发是未来城市发展的重要方向之一。

本书围绕城市地下空间规划设计的关键内容开展研究,并进行了大量的资料收集和实际调研。本书由王艳、王大伟担任主编,负责全书的框架设计。书中第一章、第三章由王艳负责编写,第二章、第四章、第五章、第七章由王大伟负责编写,第八章由王潘绣负责编写,第六章由周衍涛负责编写。全书案例由王大伟、王艳进行编写汇总和全书的统稿工作。书中插图由邓琪、刘培、苗珊珊绘制,文字由徐硕、付用全、李志堂核对。

本书的撰写过程中参考了国内外已有的规范、专著、期刊文章、硕博士论文、研究报告等资料,谨此向被引用的书刊和资料的作者表示衷心的感谢。但由于编者学识水平和时间所限,书中难免有谬误或疏漏之处,敬请读者指正批评。

编　者

2017 年 1 月

目　录

第一章　绪论 …… 1
第一节　地下空间开发利用的意义 …… 1
第二节　国内外地下空间规划研究状况 …… 7
第三节　地下空间立体开发使用的现状及问题 …… 9
第二章　地下空间总体规划设计 …… 12
第一节　地下空间规划的地位和作用 …… 12
第二节　地下空间总体规划编制任务、目标和原则 …… 13
第三节　地下空间总体规划的期限、编制程序及空间分层 …… 16
第四节　地下空间总体规划编制特点、层面及成果要求 …… 17
第五节　地下空间总体规划调查研究与基础资料收集 …… 24
第六节　地下空间总体布局与形态 …… 26
第七节　案例分析 …… 30
第三章　地下交通网系统规划设计 …… 45
第一节　地下交通网规划与城市总体布局 …… 45
第二节　地下轨道交通规划设计 …… 50
第三节　地下步行系统规划 …… 58
第四节　案例分析 …… 65
第四章　地下轨道交通站点规划设计 …… 77
第一节　地下轨道交通站点概述 …… 77
第二节　地下轨道交通车站客流量预测及选址 …… 79
第三节　地下轨道交通车站规划设计 …… 85
第四节　地下轨道交通车站换乘方式 …… 93
第五节　案例分析 …… 99
第五章　地下停车场规划设计 …… 107
第一节　国内外地下停车场发展概述 …… 107
第二节　地下停车场的类型及功能组成 …… 108
第三节　地下停车场规划布局 …… 112
第四节　地下停车场设计 …… 115
第五节　案例分析 …… 129

第六章　城市地下商业街规划设计 …………………………………… 138
第一节　地下商业街的起源与定义 …………………………………… 138
第二节　地下商业街规划布局原则 …………………………………… 139
第三节　地下商业街分类 …………………………………………… 141
第四节　地下商业街规划及布局 …………………………………… 143
第五节　案例分析 …………………………………………………… 146
第七章　地下综合管廊规划设计 …………………………………… 152
第一节　地下综合管廊规划概述 …………………………………… 152
第二节　地下综合管廊组成及分类 …………………………………… 159
第三节　地下综合管廊规划布局 …………………………………… 163
第四节　案例分析 …………………………………………………… 179
第八章　地下空间防灾与安全 …………………………………… 188
第一节　地下空间主要灾害 ………………………………………… 188
第二节　地下空间防火与安全 ……………………………………… 194
第三节　地下空间防爆与安全 ……………………………………… 199
第四节　地下空间减震与安全 ……………………………………… 204
第五节　地下空间防洪与安全 ……………………………………… 208
参考文献 …………………………………………………………… 212

第一章　绪　　论

第一节　地下空间开发利用的意义

改革开放以来，我国经济有了很大的发展，与此相随，我国的城镇化进入了加速发展阶段。城镇化水平从1990年的18.96%提高到2015年年底的56.1%，预计到21世纪中叶将达到65%。1992年，联合国环境与发展大会通过了著名的《关于环境与发展的里约热内卢宣言》，制定了21世纪议程，得到了世界各国的普遍认同，无论是发达国家还是发展中国家，都把可持续发展战略作为国家宏观经济发展战略的一种必然选择。我国也编制完成并公布了《中国21世纪议程》，向世界做出了可持续发展的承诺。当前，经济与城镇化水平的高速发展导致城市建设的急剧发展，因此我国政府提出了建设资源节约型、环境友好型社会的要求，实现城市经济与资源环境的协调发展。

一、节约城市土地资源

我国部分城市发展沿用"摊煎饼"式的粗放经营模式，表现在城市范围无限制地延外发展。我国城市土地利用的集约化程度在国际上处于较低水平。据气象卫星遥感资料判断和测算，1986～2016年30年间，全国31个特大城市城区实际占地规模扩大75.3%。据国家土地管理局的检测数据分析，大部分城市占地成倍增长。根据预测，到21世纪中叶我国城市将达到1060个左右，7亿～10亿人将在城市中居住生活。

据统计，仅1986～1996年，全国非农业建设占用耕地2963万亩，这比韩国耕地总和还多。平均每年占地相当于我国三个中等县的耕地。这是已经考虑了与开发复垦耕地7366万亩相抵的结果，实际上，开发复垦耕地增加的新耕地质量较低，3亩以上才能弥补原1亩耕地的损失。这一现象至今不仅没有得到有效控制，而且还有日益加剧的趋势，以2008年为例，全国实用耕地面积18.2574亿亩，加上复耕补充的耕地，仍净减少29万亩。由于城市一般位于自然条件较好的区域，所以耕地减少中优质耕地损失十分惊人。按照城镇化发展的相关分析，以目前人均城市用地100m^2的水平计算，到21世纪中叶，我国的城市发展将再占地1亿多亩。按人口平均，中国是耕地资源小国，人均仅有1.44亩，仅为世界人均值4.65亩的31%。

耕地资源是一个国家最重要的战略资源之一，土地资源的可持续利用是我国实施可持续发展战略的基础。我国土地所能最大供应17亿人口的粮食是以人均耕地基本维持目前水平为前提的。耕地资源极其有限并将继续减少的严峻现实，成为中国政府和人民关注的最重大和最迫切的问题之一。为此，中共中央、国务院下发了《中共中央、国务院关于进一步加强土地管理切实保护耕地的通知》，实行耕地总量预警制度，确保耕地数量动态平衡，对人均耕地面积降低到临界点的地区，拟宣布为耕地资源紧急区或危急区，原则上不准再占用耕地。城市人口的急剧发展与地域规模的限制已成为中国城市发展的突出矛盾，因此，我国城市发展只能走土地资源集约化使用的发展模式。

纵观当今世界，很多发达国家和发展中国家已把对地下空间开发利用作为解决城市资源与环境危机、实施城市土地资源集约化使用与城市可持续发展的重要途径。自1977年在瑞典召开第一次地下空间国际学术会议以来，召开了多次以地下空间为主题的国际学术会议，通过了很多呼吁开发利用地下空间的决议和文件。例如1980年在瑞典召开的“Rock Store”国际学术会议产生了一个致全世界各国政府开发利用地下空间资源为人类造福的建议书。1983年联合国经社理事会下属的资源委员会通过了确定地下空间为重要自然资源的文本，并把它包括在其工作计划之中。1991年在东京召开的城市地下空间国际学术会议通过了《东京宣言》，提出了“21世纪是人类开发利用地下空间的世纪”的文件，1996年地下空间年会的主题就是“隧道工程和地下空间在城市可持续发展中的地位”。1997年在蒙特利尔召开的第七届地下空间国际学术会议的主题是“明天——室内的城市”，1998年在莫斯科召开了以“地下城市”为主题的国际学术会议。

国外城市地下空间开发利用的经验是：把一切可转入地下的设施转入地下，城市发展的成功与否取决于地下空间是否得到了合理的开发利用。世界各国开发利用地下空间的实践表明，可转入地下的设施领域非常广泛，包括交通设施、市政基础设施、商业设施、文化娱乐体育设施、防灾设施、存储及生产设施、能源设施、研究实验设施、会议展览及图书馆设施。其中大量应用的领域为交通设施，包括地铁、地下机动车道、地下步行道和地下停车场。

二、节约城市能源、水资源

除土地资源外，其他资源若按人口平均，我国也是资源小国。我国人均能源占有量不到世界平均水平的一半，人均水资源为世界人均水平的25%，因此，实现资源可持续利用有着重要意义。在资源可持续利用方面，地下空间的利用大有可为。在每个国家的总能耗中，建筑能耗是大户，建筑物建成后使用过程中，每年所需要消耗能量的总和称为建筑能耗。据统计，在欧美一些国家建筑能耗约占全国总能耗的30%。建筑能耗中用于建筑物的采暖、通风空调的能耗约占全国总能耗的19.5%。据世界能源研究所与国际环境发展研究所公布的数据表明，世界上前十名经济大国中，中国是单位能耗最高的国家，我国单位产值能耗接近法国的5倍。在建筑内部环境控制中，我国仅采暖一项，单位建筑能耗是发达国家的3倍。因此，降低建筑内部环境能耗具有迫切的重要意义。

地下空间由于岩土具有良好的隔热性，可不受地面温度变化的诸多因素的影响，如刮风、下雨、日晒等。实际表明，地面以下1m，日温几乎没有变化，地面以下5m的室内气温常年稳定。因此，将建筑物全部放在地下岩土中，比地面建筑要明显少消耗能量。据美国进行的地面与地下建筑对比分析的大量试验表明，堪萨斯城地下建筑相对于地上建筑的节能率为：服务性建筑为60%，仓库为70%，制造厂为47%～90%，其他5个地区地下建筑的节能高于地上建筑节能，分别为：明尼阿波利斯及波士顿地区48%，盐湖城58%，洛克斯迈勒地区51%，休斯敦地区为33%。如果和一般的地上建筑相比较，地下建筑节能更为显著。

值得特别指出的是，地下空间开发利用为自然能源的利用，特别是可再生能源的利用，开辟了一条广阔有效的途径。地下空间为大规模的热能储存提供了有利条件。太阳能是巨大的洁净可再生能源,但其来源随季节、昼夜有很大的不稳定性。太阳辐射热主要在夏季得到,这就需要季节性储存,在地下的水、岩石和土壤中储存热量往往是最佳的甚至是唯一的选择。利用地下空间储水,将冬季天然冰块储存于地下,用于夏季环境控制的蓄冰空调,既经济、清洁,又是可再生能源,在国外如北欧一些国家多有应用实例。

由于岩、土的热稳定性与密闭性,地下空间储热和储冷过程中,热量或冷量损失小,不需要保温材料,利用岩石的自承能力,构筑简单,维护保养费大为降低。这就使天然能源或工业大量余热的利用富有成效。例如瑞典已在斯德哥尔摩西北方约150km 的阿累斯达建造了一座15000m^3 的岩石洞穴热水库,洞穴顶部低于地面25m,其长45m、宽18m、高22m,蓄热温度范围为70~150℃,以废物焚烧的热为热源,通过换热器与区域供热系统联结。该工程于1982 年建成,1984 年完成试验工作,工程投资400 万美元,储库用于阿累斯达的区域供热系统,每年能节油400m^3 以上。

我国水资源短缺问题日益明显。全国661 个城市有300 个缺水。预计到2030 年,我国在中等干旱年份将缺水300 多亿m^3。我国的水资源在时空分布上很不均匀。在缺水的同时,又有大量淡水因为没有足够储存设施白白流向大海。我国如果能像挪威、芬兰等国那样,利用松散岩层、断层裂隙和岩洞以及输干了的地下含水层,或如日本那样建造人工地下河川、蓄水池和地下融雪槽,储蓄丰水季节中多余的大气降水、降雪供缺水季节使用,就可以部分克服水资源在时空上分布不均匀的缺陷。

地下空间还可以为物资储存和产品生产提供更为适宜的环境。地下空间独具的热稳定性和封闭性,对储存某些物资极为有利。目前国内外建造最多的就是地下油库、粮库和冷藏库。在地下建造冷藏库,可以少用或不用隔热材料,温度调节系统也较地面冷库简单,运行和维护费用比地面冷库低得多。据统计资料分析,地下冷库的运行费用比地面冷库低25%~50%;在地下建造油库,有利于减少火灾和爆炸危险;由于地下温度稳定,建造地下粮库,也具有明显的经济效益。如表1-1 所示为江苏镇江市地下粮库,实测地面粮库和地下粮库的经济指标对比。

实测地面粮库和地下粮库的经济指标 表1-1

项 目	常年温度(℃)	相对湿度(%)	仓库空间利用率(%)	保管费(元/万斤)	粮食自然损耗率(%)	虫、鼠、雀损耗
地面粮库	-10~42	35~95	60	>13	2	明显
地下粮库	-12~18	70~77	90	>1	0	无

某些产品的生产对环境温湿度、清洁度、防微震、防电磁屏蔽提出更高的要求,如在无线电技术生产和测试中,不仅要求高精度空气环境,而且常要求工作间不受外界电磁的干扰。在地面建筑中创造此类环境条件必须增加复杂的空调系统,配合各种高效过滤器并远离铁道、公路和其他工业生产振源,需要专门的电磁屏蔽装置,以切断电磁波的干扰等,而在地下空间内则可利用岩土良好的热稳定性和密闭性,大大减少空调费用,减少粉尘来源;利用岩土层的厚度和阻尼,使地面振动的波幅大大减少,使电磁波受到极大的削弱,从而能够采取简单的方法达到高技术的要求。

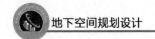

三、缓解城市发展中的各种矛盾

城市化快速粗放发展的另一恶果是正在中国城市中形成的"城市综合征",交通阻塞、环境污染、生态恶化是其集中表现,开发地下空间可以有效减缓这类矛盾。

1.缓解城市交通矛盾

交通是城市功能中最活跃的因素,是城市可持续发展的最关键问题。交通阻塞、行车速度缓慢已成为我国许多城市存在的突出问题。如北京市干道平均车速比10年前降低50%以上,而且正以每年递减2km/h的速度继续下降。据统计,北京市区183个路口中,严重阻塞的达60%,阻塞时间长达半个小时。交通阻塞的关键在于城市道路面积在城市面积中的比例以及人均道路面积太低,每千米道路汽车拥有量太大。上海、北京每千米道路的汽车拥有量相应为506辆与345辆,为发达国家大城市相应拥有量的数倍。北京快速路面积居全国之首,立交桥数量居全国城市立交桥之首,城市道路发展较快的北京,改革开放以来道路面积仅增加0.6倍,而同期机动车数量增加了10倍,1996年底达到111万辆,2015年底达到561万辆。道路里程数和面积的增长永远跟不上机动车保有量的增长,这是世界上任何城市都无法逃脱的规律,所以城市交通拥挤也就成为必然,只能另找出路。

在很多发达国家的现代化城市,解决"停车难"的主要出路是修建地下停车库。地下停车库的突出优点是容量大、用地少,布局容易接近服务对象。因此,今后在地下街、地下综合体的建设中,必须使停车场的面积保持适当的比例,特别是结合地铁车站修建地下车库,便于换乘地铁到达城市中心区,有助于减轻城市中心区的交通压力,既提高地铁的利用率又减轻了由汽车造成的城市交通拥堵。

2.改善城市生态环境

当前我国城市环境形势相当严峻:大气污染日趋加剧,2013年1月亚州开发银行和清华大学发布的《中华人民共和国国家环境分析》报告中称,全国500个大中型城市中,大气质量达到世界卫生组织空气质量标准的不到1%。世界卫生组织全球大气检测网对150个城市的检测表明,北京、兰州、西安、上海、广州名列世界十大污染严重的城市。北京进入采暖期后,所有空气质量报告结果都是中度污染以上,少数为重度污染。1998年9月,北京已出现化学烟雾的先兆,上海、成都、南宁等市都曾出现了不同程度的光化学烟雾。同时我国酸雨面积超过国土面积40%,1994年降水检测结果显示,南方81.8%的城市,北方一半以上的城市出现酸雨,我国酸雨区是世界上唯一的酸雨面积仍在扩大、降水酸度仍在升高的酸雨区。

建筑空间拥挤、城市绿化减少也是城市生态恶化的重要原因。随着城市经济的发展和房地产开发,城市建筑和道路的大规模建设使可用于园林绿化的绿地和开敞空间日益减少,据统计,1990年,我国城市人均绿地面积只有5.29m²,2011年,城市人均拥有绿地面积11.18m²,2015年人均公共绿地上升到13m²。与国外发达国家大城市相比,差距甚远。如伦敦人均22.8m²,巴黎人均25m²,莫斯科人均44m²,华盛顿人均40m²而且分布均匀,真如城市花园一般。联合国建议城市公共绿地应达到人均40m²的水平。世界"绿都"华沙,人均占有绿地70m²以上,几乎是一座园林化的森林公园。但是我国许多大城市仅在公共建筑的边角有一些绿地,点缀一些供观赏的花坛,一些城市道路因拓宽相应缩小了甚至取消了绿化带,不少公园因增加地面游乐场所或建筑而减少了绿化面积,不少城市的独特自然景观和古老历史文化建筑因附近高层建筑的位置、高度、体量和尺寸不当或被不当的开发占用而遭到"破坏性影响"。改善城市的生态环境,减少城市大气污染,除了发展地铁、轻轨等使用电能的公共交通网,减少尾气污染外,还要改变燃料能源结构,以天然气等清洁燃料代替燃煤,以消除二氧化硫、二氧化碳和悬浮颗粒物等主要污染源,变分散供热为集中供热,为此要敷设规模很大的地下管网,更重要的还要大力加强城市绿化。

城市绿化是改善空气质量、消除有害物质的有效措施。城市绿林绿地能降低风速、滞留飘尘。根据上海科研所测定,树木的减尘率是30.8%~50.2%,草坪的减尘率是16.8%~39.3%。绿色植物进行光合作用时,吸收二氧化碳,释放氧气。据估算,1hm^{2}阔叶林每天能吸收约1000kg二氧化碳,释放730kg氧气,净化18000m^{3}空气。很多树林可以吸收有害气体。据统计,城市绿化覆盖率每增加10%,夏季可使大气中二氧化硫的浓度减少30%,强烈致癌物质苯并芘的浓度减少30%,颗粒悬浮物减少20%,当城市绿化覆盖率增加到50%时,大气中的污染物质可以基本得到控制。绿化的杀菌功能也是人所共知的,绿地空气中的细菌含量可减少85%以上。城市绿化可有效降低温度,增加相对湿度,缓解"热岛效应"。据计算,城市绿地面积每增加1%,城市气温降低0.1℃。草坪能提高相对湿度6%~12%,园林绿地能提高相对湿度4%~30%。为此需要更多的地面来进行城市绿化,未来城市建设将把一切可转入地下的设施转入地下,腾出地面空间改善环境。

一些发达国家的先进城市,如芬兰的赫尔辛基,加拿大的蒙特利尔和多伦多,挪威的奥斯陆,瑞典的斯德哥尔摩,美国的芝加哥和波士顿,以及日本的一些城市,在地下空间建立污水收集、输送与处理的统一系统和垃圾、废弃物的分类、收集、输送和处理的统一设施。如芬兰赫尔辛基地下污水处理厂设在未来居民区地下100万m^{3}的岩洞中,它现代化地高效处理70万居民的生活污水和城市工业废水,节省了宝贵的地面建筑用地,消除了污水处理时散发的恶臭。美国佛罗里达州近年来在高层建筑的地下室设置垃圾自动分类收集系统。由于地下空间的封闭性,这样的统一系统可以把污水、垃圾的污染减少到最低限度。如果我国城市生活污水处理系统能在大力开发城市地下空间时加以完善,则污水循环使用后可在一定程度上解决城市的缺水问题。

3.提高城市综合防灾能力

城市的总体抗灾抗毁能力是城市可持续发展的重要内容。对于人口和经济高度集中的城市,不论是战争或是平时,自然灾害都会给城市造成人员伤亡、道路和建筑破坏、城市功能瘫痪等重大灾难,构成城市可持续发展的严重威胁。1945年广岛、长崎遭受原子弹袭击和1976年唐山大地震的破坏已众所周知。1988年杭州市遭到台风袭击,由于供电线路大都架在地面上,90%被摧毁,15天后才恢复。实践表明,灾害对城市的破坏程度与城市对灾害的防御能力成反比。1995年日本阪神地震中,按抗震标准设计的建筑多完好无损。1989年旧金山发生强烈地震,由于其城市基础设施抗灾能力较强,震后48小时生命线系统就完全恢复。唐山大地震中,城市的地下建筑破坏较轻。我国在城市总体规划中,除防洪、防空外,缺少综合防灾的内容,城市基础设施的防灾措施基本上处于空白状态;城市规划设计中,缺少对防灾空间(避难空间)的规划;各项城市防灾系统达不到现代城市的标准;在城市中缺少统一的防灾组织和指挥机构。

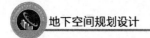

现代城市的高密度化和生活水平的高标准，各种供给设施的建设将会急剧增加，需要改造和增设的管线就会越来越多。由于历史的原因，我国城市公用事业地下管线比较混乱，每年管线被破坏事故有上万起，直接经济损失达7亿元以上。如某工程施工中将飞机场的指挥中心通信电缆挖断，致使数十架飞机停飞。又如1995年，济南市发生煤气爆炸特大事故，事故的原因是煤气管泄漏，使电缆管沟内充满煤气而引爆，爆炸长度达2.2km。这些教训使我们认识到学习先进国家城市建设的经验，建设便于维修管理检查的多功能公用隧道——城市地下综合管廊的必要。它是城市现代化的标志，建设它可以减少马路的反复开挖，以及施工对交通和城市居民生活的影响，特别是便于维护检查和拆换，减少事故，提高城市基础设施的抗灾能力。

地下空间具有较强的抗灾特性。对地面上难以抗御的外部灾害、如战争空袭、地震、风暴、地面火灾等有较强的防御能力，提供灾害时的避难空间、储备防灾物资的防灾仓库、紧急饮用水仓库以及救灾安全通道。如日本，许多地下公共建筑都被纳到城市防灾体系之中。

4. 有效解决“城市综合征”

很多发达国家的城市，在医治“城市综合征”的过程中，相继对其城市中心区进行改造和再开发。城市向三维（或四维）空间发展，即实行立体化的再开发，是城市中心区改造发展的唯一现实可行途径。发达国家的大城市中心区都曾经出现过向上部畸形发展而后呈现“逆城市化”或“城市郊区化”的教训。这个现象又称内城分散化和城市中心空心化，这是由于城市中心区经济效益高，房地产业集中于城市中心区投资，造成了城市中心区高层建筑大量兴建，由于人流、车流高度集中，为了解决交通问题，又兴建高架道路。高层建筑、高架道路的过度发展，使城市环境迅速恶化，城市中心区逐渐失去了吸引力，出现居民迁出，商业衰退的“逆城市化”现象。例如20世纪70年代至80年代，纽约人口年递减0.4%，巴黎人口年递减0.03%。

城市的发展历史表明，以高层建筑和高架道路为标志的城市向上部发展模式不是扩展城市空间的最合理模式。为了对大城市中心区盲目发展进行综合治理，发达国家的大城市相继进行了改造更新与再开发。对城市进行再开发，使这些城市人口下降，恢复到0.1%～0.3%的年增长速度。但是城市中心区用地十分紧张，进行城市的改造与再开发是十分困难的。在实践中逐步形成了地面空间、上部空间和地下空间协调发展的城市空间构成新概念，即城市的立体化再开发。日本的一些大城市如东京、名古屋、大阪、横滨、神户、京都、川崎在20世纪60年代以来普遍进行了立体化再开发。在北美和欧洲，自二十世纪六七十年代以来，也有不少大城市如美国的费城，加拿大的蒙特利尔、多伦多，法国的巴黎，德国的汉堡、法兰克福、慕尼黑、斯图加特以及北欧的斯德哥尔摩、奥斯陆、赫尔辛基等进行了立体化再开发。

充分利用地下空间是城市立体化开发的主要组成部分。这样的立体化再开发的结果是扩大了空间容量，提高了集约度，消除了步车混杂现象，交通顺畅，商业更加繁荣，增加了地面绿地，地面上环境优美开敞，购物与休息、娱乐相互交融。这样的成功经验值得我们在城市建设中借鉴与运用，有助于实现城市园林化和钱学森先生提出的“山水城市”的理想形态，而“城市郊区化”正如我国著名建筑学家吴良镛先生所指出的，完全不适合我国人均土地资源稀少的国情。

第二节 国内外地下空间规划研究状况

一、国内外地下空间规划理论与方法

国外多数国家将地下空间规划纳入总体规划中，并制定法律法规，以保障其实施。基本方针如下：

(1)强调规划的必要性和重要性，确保地下空间资源不被破坏或由于不适当的使用而浪费。

(2)必须制定有关标准、准则和分类，以便对地下空间的使用做出恰当的评估以决定其使用的优先权，处理可能发生的使用上的冲突，并为将来更重要的利用提供预留空间。

(3)建立地下空间使用分类档案，包括规划方案和已建工程档案。

针对特殊地区或重点地区制定综合性开发方针和地下空间详细规划。

在规划审批上，各国的国情有所不同：通常一般以防卫为主要目的，主要以民防部门为主；以交通、公共福利设施为主，以城管部门为主；还有些城市成立专门的地下空间管理委员会作为管理部门。

当前我国在城市地下空间规划理论方面已经取得了一些成果，目前较为重要的规划理论有：

(1)城市生活空间扩展论。以西南交通大学的关宝树、种新樵教授编著的《城市空间利用》一书为代表，书中明确提出了“地下设施规划”概念、层次、思考过程和评价方法。这一理论将城市地下空间开发的目标重新定位在城市发展的角度，同时认识到了地上地下规划同步协调的必要性。

(2)功能规划论。以清华大学的童林旭教授编著的《地下建筑学》一书为代表，书中提出了将城市地下空间开发利用综合规划纳入到城市规划范畴中，为规划实践打下了理论基础。该书整体论述主要是建立在独立的地下空间功能系统上。

(3)系统规划论。以同济大学陈立道、朱雪岩编著的《城市地下空间规划理论与实践》为代表，提出了借鉴地面城市系统规划的“地下空间系统规划”，将系统论引入到地下空间规划领域。

(4)形态与功能综合规划论。以东南大学王文卿教授编著的《城市地下空间规划与设计》一书为代表，书中提出了以城市上、下部空间协调发展为核心的网络化的城市地下空间形态与功能综合规划的理论，尤其是简要提出了城市地下空间规划与城市规划协调的四原则。

(5)综合论。以中国人民解放军理工大学陈志龙、王玉北教授编著的《城市地下空间规划》和同济大学束昱教授的《城市地下空间规划与设计》为代表，从理论、功能、布局、形态、系统等诸多方面对城市地下空间规划进行全面系统论述，对城市地下空间规划具有较强的指导性和操作性。

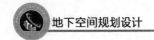

二、国外研究成果

从19世纪末20世纪初在美国出现的城市美化运动开始,发达国家越来越关注人性化城市空间的塑造。尽管城市地下空间开始利用已有近百年的历史,但对城市地下空间进行全面规划、合理设计还是近二三十年的事情。

从国外地下空间研究看,以John Carmody和Raymond Sterling的《Underground Space Design》一书为代表,是较早一本对地下空间开发利用及设计进行论述的资料,书中从以人为本的设计角度出发,对地下空间综合体进行了论述,但书中偏向于单体地下建筑设计的研究,对城市地下空间整体需求和开发量的确定并没有涉及。

在吉迪恩·S·格兰尼(美)和尾岛俊雄(日)所著的《城市地下空间设计》一书中,针对日本特有的地下商业街做了详细的介绍,探讨如何将原本单调、黑暗的地下通道变得像地上过道一样繁荣和生机勃勃,对整个城市以及城市片区的地下空间规划量的确定并没有提及。Kimmo Ronka等人在《Underground Spacein Land use Planning》(1998)中曾简略提及地下空间规划中地下建筑面积主要由其最终使用目的决定。例如,地下停车场由停车数量决定;地下物资库主要取决于物资体积。

1998年在荷兰进行了一项所谓Randstad空间规划研究,这是一项利用地下空间资源解决城市问题的研究。Randstad四省是荷兰的经济中心,人口稠密、绿地不足、现有基础设施拥挤问题严重,为解决这些问题,政府提出该项目研究。该研究提出城市基础设施100%建设在地下,城市按城市区域部分建设在地下(表1-2),在特定地区可能获得多至50%的可用地下空间。

荷兰Randstad研究中不同建筑地下空间所占的百分率 表1-2

高品质商业和工业建筑物		低品质商业和工业建筑物		住宅	
层次	地下空间所占百分率(%)	层次	地下空间所占百分率(%)	层次	地下空间所占百分率(%)
市中心,低层	33	一层地下	50	低层	25
市中心,低层	17	二层地下	67	高层	13
郊区,低层	20				
郊区,低层	20				

从国外文献看,对地下空间资源评估、可开发容量的计算、地下空间综合开发方面研究较多,如Jaakko等完成了芬兰的一项地下空间在规划和土地利用方面的研究,提出以岩石区、环境影响和投资对地下空间资源进行评估分类,对各种城市功能的可行深度分布提出了具体建议。Zhao等在对新加坡地下空间进行规划和位置选择研究时,将地质、水文、环境、心理、地面发展、社会、经济及政治因素均作为评估的因素而加以考虑。Boivin在研究加拿大魁北克省地下空间开发利用时,用地图来表达地下土体和基岩的厚度、倾向等空间分布信息,并以此来进行可视化辅助决策。

在北美,以美国、加拿大为代表在城市中心区以地铁站为核心,以地下步行系统为网络,形成地下空间综合体。美国洛克菲勒中心(Rockefeller Center)地下综合体,在10个街区范围内,将主要大型公共建筑在地下连接起来。加拿大多伦多地下综合体,将4个街区宽,9个街区长内的20座停车库、旅馆、电影院、购物中心和1000家左右商店连接起来,此外还连接着联邦火车站、5个地铁站和30座高层地下室,共有100多个地面出入口,改善了区域内交通和环境质量。蒙特利尔市地下城,连接地上地下大部分设施,已经成为城市的重要特征。其人行通道网络全长32km,连有10个地铁站、2个火车站、2个长途汽车总站以及62座建筑、室内公共场所和商业街的3个会议中心与展览大厅9个酒店,共4265个房间、10个剧场和音乐厅、1个博物馆,总面积超过400万m^2。从国外地下空间开发情况看,地下空间的发展均是长期积累而成,建设时侧重于对专项和单体工程量的规划和设计,并没有对整个地区规划量进行研究。

法国巴黎的拉·德芳斯区(La Defense)在建设中,吸取了巴黎老城区地下空间建设无规划、只注重单体设计的教训,在整个拉·德芳斯区规划中,创造了一种"立体城市模式",把地面留给人使用,而交通和储物功能全都放在地下。根据不同使用功能需求,确定地下空间规划量。从建成效果看,拉·德芳斯区建设非常成功,在地面上看不到一辆行驶着的汽车,整个交通系统都在地下。

总体来说,国外重在对单体和专项地下空间需求量的研究和设计,对城区和片区地下空间规划量理论研究的文献不多,国外地下空间开发量大多是在解决城市问题的过程中累积而成。

第三节 地下空间立体开发使用的现状及问题

一、城市地下空间开发利用的现状

我国近代城市地下空间开发利用始于19世纪中后期,当时主要集中于上海、天津等几个沿海城市。20世纪50年代,国内逐步开始修建人防工程和城防工程,最初的地下空间利用为单一的人防功能设施,地下空间布局也主要是满足人防需要,并没有统一的布局和规划。进入20世纪80年代的前期和中期,建设了一批平战结合的人防工程,并改造了一批人防工程,人防工程规划理论也慢慢发展起来,城市地下空间的开发利用逐步走上了人防建设与城市建设相结合的道路;到20世纪80年代后期,随着经济的发展和技术的完善,国内将以人防建设为主的城市地下空间开发利用纳入城市整体规划,统筹规划合理利用城市地下空间。随后我国针对城市地下空间的开发利用和资源的管理,颁布《城市地下空间开发利用管理规定》,明确地下空间开发利用问题。进入21世纪,首先在东部沿海、以及全国各省会城市,对地下空间资源进行了相当规模的开发利用。

据初步统计,目前北京市开发利用的地下空间建成面积已超过3000万平方米,且平均每年新增建筑面积约300万平方米。北京市于2001年开始研究编制地下空间规划,并于2005年得到市政府批复。近几年北京中关村西区、金融街、CBD、王府井等多个重点地区的地下空间规划编制和建设实施已付诸实践。

上海市政府于2005年批复了《上海市地下空间概念规划》,城市多个重要节点地区(如人民广场、静安寺、五角场、徐家汇地区、真如地区等)进行地下空间工程的开发建设,并开通,截至2016年9月上海地下空间利用面积已达6000万平方米，每年新增面积达300万平方米以上。当前上海浅中层地下空间利用已趋饱和，开发利用深层地下空间是上海城市土地资源扩容、功能拓展、改造再生的战略需求和必然趋势。

南京市在《南京市城市地下空间开发利用总体规划》中针对南京特大城市的特点，开展了资源评估、需求预测、轨道交通站点及站域、地下交通、地下市政、地下防灾、老城提升及历史文化保护等专题研究，确定南京的地下空间的开发以浅层开发为主，适当进行中层开发的计划，特殊情况可按需、有条件地进行深层开发利用。规划中，除了新街口，江北新区、南京南站、河西南部这一核三心的重要片区地下规划，还将进行湖南路、奥体中心、夫子庙、迈皋桥、南京站等地下空间的建设。

除此之外杭州市、青岛、厦门、深圳、广州、苏州、济南、大连、武汉等地区城市都早已开展了城市地下空间的建设和研究。截至2014年初，我国已有28个城市开建地铁，已建成运营总里程2074公里，北京和上海的地铁运营总里程均超过400公里，位居世界前列。同时建设了北京中关村西区、上海世博轴、广州珠江新城、杭州钱江新城波浪文化城、南京青奥轴等地下综合体；以及建设完成了北京南站、上海虹桥枢纽、南京南站、深圳福田火车站等综合交通性地下空间。

综上所述，中国城市地下空间的开发数量快速增长，水平不断提高，体系逐步完善，已经成为地下空间开发利用的大国，地下空间规模和开发量不断增加。随着经济实力的增长，我国城市将进入规模化开发利用地下空间的新阶段。

二、城市地下空间开发利用存在的问题

城市地下空间开发利用在最近一段时间发展呈井喷状态，出现了快速增长的态势。但是同时凸显了地下空间开发利用存在的一些问题。

1. 缺乏全面的系统规划

20世纪80年代后期以来编制的“人防建设和城市建设相结合规划”，一般只是为城市人防专项规划制定的，仅满足城市战时防空袭的需要，因而仅局部工程考虑了城市交通和社会服务的需要。规划中没有形成独立的分系统，既缺乏各分系统之间、各种设施之间的有机结合，缺乏地下和地上的协调，更没有考虑深层地下空间的开发。由于没有全面的规划，没有明确的整体城市建设目标，仅依靠两结合规划很难从根本上缓解城市交通、城市环境、城市建设用地的压力，甚至会造成地下空间这种不可再生宝贵资源在某种程度上的浪费、流失和破坏。

2. 缺乏健全的管理体制

城市地下空间开发利用缺乏科学发展战略和全面规划的主要原因是管理体制上不健全。城市地下空间的开发利用是新兴的事业，还没有专门的机构对地下空间开发利用进行统一的管理。与其相关的城市行政管理机构有建委、土地管理局、城市人防办和市政公用事业局等，其中某些机构对城市地下空间的建设规划和建设管理有延伸的职责。某些机构则有部分职责，如城市人防办负责人防工程的规划和修建，市政公用事业局负责市政设施管线在地下的规划和建设等，缺乏对各机构的统一协调管理。

3. 缺乏多渠道、多形式的资金支持

由于管理体制的原因,以及观念上的滞后,在法规上没有及时制定奖励私人和外、港商等投资的政策,因此开发地下空间的经费来源仍然局限于政府的人防拨款和城市高层建筑的人防易地建设费,对于有的城市引进私人和外商等的投资以及有的城市收取地铁沿线房地产增值费等经验,没有从积极的方面加以总结、推广,影响了城市地下空间的开发规模。总的来说,城市地下空间的开发还停留在计划经济的思维定势中,没有进入市场经济的思路轨道上来。

近年来,城市地下空间开发的类别以商场居多,有的城市已从一点扩展到一条街或几条街。城市中心区最为缺乏的地下停车场、市政设施,由于其经济效益小,所以开发很少。反过来,由于交通、市政设施的相对滞后,也影响了中心区综合效益的提高。单纯地追求经济效益,地下空间的开发决策层次不高,没有从城市全局或地区全局统筹规划,造成地下空间开发布局上的混乱与功能上的单一,即使被作为城市整体的一部分,地下工程往往又因为投资大、短期利润低等因素失去对开发者的吸引力。我国城市地下空间开发还处于不成熟的阶段,开发利用上存在一定的混乱,当务之急应建立一套完整的法律法规对其进行规范。在相应法律的约束下才能使其走向最优的发展方向,上述的有些问题自然就解决了。

第二章　地下空间总体规划设计

第一节　地下空间规划的地位和作用

一、现阶段城市地下空间规划在城市规划中的地位

城市总体规划是指依据国民经济和社会发展规划以及当地的自然环境、资源条件、历史情况、现状特点,统筹兼顾、综合部署,为确定城市的规模和发展方向,实现城市的经济和社会发展目标,合理利用城市土地,协调城市空间布局等,在一定期限内所做的综合部署和具体安排。城市总体规划是城市规划编制工作的第一阶段,也是城市建设和管理的依据。城市规划编制的主要内容分为:城市总体规划(总体规划纲要)、市域城镇体系规划、中心城区规划、城市近期建设规划、城市分区规划、详细规划(控制性详规、修建性详规)和各种专项规划。

在现行的城市规划体系中,城市地下空间规划隶属于城市规划中的专项规划。顾名思义,专项规划是在城市总体规划的指导下,为更有效实施规划意图,对城市要素中系统性强、关联度大的内容或城市整体,长期发展影响巨大的建设项目,从公众利益出发对其空间利用所进行的系统研究。简单地讲,就是对某一专项(行业)所进行的行业发展和空间布局规划,是总体规划某一重点领域的深化和具体化,并与总体规划相衔接,通常包含综合交通、环境保护、商业网点、医疗卫生、绿地系统、河湖水系、历史文化名城保护、地下空间、基础设施、综合防灾等。城市地下空间规划作为专项规划之一,它有着自己独立的理论和研究体系,其涉及城市的方方面面和多个专业、工种,其复杂程度和建设难度较高。

1993 年杭州市政府决定进行总体规划修编时,确立了 14 个研究课题,其中将“杭州市地下空间规划”作为一个重要课题,并编制了专项规划。1996 年青岛市政府在研究和编制青岛市总体规划中的“陆上青岛、海上青岛”规划时,开展了“地下青岛”规划的研究与编制工作。2004 年开始的北京市地下空间规划研究与编制工作,为了编制规划,首都规划委员会和北京市政府确立了“16 个研究课题”,由国内科研院校和规划设计单位进行协同攻关,进行了城市地下空间资源开发利用的“总体规划、详细规划、近期建设规划”3 个层次的规划编制工作,为进一步丰富和充实我国城市地下空间规划的理论研究和应用实践提供了很好的范本。由此看出,现阶段城市地下空间规划是城市总体规划的重要组成部分,是城市规划专项规划中的组成。

二、城市地下空间规划的作用

城市地下空间规划作为城市总体规划体系下的专项规划,是对城市地下空间资源开发利用的总体部署,对城市未来地下空间开发利用的体系规划,它是城市规划的重要内容和有机组成,是保证城市合理的开发和利用城市地下空间的前提和基础。其作用体现在两个方面:一方

面，在城镇化发展不断加速与生态环境要求不断提高的双重约束下，地下空间开发利用成为优化城市空间结构、提高城市空间资源利用效率的重要手段，城市地下空间开发利用的有序进行，将实现地上地下空间协调发展；另一方面，城市地下空间开发利用有利于增加城市容量、增强防灾减灾能力、缓解交通拥堵、完善公共服务和基础设施配套，经济、社会、环境综合效益显著，是建设资源节约型、环境友好型社会和践行生态文明的重要举措。地下空间的规划将成为城市健康发展与否的决定性因素，将主导城市未来的发展。

第二节　地下空间总体规划编制任务、目标和原则

一、城市地下空间规划编制的任务

首先，根据不同的目的、需求、环境进行城市地下空间的安排，并探索和实现城市地下空间不同功能之间的相互管理关系。具体来说，它将引导城市地下空间的开发、对城市地下空间进行综合布局，协调地下与地上的建设活动，为城市地下空间的开发和建设提供依据。

其次，合理、有效、公平、公正地塑造有序的城市空间环境，创造出良好的生活、生产环境，通过地下空间的规划设计，制订地下空间规划和开发的战略规划，预测地下空间的规模，制订出具有可行性的规划方案，并将城市地下交通和城市地面建设真正的有机结合，统一规划，形成地上、地面、地下一体化的立体综合空间的开发，用以指导城市地上地下空间的和谐发展。

第三，在不大规模扩大城市用地的前提下，通过改变城市的内部结构，更新城市的内部机能，开发城市现有的潜在空间资源，实现城市空间的三维式拓展，从而提高土地的密度、利用效率、质量，最终达到节约土地资源，增加城市绿地，保持历史文化景观，减少环境污染和改善城市生态，缓解城市发展中的各种矛盾的目的，实现城市的集约化发展和可持续发展，提高人居环境水平。

二、城市地下空间规划的目标

根据城市发展战略，在分析城市地下空间作用和使用条件的基础上，将城市地下空间各组成部分按其不同功能的要求，不同发展序列，有机地组合在一起，使城市地下空间有一个科学、合理的布局。在城市地下空间的开发过程中，由于不同功能的要求和技术条件、经济条件的限制，其开发的目标不同。

1. 城市地下空间规划的基本目标

(1)通过对城市地下空间的规划，提出城市地下空间开发的策略、规划方法和关键技术，为城市地下空间的开发利用提供强有力的保障。

(2)结合城市发展水平和地下空间的特点，对城市地下空间的发展方向、规模和建设量进行精确、科学的预测。

(3)建构与城市总体规划、分区规划、控制性详细规划、修建性详细规划相适应的规划体系，逐步建立和完善城市地下空间规划体系，以此推进城市地下空间规划良好的运转和规范化

的建设。

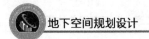

(4)城市的高度集约化使城市防灾减灾的作用不断增大,城市地下空间所具有的防护性,使地下空间在平时的防灾中具有显著作用,是城市地下空间开发利用基础与重点内容。

2. 城市地下空间规划的终极目标

城市地下空间开发的终极目标是以科学发展观的理念,合理地推进城市地下空间开发利用,提高城市空间资源利用效率,充分发挥城市地下空间综合效益;坚持实施可持续发展策略,打造人与自然环境协调统一,建设生态、和谐的现代化城市,并逐步实现人口、经济、资源、环境协调发展。基于此目标,实现城市地下空间的科学开发与利用,实现地下空间的健康可持续发展,实现地上规划和地下规划和谐统一。

三、地下空间总体规划的原则

1. 开发与保护相结合的原则

城市地下空间规划是对城市地下空间资源做出科学合理的开发利用安排,在城市地下空间规划过程中,不仅要重视地下空间的开发,还要重视城市地下空间资源的保护。

城市地下空间资源是城市重要的空间资源,城市地下空间的开发是不可逆的过程,一旦造成对地下资源的破坏,其影响将是持久而巨大的。因此,从城市可持续发展的角度考虑城市资源的利用并进行保护,是地下空间规划的首要原则。保护城市地下空间资源要从多方面加以考虑:首先,在城市地下空间开发时,应具有超前意识,对地下空间的开发程度、规模做出合理、科学、准确的预测,避免将来城市空间不足时,再想开发地下空间时无法利用。其次,要对城市地下空间资源有一个长远的考虑,应结合周边环境,要为远期开发项目留有余地,对深层地下空间开发的出入口、施工场地留有余地。第三,在城市地下空间规划时,往往把容易开发的广场、绿地作为近期开发的重点,而把相对较难开发的地块放在远期或远景开发。实际上目前难开发的地块,随着城市建设的不断展开,其开发难度将越来越大,有的可能变得不可开发。因此,在城市地下空间规划时,应尽可能的将有可能开发的地下空间资源尽量开发,而对容易开发的地块可以适当预留满足未来城市发展的需要,这也符合城市规划土地利用的弹性开发的要求。

2. 地上与地下空间相协调原则

城市地下空间是城市空间的组成部分并服务于城市,因此要使城市地下空间规划科学合理,就必须充分考虑地上空间与地下空间之间的关系,充分分析地上空间的现状及未来规划,然后发挥地下空间的优势和特点,使地下空间与地上空间形成一个整体,共同为城市服务。

首先,在地下空间需求预测时应将城市地下空间作为城市空间开发的一部分,结合地上空间、地下空间各自的特点,综合考虑城市对生态环境、生态容量、城市发展目标、城市现状等多方面的因素,提出科学的需求量,做到城市地上地下空间规模的协调。除此之外,城市地下空间开发利用的重点是城市中心区,由于通勤量大,城市中心区的交通问题已成为影响城市正常运行的重大问题。城市地下空间的开发利用将加大这些地区的交通流量,给城市交通带来更大的压力,这就要求地上空间和地下空间之间相互补充、相互服务。为此,城市交通问题也必须地上地下空间统一考虑，合理布局，统筹规划，才能实现城市地上地下空间规模的均衡性。

其次，城市中心区集中了城市的各种功能，如商业、金融、娱乐、办公、展览、纪念等，是城市商业活动和社会交往活动的主要场所。城市地下空间作为城市空间的补充和延伸，其利用必须在功能上建立起与地上空间有机互动的联系，以城市上、下部空间不同的特点为基础，以“人的长时间活动在地上，短时间活动在地下”、“人在地上，车在地下”为原则，使城市各种不同的使用功能合理分配，形成有机的城市功能体系。城市地上地下功能的协调应根据城市区域内建筑功能和特点，相应地调整地下空间开发强度和功能配置，形成城市地下空间与城市地上空间的有机协调与互动。在这个过程中，可以将一些安排在地下空间特别有利或安排在上部空间具有严重弊端的功能安排在地下空间，而将一些安排在上部空间特别有利或安排在地下空间具有严重弊端的功能安排在上部空间。对于一些既可安排在上部空间，又可安排在地下空间的功能，应按具体城市、具体地点、具体条件区别对待，并根据城市上、下部空间开发强度的状况和城市经济、技术水平来综合权衡、妥善安排。同时还应保证城市地上地下空间各功能所占空间比重恰当、位置合理，形成有机的整体功能体系，实现相互促进、良好衔接、相互补充的集约优势和整体效益，充分利用城市中心区上下部空间，有助于解决城市各种功能混杂问题，改善居民的生活质量，提高城市的综合效益。

3. 远期与近期相呼应原则

一般来说，城市地下空间的开发利用是在城市建设发展到一定水平而出现的，因此城市地下空间的开发利用相对滞后于地面空间的利用，城市管理者希望通过城市地下空间的开发改善城市环境和解决城市发展困境，使城市建设达到更高水平。在城市地下空间规划时，要着眼于城市远期问题，不仅仅考虑当前问题，更需要具备长远的观念，并与城市总体规划和国民社会经济发展规划相结合，在此基础上采取分期实施的策略。城市地下空间的开发利用是一项实际的工作，要使地下空间开发项目落到实处，就必须切合实际，因而在城市地下空间规划时，近期规划项目的可操作性十分重要，同时坚持远期与近期相呼应的原则。例如青岛市的地下空间开发在空间形态上是这样确定的：近期（2000 年）点线结合，点为重点；远期（2010 年）点线结合，线为重点；远景（2050 年）点线并举，最终形成完善而系统的地下空间规划和建设。

4. 平时与战时相结合原则

城市地下空间本身具有抗震、防风雨等防灾功能，具有一定的抗各种武器袭击的防护功能，因此城市地下空间可作为城市防灾和防护的空间，平时可提高城市防灾能力，战时可提高城市的防护能力。为了充分发挥城市地下空间的作用，就应做到平时防灾与战时防护相结合，一举两得，实现平战结合。

城市地下空间平时与战时相结合有两方面的含义：一方面，在城市地下空间开发利用时，在功能上要兼顾平时防灾与战时防空的要求；另一方面，在城市地下防灾防空工程规划建设时，应将其纳入城市地下空间的规划体系，其规模、功能、布局和形态应符合城市地下空间系统的要求。

5. 综合效益原则

开发城市地下空间，其难度和复杂度要远远高于地面建设。在城市地下开发过程中，土地的征收与价格是其不可控的因素。若不计城市土地价格因素，仅单纯地从技术角度估算，地下要比地面开发付出更高昂的代价。在城市交通建设中,类型和规模相同的城市公共建筑,建在地下的工程造价比在地面上一般要高出 2 ~4 倍(不含土地使用费)。如要在地下空间保持满足人们活动要求的建筑内部环境标准,则需要通过各种设备辅助运行,其所耗费的能源比在地面上要多 3 倍。

可以说,如果不考虑土地地价因素及特殊情况,不论是一次性投资还是日常运行费用,地下开发与地面建设在投资效益上无法竞争,但是开发地下空间所带来的综合效益却是地上建设无法替代的。因此为了城市的整体效益,为了保护宝贵而有限的土地资源,需要对地下空间开发实行鼓励优惠政策,以促进其发展,并能充分发挥社会、经济的综合效益。

第三节　地下空间总体规划的期限、编制程序及空间分层

一、城市地下空间规划期限

城市地下空间的规划年限需与城市总体规划年限相一致,城市地下空间总体规划年限为 20 年,近期建设规划年限为 5 年。同时需在此基础上,对城市远景发展做出轮廓性的描述与安排。

二、地下空间总体规划的编制程序

(1)城市地下空间总体规划由城市人民政府依据城市总体规划,结合国民经济和社会发展规划以及土地利用总体规划,研究制定城市地下空间资源开发利用的发展方针与战略目标,以及近期开发建设规划组织编制。

(2)城市重点规划建设地区的地下空间控制性详细规划由城市人民政府规划主管部门,依据已经批准的城市地下空间总体规划(或者城市分区地下空间总体规划)组织编制;其他地区的地下空间控制性详细规划由区(县)规划部门负责组织编制。

(3)城市地下空间修建性详细规划由有关单位依据控制性详细规划及规划主管部门提出的规划条件,委托城市规划编制单位编制。

三、城市地下空间规划的分层

城市地下空间在竖向分层规划时一般遵循“该深则深,能浅则浅;人货分离,区别功能”的原则,浅层空间适于规划人类短时间的活动,如出行、购物等;而那些不需要或只需少数人的活动,如储存、物流等,则尽可能安排在较深的空间。城市地下空间的竖向划分不但要考虑其开发利用性质和功能,还要考虑其位置、地形和地质条件等因素,特别是现有高层建筑对其使用的影响。

按照地表以下的开发深度,城市地下空间向下可分成浅层空间、中层空间和深层空间三个层次,不同文献对于深度的划分界限有所不同,此处选择较为通用的一种划分方式,即:浅层(0 ~ -15m 以上),中层(-15 ~ -30m 以上)、深层(-30m 及以下)。

1. 浅层（0～-15m 以上）

浅层空间位于地下15m以上，是人员活动最频繁的一部分，浅层区域中土壤的热性能属性适合土地的混合利用。该区域主要规划为办公、商业服务、公共通道和文化娱乐设施等功能空间。

2. 中层（-15～-30m 以上）

中层的地下空间位于地下15m以下，人员可达性较差，该区域里的地质结构因场地的不同而有较大差异，其典型特征是温度相对稳定。该区域主要规划为停车、交通集散、人防、地下轨道交通、地下物流、地下市政设施和短期储藏等功能空间。

3. 深层（-30m 及以下）

深层空间是人类活动涉及相对较少的一部分空间，其更多的是自动化、程序化的系统。该区域主要规划为公共事业设施、特种工程设施的敷设空间，如供水、供热、通讯、能源储存、重型基础设施和城市自动化网络传输系统等。

目前，我国城市地下空间开发主要集中在浅层和中层空间，国外一些大城市已经向深层地下空间发展。如日本东京，浅层和中层地下空间被高层建筑的地基基础和现有的地下设施占领，难以再开发利用，但由于市区地价日渐高昂以及城市更新的迫切要求，已针对地下30m以下的深层空间开发开展了诸多研究和实践工作。

第四节　地下空间总体规划编制特点、层面及成果要求

一、地下空间规划编制的特点

由于城市问题十分复杂，城市地下空间规划涉及城市交通、市政、通信、能源、居住、商业、文化、防灾、防空等各个方面，为了对城市地下空间规划工作的性质有比较深入的了解，必须进一步认识其特点。

1. 综合性

城市地下空间规划需要对城市地下空间的各种功能进行统筹安排，使之与地面空间协调，综合性是城市地下空间规划工作的重要特点，若在城市地下空间规划时只考虑城市地下空间本身的规模、功能、形态和布局，而不考虑城市地面空间与城市地下空间的相互作用，城市地下空间规划就可能不切合实际。

另一方面，城市地下空间规划涉及城市许多方面的问题，当考虑城市地下空间开发条件时，会涉及气象、工程地质和水文地质等范畴的问题；当考虑城市发展战略和发展规模时，涉及地上地下协调的工作；在具体布置各项地下空间建设项目时，又涉及大量工程技术方面的工作；当对城市地下空间进行组合、布局设计时，又要从建筑艺术的角度来研究处理，而这些问题都密切相关，不能孤立对待。因此城市地下空间规划不仅反映单项工程设计要求和发展计划，需要综合考虑各项相关工程设计之间的关系，它既为各项工程设计提供建设方案和设计依据，

又统一解决各项工程设计相互之间技术和经济等方面的种种矛盾。城市地下空间规划应树立全面观点，将城市地下空间作为城市大系统中的一部分加以考虑，使城市地下空间规划成为既是一个完整独立的系统，又是城市大系统中的一个子系统。

2. 法治政策性

城市地下空间规划是对城市各种地下空间开发利用的战略部署，又是合理组织开发利用的手段，涉及国家的经济、社会、环境、文化等众多部门。特别是在城市地下空间总体规划阶段，一些重大问题的解决都必须以有关法律法规和方针政策为依据。例如城市地下空间发展战略和发展规模、功能、布局等，都不是单纯的技术和经济问题，而是关系到城市发展目标、发展方向、生态环境、可持续发展等重大问题。因此，城市地下空间规划编制中必须加强法治观念，将各项法律法规和政策落实到规划当中。

3. 专业性

城市地下空间的规划、建设和管理是城市政府的主要职能，其目的是增强城市功能，改善城市环境，促进城市地上地下的协调发展。城市地下空间规划涉及城市规划、交通、市政、环保、防灾、防空等各个方面，由于城市地下空间在地下，规划时受到城市水文、地质、施工条件与施工方法等的制约，因此，城市地下空间规划要充分考虑各专业的特点和要求，吸收各专业人员参与规划设计，同时将各专业的新技术、新工艺应用到地下空间开发利用中，使城市地下空间规划具有先进性。

二、地下空间规划编制层面及成果要求

城市地下空间规划分为总体规划、专项规划和详细规划三个阶段进行编制。其中，地下空间详细规划可以结合地上控制性详细规划和修建性详细规划分两个层次同步编制，也可以依据地上控制性详细规划和修建性详细规划单独编制相应的地下空间控制性详细规划和地下空间修建性详细规划。

1. 总体规划层面

1）基本任务

城市地下空间规划工作的基本内容是根据城市总体规划等分层次的空间规划要求，在充分研究城市的自然、经济、社会和技术发展条件的基础上，提出城市地下空间资源开发利用的基本原则和建设方针；制定城市地下空间发展战略；预测并确定地下空间资源开发利用的功能、规模、总体布局与分层规划；选择城市地下空间布局和发展方向；对地下交通设施、人防设施、公共服务设施、市政管网、需保护的文物及其他地下空间开发建设和控制保护等进行统筹安排；并与地面功能布局、土地利用和相关设施合理衔接；统筹安排近期地下空间资源开发利用的建设项目；研究提出地下空间资源开发利用的远景发展规划；并制订各阶段地下空间资源开发利用的发展目标和保障措施。最终按照工程技术和环境的要求，综合安排城市各项地下工程设施，并提出近期控制引导措施。

2）主要内容

（1）地下空间开发利用的现状分析与评价；

（2）地下空间资源的调查分析与适建性评价；

(3)地下空间开发利用的指导思想与发展战略;

(4)地下空间开发利用的需求预测分析;

(5)地下空间开发利用的总体布局、分层规划;

(6)地下空间开发利用各专项设施的系统规划与整合;

(7)地下空间开发利用的综合技术经济评价;

(8)地下空间规划实施的步骤、方法与建议;

(9)地下空间近期建设项目的统筹安排与实施措施;

(10)地下空间开发利用的远景发展规划。

3)成果要求

地下空间总体规划的文本成果应包括规划文本的主要内容、主要规划图纸以及附件三部分。

(1)规划文本的主要内容

①总则;

②地下空间开发利用的基本目标;

③地下空间开发利用的功能规划;

④地下空间开发利用的总体规模;

⑤地下空间开发利用的总体布局;

⑥地下空间开发利用的分层规划;

⑦地下空间各专项设施的系统规划与整合;

⑧地下空间的近期建设与远景发展规划;

⑨地下空间规划实施的保障措施;

⑩附则与附表。

(2)主要规划图纸

①地下空间开发利用现状图;

②地下空间资源的适建性分布图;

③地下空间总体布局图;

④地下空间重点开发地区布局图;

⑤地下空间竖向分层规划图;

⑥地下空间各专项设施系统规划与整合图;

⑦地下空间近期建设规划图;

⑧地下空间远景发展规划图。

(3)附件

附件包括规划说明书、专项研究成果报告等。

2. 专项规划层面

1)基本任务

在深入调研现状资料的基础上,以城市总体规划和城市地下空间总体规划为依据,结合城市社会经济发展规划及城市实际情况,提出符合该城市发展的地下专项规划空间需求量预测及建设能力测算；明确地下空间资源开发利用的基本原则和建设方针；研究确定地下交通设施、人防设施、公共服务设施、市政管网、需保护的文物及其它地下空间专项规划的空间开发利用的功能、规模、系统布局、分层规划及建设和控制保护措施；制订各阶段地下专项规划空间开发利用的发展目标和保障措施，统筹安排近期地下空间开发利用建设项目。

2)内容要求

(1)地下专项规划空间开发利用现状分析与评价

对地下空间开发利用位置、数量、功能、深度等进行分析评价。

(2)地下专项规划空间资源调查与评估

掌握地下空间资源规模与容量，对其开发规模、开发深度、开发价值、发展目标以及技术、经济的可行性、地质条件等进行评估，为制订地下空间开发利用规划提供基础数据和科学依据。

(3)地下空间需求分析与预测

从社会经济发展要求、人均 GDP 水平、城市空间发展形态、城市功能布局优化等角度，分析对地下空间的需求并对地下空间需求量进行预测，科学合理地确定地下空间需求量。

(4)地下专项规划空间平面布局

提出地下空间布局要求，根据地下空间管制要求，明确地下空间布局结构与形态。

(5)各类地下公共设施规划

主要包括地下公共服务设施、地下交通设施、地下市政设施、地下工业设施、地下仓储设施及地下综合体等。

①地下公共服务设施

主要包括地下商业设施、地下娱乐设施、地下文化设施、地下体育设施、地下医疗设施和地下办公设施等。明确各类地下公共设施的建设要求，针对不同地区提出不同的适建内容和具体建设项目。如地下商业街应明确其起点、终点、开发深度、开发规模、与周边地下空间连通和地面出入口等。

②地下交通设施

主要包括地下动态交通、地下静态交通和地下连通。根据城市发展水平和地下空间资源条件，提出符合交通需求的地下交通发展战略。地下动态交通包括地下轨道交通、地下机动车通道、地下人行通道等。地下静态交通包括地下机动车停车场和非机动车停车场。应以解决停车难及地面停车设施不足为目标，重点建设地下机动车社会停车场，鼓励充分利用广场、绿地等公共空间建设地下社会停车场。明确地下社会停车场开发深度、建设规模和停车规模。

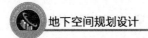

地下连通包括地下空间(含人防工程)与地下空间之间的连通和地下空间与地面空间的连通。

③地下市政设施

主要包括各种地下管道(如给水、污水、供热、煤气、运输和电缆、供电、通信)以及综合管道，并开展地下综合管廊、地下变电站、地下污水处理设施、地下垃圾收集转运设施等项目建设的可行性研究，提出各类地下市政设施建设要求及规划设想。

④地下工业设施

结合地下空间自身优越的自然条件，综合权衡经济、社会、环境和防灾各方面的效益，确定适宜安置于地下的工业设施项目。

⑤地下仓储设施

结合地下空间自身优越的自然条件,综合权衡经济、社会、环境和防灾各方面的效益,确定鼓励安置于地下的战略物资、平战物资、防灾物资等仓储设施项目。

(6)地下人防工程规划

主要包括人防自建工程、结建工程和兼顾工程。提出各类人防工程的配建标准及建设要求,明确地下空间兼顾人防要求及地下人防工程平战结合的重点项目。

(7)地下空间防灾及灾时利用规划

地下空间防灾规划主要包括防火、防水、防震和防高温,提出各类防灾规划要求及规划措施,明确地下空间灾(战)时利用规模、用途及容量等。

(8)提出地下空间近期建设与建设时序

地下空间近期建设规划应与城市近期建设规划相结合,针对城市近期存在的各类问题,提出地下空间近期建设目标、重点建设区域和重点建设项目,并进行初步投资估算,明确实施近期地下空间建设项目的政策保障措施。

(9)提出规划实施保障措施

研究制定从规划、开发、建设、管理等地下空间开发利用的法律法规和制度政策,加强统一规划管理,会同有关部门建立相关鼓励机制和地下空间数据库系统,积极引导多元化的地下空间投融资开发模式。

3)成果要求

地下空间开发利用专项规划成果由规划文本、图纸和附件三部分构成。

(1)规划文本

①总则(规划目的、依据、范围、期限、指导思想和原则、目标和主要内容等);

②地下专项规划总体布局;

③地下空间管制规划;

④竖向利用规划;

⑤功能布局规划;

⑥地下公共服务设施规划;

⑦地下交通设施规划;

⑧地下市政设施规划;

⑨其他地下设施规划;

⑩地下人防工程规划;

⑪地下空间防灾规划;

⑫地下空间近期建设规划;

⑬规划实施保障措施。

(2)主要规划图纸

①地下空间开发利用现状图;

②地下空间管制规划图;

③地下空间专项规划图;

④地下空间专项规划结构图；

⑤地下空间竖向规划图；

⑥地下空间连通规划图；

⑦各类地下空间设施规划图；

⑧地下空间重点开发区域分布图；

⑨地下空间近期建设规划图；

⑩地下空间需求预测各类分析图。

(3)附件

包括规划说明、专题研究、基础资料汇编等。

3. 控制性详细规划层面

1)基本任务

以对城市重要规划建设地区地下空间资源开发利用的控制作为规划编制的重点，对地下空间开发利用各项控制指标提出规划控制和引导要求，对规划范围内开发地块的地下空间资源开发利用提出强制性和指导性规划控制要求，包括开发范围、深度、强度、使用性质、出入口位置、互连互通要求、人防建设要求、大型地下市政基础设施的安全保护区范围等，做好地下空间开发利用与地面建设之间的协调，加强地下交通设施之间、地下交通设施与相邻地下公共活动场所之间的互连互通，并为地区地下空间开发建设以及地下空间资源开发利用的规划管理提供科学依据。鼓励重点地区开展地上地下一体化城市设计，并将主要控制要求纳入控制性详细规划。

2)内容要求

(1)根据地下空间总体规划的要求，确定规划范围内各专项地下空间设施的总体规模、平面布局和竖向分层等关系。

(2)针对各专项设施对规划范围内地下空间资源的开发利用要求，提出公共性地下空间以及开发地块内必须向公众开放的公共性地下空间设施的控制要求。对开发地块地下空间与公共性地下空间之间的连接进行详细控制。

(3)确定规划范围内不同性质用地的界线，以及地下空间的互通连接方式。确定各类用地内地下空间适建，不适建或者有条件地允许建设的建筑功能。

(4)确定各地块地下空间开发的深度、密度、容积率等相关控制指标；确定地上地下公共设施交通出入口方位、停车泊位、建筑后退红线距离等要求。根据规划建设容量，确定地下市政工程管线位置、管径和工程设施的用地界线，进行管线综合设计。

(5)结合各专项地下空间设施的开发建设特点，对地下空间的综合开发建设模式、运营管理提出建议。

3)成果要求

(1)规划文本

①总则；

②地下空间开发利用的功能与规模；

③地下空间开发利用总体布局；

④地下空间设施系统专项规划；

⑤对公共地下空间开发建设的规划控制；

⑥对开发地块地下空间开发建设的规划控制；

⑦地下防空与防灾设施系统规划；

⑧近期开发建设项目规划；

⑨规划实施的保障措施；

⑩附则与附表。

(2)规划图纸

①地下空间规划区位分析图；

②地下空间功能结构规划图；

③地下空间各功能设施系统规划与整合图；

④地下空间单元分图图则；

⑤地下空间分层平、剖面规划图；

⑥地下空间重要节点平、剖面图；

⑦地下空间近期开发建设规划图。

(3)控制图则

将规划对公共地下空间以及各开发地块地下空间开发建设的各类控制指标和控制要求反映在分幅规划设计图上。

(4)附件

附件包括规划说明书、专项课题研究成果报告等。

4.修建性详细规划层面

1)基本任务

以落实地下空间总体规划的意图为目的，依据地下空间控制性详细规划所确定的各项控制要求，对规划区内的地下空间平面布局、空间整合、公共活动、交通系统与主要出入(连通)口、景观环境、安全防灾等方面进行深入研究，协调公共地下空间与开发地块地下空间以及地下交通、市政、民防等设施之间的关系，提出地下空间资源综合开发利用的各项控制指标和其他规划管理要求。

2)内容要求

(1)根据城市地下空间总体规划和所在地区地下空间控制性详细规划的要求，进一步确定规划区地下空间资源综合开发利用的功能定位、开发规模以及地下空间各层的平面和竖向布局。

(2)结合地区公共活动特点，合理组织规划区的公共性活动空间，进一步明确地下空间体系中的公共活动系统。

(3)根据地区自然环境、历史文化和功能特征，进行地下空间的形态设计，优化地下空间的景观环境品质，提高地下空间的安全防灾性能。

(4)根据地区地下空间控制性详细规划确定的控制指标和规划管理要求，进一步明确公共性地下空间的各层功能、与城市公共空间和周边地块的具体连通方式；明确地下各项设施的位置和出入交通组织流线；明确开发地块内必须开放或鼓励开放的公共性地下空间范围、功能和连通方式等要求。

3)成果要求

(1)专题研究报告

①地下空间开发利用的现状分析与评价；

②地下空间开发利用的功能、规模与总体布局；

③地下空间竖向设计；

④地下空间分层平面与剖面设计；

⑤地下空间交通组织设计；

⑥地下空间公共活动系统组织设计；

⑦地下空间景观环境设计；

⑧地下空间的环保、节能与防灾措施；

⑨规划实施建议。

(2)规划设计文本

①总则；

②设计目的、依据和原则；

③功能布局规划与平面设计；

④竖向设计；

⑤交通组织设计；

⑥公共活动网络系统设计；

⑦景观与环境设计；

⑧地下空间开发建设控制规定；

⑨附则与附表。

(3)规划设计图则

①地下空间区位分析图；

②地下空间功能布局规划图；

③地下空间分层平面与剖面设计图；

④地下空间竖向设计图；

⑤地下空间交通组织设计图；

⑥地下公共活动网络系统设计图。

第五节 地下空间总体规划调查研究与基础资料收集

作为城市规划的一部分，调查研究是城市地下空间规划必要的前期工作，必须在弄清城市发展的自然、社会、历史、文化背景以及经济发展的状况和生态条件的基础上，找出城市建设发展中拟解决的主要矛盾和问题。特别是城市交通、环境、空间要求等重大问题。

缺乏详实的基础资料，就不可能正确认识城市，也不可能制订合乎实际、具有科学性的城市地下空间规划方案。调查研究的过程也是城市地下空间规划方案的孕育过程，必须引起高度的重视。

一、调查研究的步骤

调查研究是对城市地下空间从感性认识上升到理性认识的必要过程,调查研究所获得的基础资料是城市地下空间规划定性、定量分析的主要依据。城市地下空间规划的调查研究工作一般有 3 个方面:

(1)现场踏勘。进行城市地下空间规划时,必须对城市的建设概况、城市面貌、城市地上地下空间建设有直观的认知,重要的地上、地下工程也必须进行认真的现场踏勘和标注。

(2)基础资料的收集与整理。主要取自当地城市规划部门、国土部门积累的资料和有关主管部门提供的专业性资料,主要包括城市工程地质、水文地质、城市地下空间资源状况、城市地下空间利用现状、城市交通环境现状和发展趋势等。

(3)分析研究。将收集到的各类资料和现场踏勘中反映出来的问题,加以系统地分析整理,去伪存真、由表及里,从定性到定量地研究城市地下空间开发在解决城市问题、增强城市功能、改善城市环境等方面的作用,制订出城市地下空间规划方案。

城市地下空间规划所需的资料数量大,范围广,变化多,为了提高规划工作的质量和效率,要采取各种先进的科学技术和手段进行调查、数据处理、检验和分析判断,如运用遥感技术探明城市地下空间资源情况,采用航测照片准确地判断地面空间现状。运用计算机技术将大量的城市地理信息数据进行储存、分析判断和综合评价等,进一步提高城市地下空间规划方法的科学性。

二、基础资料收集内容

根据城市规模和城市具体情况的不同、城市地下空间规划编制深度要求的不同,基础资料的收集应有所侧重,不同阶段的城市地下空间规划对基础资料的要求也不同。一般来说,城市地下空间规划应具备的基础资料包括下列部分。

(1)城市勘察资料:指与城市地下空间规划和建设有关的地质资料,主要包括工程地质,即城市所在地区的地质构造,地面土层物理状况,城市规划区内不同地段的地基承载力以及滑坡崩塌等基础资料;水文地质,即城市所在地区地下水的存在形式、储量及补给条件等基础资料。

(2)城市测量资料:主要包括城市平面控制网和高程控制网、城市地下工程及地下管线等专业测量图以及编制城市地下空间规划必备的各种比例尺的地形图等。

(3)气象资料:主要包括温度、湿度、降水量与蒸发量、风向风速、冰冻等基础资料。

(4)城市地下空间利用现状:主要包括城市地下空间开发利用的规模、数量、主要功能、分布及状况等基础材料。

(5)城市人防工程现状及发展趋势:主要包括城市人防工程现状、人防工程建设目标和布局要求,人防工程建设发展趋势等有关资料。

(6)城市交通资料:主要包括城市交通现状,交通发展趋势,轨道交通规划,汽车保有量及增长情况,停车状况等。

(7)城市土地利用资料:主要包括历年城市土地利用分类统计、城市用地增长状况、规划区内各类用地分布状况等。

(8)城市市政公用设施资料:主要包括城市市政公用设施的场站及其设置位置与规模,管网系统、容量以及市政公用设施规划等。

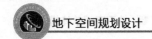

(9)城市环境资料:主要包括环境监测成果,影响城市环境质量有害因素的分布状况及危害情况以及其他有害居民健康的环境资料。

第六节 地下空间总体布局与形态

通过深入分析城市地下可利用资源、城市发展对地下空间的需求量以及测算,在地下空间有序开发、与城市总体规划相衔接、满足现有城市功能、形态、规模扩展的基础上,对城市地下空间中各种构筑物进行统一规划、合理布局和有机整合,并明确城市地下空间开发利用的发展方向及布局形态,对城市地下空间开发进行空间上的指导,同时也是下一阶段详细规划和管理的依据。

一、城市地下空间布局原则与分类

1.城市地下空间布局的原则

城市地下空间开发的利用过程不同于地上空间,应遵循以下原则。

(1)以人为本的原则

在利用城市地下空间时,应首先满足人的需求,结合地下空间的封闭性以及人们只能短时间在地下活动的特点,把长时间活动的项目尽可能地安排在地上,把暂时性活动、极少人活动的项目以及对采光无要求的活动放在地下。只有充分考虑人的需求,把城市地上空间尽可能地留给人们,才能建设成以人为本、城市景观与自然和谐发展的宜居城市。

(2)科学性原则

在考虑城市地下功能布局时,不宜盲目设置,应充分考虑地下空间利用的可行性和科学性,在工程技术满足的条件下,把那些适宜的、合理的城市功能引入地下,防止盲目引入地下造成无法挽回的空间浪费。随着科技的发展和社会的进步,工程技术也会不断完善和发展,现在不适宜引入地下的城市功能,在不久的将来可能就具备条件,因此,在运用这一原则时,应该有一定的前瞻性,为地下城市功能的扩展留有一定的余地。

(3)协调发展原则

城市发展的要求不但要扩大城市的空间容量,还要不断提升城市的环境质量,传统的扩大城市面积的做法已经不能解决现代城市发展中出现的各种问题了,因此需要统筹城市资源、地上地下空间统一规划、协调发展,充分和巧妙地利用现有的城市地下空间,在建造地下构筑物扩展城市功能的同时,要与原有构筑物充分融合,成为地上建筑的有益补充,才能在城市的交通、基础设施、环境等方面做到协调发展。

(4)经济效益最大化原则

根据城市的发展和土地价格的变化,不同地块蕴藏的价值差别巨大。一般土地价值较高的地块都是城市的中心区或者次中心区,其功能多为商业服务、公共服务、娱乐办公等,地面建筑密度大,容积率高,人流量巨大。地下空间的布局和未来的走向应以土地开发价值较高的地方为重点,不仅可以解决城市发展中的疏散问题,还可以获得较高的经济收益,将利益最大化。

2.城市地下空间的分类

(1)从使用功能来分

①民防工程

民防工程包括不能转换的民防工程和可转换的民防工程，不能转换的民防工程包括民防指挥所、防空专业队工程等；可转换的民防工程包括人员掩蔽工程、配套工程等，可转换的民防工程应结合工程特点，兼顾平时城市交通、市政等功能进行规划、设计、建设。

②非民防工程

非民防工程包括地下动静态交通空间、地下市政空间、地下公共服务空间（包括地下的商业、文化娱乐、科研教育、行政办公、体育健身等空间）、地下仓储物流空间等。非民防空间以满足城市需求，缓解城市动、静态交通矛盾等功能为主，应根据开发规模、项目区位以及与其它地下设施的关系等条件，兼顾相应的民防功能。

（2）从使用性质来分

①单一利用空间

地下空间功能相对单一，只有一种主要使用功能，与周边的地下空间无联系，如地下人防、地下停车、地下综合管廊、仓储等功能。

②复合利用空间

地下空间呈现多种使用功能，并相互结合成为一个不可分割的整体，如地下商业、地下停车、地下轨道交通车站、地下综合管廊等相结合的复合功能空间，这种形式的综合功能利用效率及效益最高。

（3）从空间属性来分

根据不同的空间属性，地下空间大致可分成以下八种：

①办公空间

如办公、会议、教学、实验、医疗等各种办公性质的地下空间，这些空间里面将采光要求不高的短时间活动内容安排到地下。

②商业空间

地下商业有地下商业街、地下商场、地下餐厅等，包括批发、零售、金融、贸易行业，具有规模大、参与人数多等特征，商业空间由于不需要天然光线采光，因此将其布局到地下空间。商业活动在地下空间中进行，可以吸引地上人流分散到地下，不仅有利于改善交通，还能在一些气候炎热、严寒、多雨的地区，改善购物环境，避免恶劣的自然环境对商业的影响。

③文化活动空间

地下文娱有地下博物馆、地下展览馆、地下剧院、地下音乐厅、地下游泳馆、地下球场等，这些活动即使在地面建筑中也需要采用人工照明和空气调节，可以放在地下空间。

④交通空间

交通空间是目前城市地下空间利用最普遍的一种方式，它在城市生活中起到的作用巨大。地下交通有地铁、地下快速路、地下立交、地下步行系统、地下过街道、地下停车系统等；其因快速、方便、安全、不受气候影响而受到广泛的欢迎。

⑤市政空间

各种城市公用设施、管线等所占用的地下空间，包括地下综合管廊、地下管线微型隧道、地下物流等，如自来水厂、污水处理厂、垃圾处理场、变电站等设施，最终形成庞大的地下市政综合管廊。

⑥物流生产空间

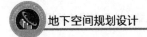

各种物资的生产、运输环节,如快递业、日用商品、食品等轻工业、手工业均可放在地下。

⑦存储空间

利用地下环境中恒温、恒湿的特点,用于存储各种物资,其成本低、质量高、经济效益效果显著,特别是对于一些珍贵的图书、文物、贵金属等,其安全性远高于地上,地下存储空间也将是地下空间利用最广的内容之一。

⑧防灾空间

城市面临的灾害主要有两种,即自然灾害和人为灾害。前者包括地震、洪水、风暴、海啸等;后者包括火灾、交通事故、恐怖袭击、战争灾害等。除火灾和洪灾之外,城市地下空间对上述其他各类灾害的防御能力都远远高于地面建筑,地下空间对于各种自然、人为灾害有着较强的保护能力,因此被广泛利用,一些国家建造了大量地下人防工程,应用于日常城市的防灾。

二、城市地下空间规划的形态及其发展模式

城市地下空间形态是在地下空间建设的过程中,多种要素(如城市规划、地上空间建设、经济发展、人口分布、地形地貌、交通出勤、地质条件等)之间相互作用、相互影响而产生的一种具有整体性、关联性、稳定性的空间形式和结构,是各种要素在物质空间上的直观体现。

1. 城市地下空间的基本形态

城市地下空间一般可以分为以下几种基本形态:

(1)散点状

散点状地下空间是初级的、自发的地下空间利用方式,是构成城市地下空间复杂形态的基本要素,这些地下空间虽然承担着部分的城市功能,但点状空间的形成是缺乏规划的产物。点状地下空间设施广泛分布在城市中,是城市地下空间构成的重要组成部分,承担着部分城市功能并发挥着显著的作用,如城市基础设施中,地下车库、人行通道以及各种储存库等。随着大规模的地下空间开发和利用,点状地下空间逐渐成为各种地下空间与地上空间的连接点,如地铁站连接着地面空间,同时也是人流集散点。近年来,随着地铁的发展,地铁车站的综合开发越来越成熟,大型的地铁站已经发展成为集商业功能、文化娱乐、人流集散、停车等多种功能为一体的地下综合体,形成新的集散点。

(2)辐射发散状

辐射发散状地下空间的形态出现在地下空间开发利用的初期,多以某一大型地下设施为核心,通过通道与周围地下设施相连,形成辐射发散状,这一利用形态通过对某一大型地下空间的综合开发,提升周围地块地下空间的开发深度和利用效益,在局部地区形成一个相对完整的地下空间体系,这种地下空间的利用形态多为地铁(换乘)站、城市中心广场等。

(3)线状

线状地下空间是将两侧的地下空间连通而形成的地下空间形式,这种形态不以解决城市动态交通为目的,多用于商业区域或地下停车系统中,地下商业街或地下车道构成其中的线状地下空间,两侧建筑下的地下室可能是商铺或停车库。线状空间多为不规则的形态,是在逐步建设中所形成的。

(4)网格状

随着地下空间利用的进一步发展,多个较大规模的地下空间连通逐渐成为需求,从而形成地坡内的网格状地下空间形态,这一形态多出现在开发程度较大的城市中心区、城市商业区等某一单一区域,以地铁(换乘)站、地下广场、地下商业街等单元空间为主要组成,连接其他地下空间组成,由于这种地下空间利用形态对城市规划和建设管理的要求较高,因此一般出现在城市地下空间开发利用水平较高的地区,这一形态有利于将现有的城市地下空间整合形成一个系统,从而极大地提高地下空间的利用效益。

(5)网络状

随着城市地下交通的发展,整个城市的地下空间通过各种交通形式得以连通,整个城市便形成了以地下交通为骨架的地下空间网络系统,这种形态在规划城市地下空间总体布局时较为常见,通常情况下,地下轨道交通是这一系统的骨架,通过地下轨道交通及其站点,将各种地下空间有机地组合在一起,形成一个城市完整的地下空间系统。

(6)综合立体型

综合立体型结构是综合考虑城市性质、规模和建设目标,将城市的地上、地下空间作为一个整体进行统筹规划,形成一个一体的、完整的空间系统,进而能够让地上、地下空间充分发挥各自特点,达到改善城市环境、促进城市发展、增强城市功能的目的。

2.城市地下空间布局的发展模式

(1)以大型地下空间为节点的发展模式

随着城市地下空间的不断发展,地下空间的面积不断扩大而彼此相连,逐渐形成面状地下空间,这是人类利用地下空间拓展城市发展空间的客观规律和必然结果,在城市的中心地区和商业集中区,地下空间的形态多为片状,每个片状地下空间最终形成一个巨大的面,面状地下空间有着良好的交通条件,能够连接更多建筑的地下构筑,形成更大的商业、文化、娱乐区,担负更多的城市功能,具备较高的吸引力。

在城市中心区或商业集中区,轨道交通线路经过该地区时,一般都会将面状的地下节点与地下轨道交通车站的空间相结合,突显地铁站在城市地下空间体系中的重要作用,并结合站点、停车场、地下商业等空间,综合开发这一地区的城市地下空间。另一种情况,在面状的地下空间周边没有地铁线路经过的地区时,地下商业街、大型中心广场等大型地下空间是节点的首选,可以通过地下商业街等线状地下空间将周围连成一体,形成线状地下空间形态,或者辐射状地下空间形态。

(2)以城市地上空间功能为基础的发展模式

城市是一个有机的整体,其地下空间与地上空间在功能和形态上相辅相承、密不可分,同时还存在相互影响、相互制约的关系,因此,城市地下空间规划过程中,要以既有的城市地上空间功能为基础,上部与下部统筹考虑,不能脱节,这种上下对应的关系同时也是城市空间不断演变的客观规律的呈现。

(3)以城市轨道交通网络为骨架的发展模式

从1863年英国大都会铁路建成通车开始,城市轨道交通便在现代城市的演进过程中扮演着重要的角色,同时也对地下空间的发展起着决定性的作用,地下轨道交通车站作为地下空间布局的重要节点,不但能辐射周围地区,吸引人流、资金流、信息流,还是城市规划和地下空间形态演变的重要组成部分,现阶段我国对城市地下空间的利用是以解决市内交通问题为首要任务的,地铁的发展带动了城市地下空间的发展,而地铁线路的选择则要综合考虑城市发展中的社会、经济、人文等复杂因素,形成一个遍及城市的庞大地下网络空间,这种网络空间会随着城市的发展而逐步向周边渗透,从而由网络空间逐步形成庞大的地下城市,因此,地铁网络可以在某种程度上综合反映一个城市的布局结构,城市地下空间规划以地铁为骨架,是可以充分顾及城市各方面利益的。

(4)以城市形态为主导的发展模式

城市地下空间的布局一般都与城市形态、发展方向相协调,并符合城市总体规划的要求,点型和线型空间多出现在城市为带状、狭长布局的城市中,这种模式的空间布局符合城市的发展和需求,并有利于初期的发展。当城市逐步向外扩展时,单一的发展模式会成为发展的主要制约因素;所以大多数城市地下空间形态的发展均由单一的点、线的模式向网络型方向发展,当城市发展到一定阶段时,城市地下空间最终会形成多类型相结合的复合型模式。

第七节　案 例 分 析

一、合肥市地下空间发展概况

合肥市是安徽省省会,是全省政治、经济、文化、信息、交通、金融和商贸中心,全国重要的科研教育基地,长三角城市经济协调会会员城市。近年来,随着合肥城市的日益发展,城镇化的不断加快,城市人口会迅速膨胀,城市用地逐渐变得紧张,城区交通压力继续增加,合肥市的地下空间的需求规模会越来越大,地下空间的种类更加丰富。合肥市城市地下空间开发利用发展主要分为以下 3 个时期:

第一阶段:1949 ~ 1979 年。新中国成立初期,国内经济水平不高,合肥的城市建设在当时进展比较缓慢,整个城市的规模就是环城河以内,地下空间的发展几乎为零。到了 20 世纪 60 年代末期,由于当时特殊的国际形势的影响,全国各大城市引发了兴修地下防空洞的热潮,合肥市也加入了这一行列。那时的地下空间类型主要以人防工程为主,大量的防空洞、地下通道等的建设是合肥市地下空间开发的初期阶段;

第二阶段:1980 ~ 2000 年。伴随着改革开发的浪潮,在 20 世纪 80 年代后期,合肥城市的发展逐渐开始显现,再加上和平年代的大环境下,对外交流开始变得常态化,马路上汽车、摩托车也开始增多,很多当时建设质量较好的人防工程也进行了平战结合的改造和再利用,很多改造成了地下停车场、地下商业娱乐等其他的城市功能,再加上零星兴建的点状独立地下空间,例如小区的地下停车场、长江路地下人行通道等,在这一阶段,合肥市地下空间在数量上得到了显著的增长;

第三阶段:2001 年至今。特别是近十年来,合肥进入了城市发展的高速车道,随着地下轨道交通 1 号线的兴建和开通,加上出现不少单独兴建的地下空间工程,如胜利广场欢乐城、淮河路步行街地下商业街、市府广场地下停车场等,合肥的地下空间开发逐渐向着网络化发展,从数量向质量转变。未来合肥的地下空间开发利用必会达到新的高度。

二、合肥市地下空间的规划范围和规划期限

1. 规划范围

合肥市地下空间规划的范围为主城区,面积约为 1220km²;重点规划范围为市区,面积约为 887km²(不含巢湖水面),如图 2-1 所示。

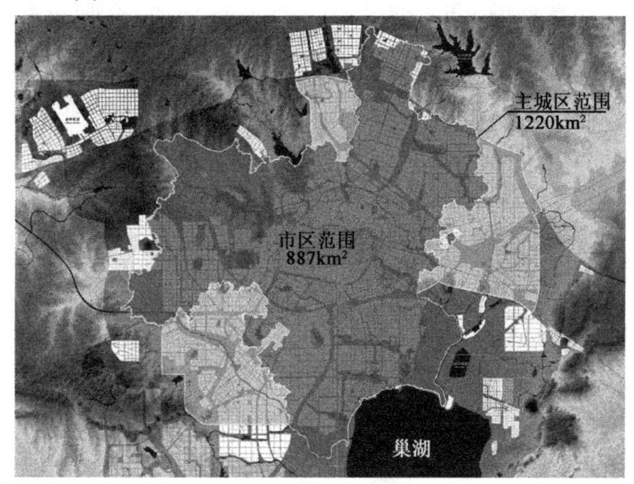

图 2-1　合肥市地下空间的规划范围

2. 规划期限

与《合肥市城市总体规划(2013 ~ 2020)(修编)》的规划期限保持一致。近期规划为 2013 ~ 2015 年;远期规划为 2016 ~ 2020 年,并对远景进行展望。

三、合肥市主城区地下空间开发适宜性、适建性评价

根据合肥市地质条件进行土地适宜性评价,将主城区地下空间分为地下空间开发适宜区、较适宜区、适宜性较差区、不适宜开发区 4 个分区,并在空间上划定 4 个区域的范围,并针对不同地区的特点提出不同的施工工法,如图 2-2 和表 2-1 所示。在此基础上根据地下空间资源影响因素调查和资源综合评估,合理的划定地下空间适建性控制分区划定,将合肥市主城区地下空间开发划定为慎建区、限建区和适建区,如表 2-2 和图 2-3 所示。

土地适宜性评价　　表 2-1

分区代号	等级名称	场地使用评价	
		适宜性	施工工法及需要注意的问题
I	地下空间开发适宜区	工程地质条件良好,适宜兴建各种类型的地下工程	可采用明挖或者暗挖、盾构法进行施工工艺。地下工程施工技术难度简单,基坑可采用一般的明挖法施工,在局部膨胀土地区注意保持含水率大致不变就不会遭受由膨胀引起的破坏。在地面建筑稀疏区,可采用自然放坡明挖法,施工成本相对较低

续上表

分区代号	等级名称	场地使用评价	
		适宜性	施工工法及需要注意的问题
II	地下空间开发较适宜区	工程地质条件较好，采用合适的处理方法加固松软土地，可兴建各类地下工程	采用明挖基坑，地下空间开发中应注意护壁及排水措施，采用通用地下施工技术，局部土层需做相应的地基处理
III	地下空间开发适宜性较差区	工程地质条件较差，地下工程建造应采用合理的施工工艺和防水止水的措施	岩性为黏性土夹淤泥，局部还夹砂，软土厚度基本在3～5m，地下空间开发施工中土层压力较大，局部需专门成套的地下组织施工技术
IV	地下空间开发不适宜开发区	工程地质条件极差，属于地下工程建设危险区	采用盾构、深井或基坑法，均会扰动土层，产生软土层蠕动、地面沉降、变形等工程地质和环境地质问题，需采用特殊的地下施工技术

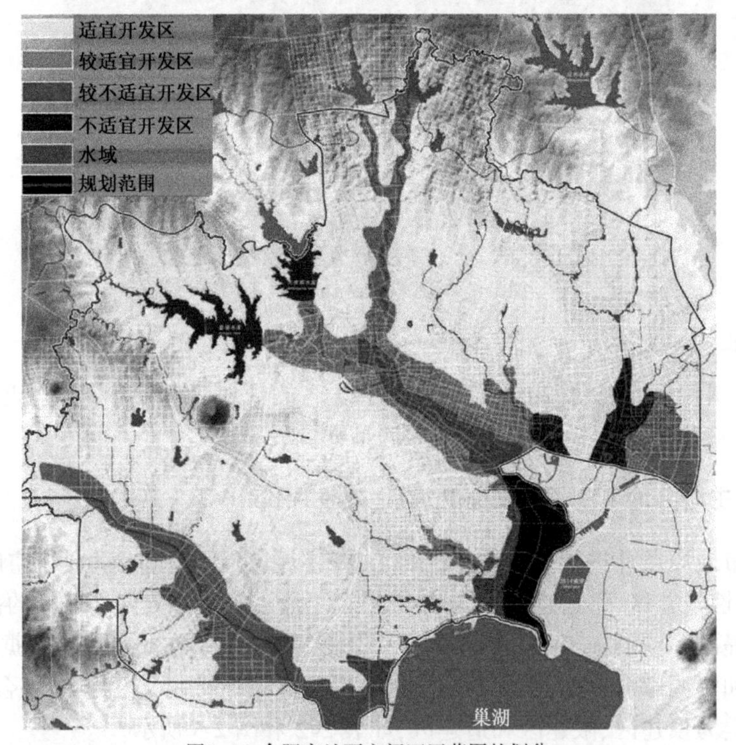

图2-2　合肥市地下空间四区范围的划分

城市地下空间适建性评价　　表2-2

名　称	适建性内容
慎建区	文保单位、滩涂区、地震断裂带周围、绿化廊道、防护绿地、水源保护区、生态用地、特殊用地、地质条件不允许开发的地区、由于地下空间利用可能诱发地质灾害或导致生态环境恶化的地区及国家法律法规所禁止的地区
限建区	市区级公园绿地、郊野公园绿地、城市绿地、水体、现状保留地面建筑区、已开发地下空间区
适建区	广场、空地、道路、规划拆除重建地区、新开发建设地区

a)0~-5m 地下空间资源适建性评价图

b)-5~-15m 地下空间资源适建性评价图

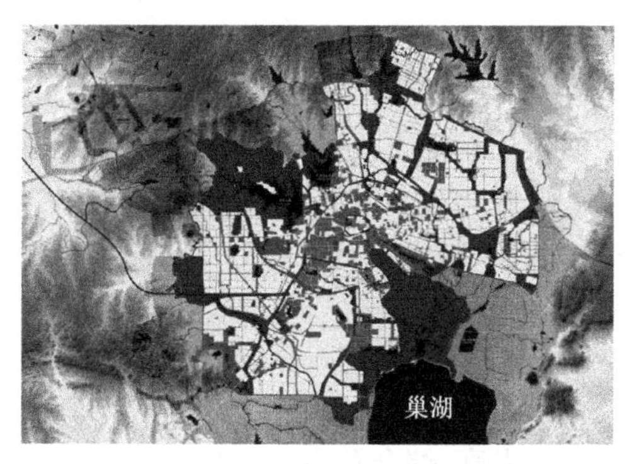

c)-15~-30m 地下空间资源适建性评价图

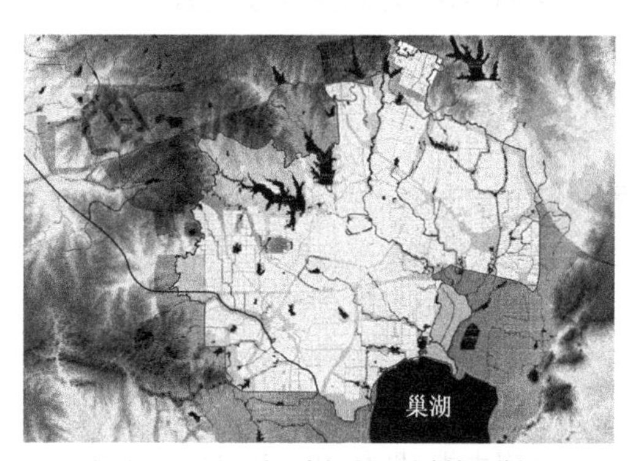

d)-30m 以下地下空间资源适建性评价图

图 2-3　合肥市地下空间分层适建性范围的划分

四、合肥城市地下空间规划的战略和目标

1.合肥城市地下空间规划的战略

(1)策略一:立体城区战略

依托地下空间开发,加强与地面、地上建设相结合,逐步建设一个空间集约化、景观层次化的立体城区。

(2)策略二:安全城区策略

加强城市综合抗灾抗毁能力,建立能抗御突发事件的防控防灾体系,逐步建设一个能保障每一个居民、重要经济目标和生命线系统的安全城区。

(3)策略三:智慧城区策略

依托地下监控管理、地下电子图库系统与地下工程核心技术综合运用,逐步建设一个信息化、科技化程度高的智慧城区。

(4)策略四:品质城区策略

加强建设地下轨道交通、地下道路和地下停车库,逐步打造一个地下交通便捷,服务设施完备,生活工作高效的品质城区。

(5)策略五:生态城区策略

依托地下市政工程、地下轨道交通等建设,腾出更多地面,逐步建设一个节能降噪、环保安全、绿地覆盖的生态城区。

(6)策略六:和谐城区策略

依托地上地下协调开发,逐步建设一个地上地下优势互补、交通商业互相促进的和谐发展城区。

2.合肥市城市地下空间规划的目标

(1)近期目标

紧密结合轨道交通建设,大力促进轨道交通站点周边地下空间的连通和整合开发,形成地下空间网络骨架;结合重点地区的规划建设,整合地上、地下资源,从总体发展考虑,优化地下空间网络节点,进一步完善城市地下空间系统,提高城市空间利用率,促进城市和谐发展。

(2)远期目标

注重分层立体综合开发、横向相关空间连通、地面建筑与地下工程协调发展,初步建立与城市发展空间相适应,与地上空间开发相结合,与地下轨道交通为骨架,由地下交通设施、地下公共设施、地下防灾设施和地下市政设施组成的复合型、现代化的城市地下空间综合利用体系,为实现"太湖名城、创新高地"战略目标做出保障。

(3)具体目标

①缓解交通压力,促进公共交通、动态交通、静态交通发展;

②节约土地,推动地下综合交通枢纽、市政基础设施走廊、综合管廊的发展;

③改善环境,通过置换地面空间,建设绿地等公共开敞空间,改善地面环境;

④节约能源,发挥地下空间的保温、隔热的功能;

⑤带动地上建筑的开发,增加单位面积的土地价值,提升区位经济;

⑥利用地下空间良好的抗震性和防爆性,提高城市综合防灾减灾的能力。

五、合肥市地下空间总体规划

1.主城区城市地下空间总体布局结构

合肥市地下空间总体结构为"两轴一环、多片多点、指状延伸",如图2-4所示。

两轴一环:两轴为轨道交通1号线和轨道交通2号线组成的"十字形"地下空间发展轴线;"一环"为3号轨道交通线和4号轨道交通线组成的"环形"地下空间开发轴线。发展轴线是带动合肥市地下空间开发建设的重要动力和空间导向。

多片多点:城市地下空间发展的重点片区和重要节点。结合城市级公共中心和轨道枢纽站点确定地下空间开发利用的重点片区,主要包括老城区商业中心区、滨湖核心区、政务文化区、合肥高铁站地区等,依托轨道交通规划所确定的线网和主要站点确定地下空间开发利用的重要节点。

指状延伸:以地下空间发展重点片区为发展源,以"两轴一环"为发展轴线,以公共中心、地铁站点等为主要节点,地下空间在主城区内沿轨道线网呈指状向外延伸拓展。

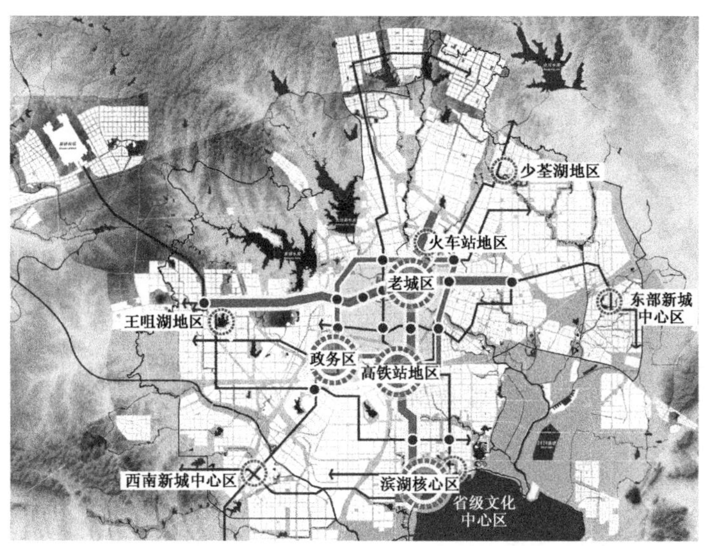

图 2-4　合肥市地下空间总体布局结构图

2. 地下竖向分层规划

在规划期内，合肥市地下空间适宜开发深度主要控制在浅层（0～－15m）和中层（－15～－30m）之间，一般地区以浅层开发为主，城市重点地区的地下空间开发利用深度在规划期内应达到中层。远景时期，随着地下空间的大规模开发，部分重点地区地下空间开发利用的深度可达深层（－30m 以下），如图 2-5 所示。

图 2-5　合肥市地下空间竖向层次规划图

3. 地下空间功能分区与开发指引

将合肥市地下空间开发分为储备区、综合功能区、混合功能区、一般功能区四类，并明确四类区域的空间特点、功能、连通性、开发控制策略以及开发模式，如图 2-6 和表 2-3 所示。

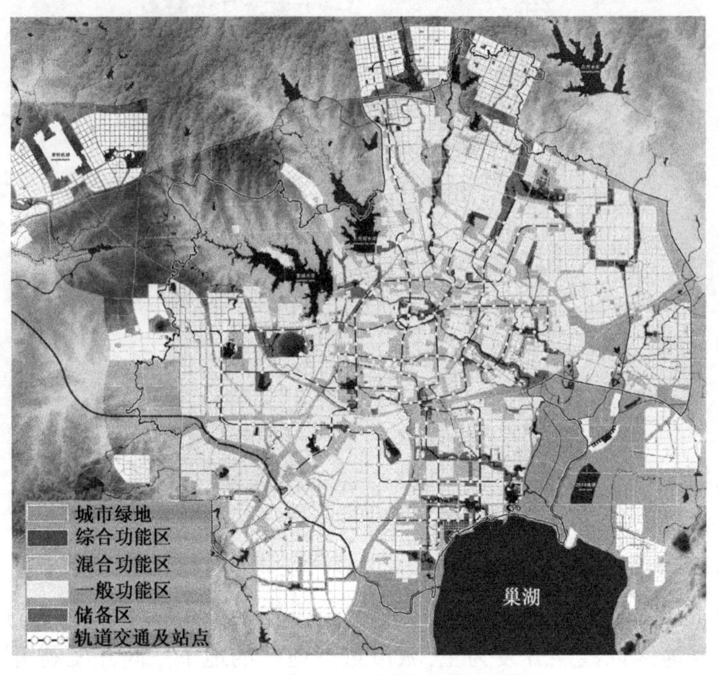

图 2-6　城市地下空间功能分区引导图

功能开发与引导一览表　　表 2-3

分类	储备区	综合功能区	混合功能区	一般功能区
空间分区	城市建设用地以外的山体、水域、生态廊道用地和结合商业网点中心的主要干道、公园、广场下的地下空间规划为储备区	主要指城市公共活动聚集度、开发强度高，轨道交通站点密集区、城市中心地区等	综合功能区以外的轨道枢纽站点和主要站点、城市次中心等公共活动相对频繁的地区	将以上 3 种功能区以外区域的地下空间规划为一般功能区
功能特征	—	功能综合、联系紧密的综合功能。其表现为“地下商业 + 地下停车 + 交通集散空间 + 公共通道网络 + 其他”的功能	多种功能混合，表现为：“地下商业 + 地下停车 + 交通集散空间 + 其他”的功能	功能较单一，表现为地下停车、地下人防、地下市政设施、地下仓储等
连通性	—	连通性强，体现以地下综合体建设的方式	鼓励连通，地下空间功能联系紧密的地块可连通	无强制性的连通要求

续上表

分类	储备区	综合功能区	混合功能区	一般功能区
控制策略	一般不进行商业开发，在不破坏区域生态安全及造成环境危害的前提下，可适度安排城市公用设施，包括地下交通设施、地下市政设施、地下人行通道等	1. 首先满足公共空间的需求； 2. 强调功能综合，强调与地铁、交通枢纽以及与其他地下空间用地的紧密联系和连通，形成地下步行网络； 3. 体现各种功能使用的综合效益，形成室内室外、地上地下一体的地下空间	1. 首先满足公共空间需求； 2. 主要发展为地面配套的地下停车； 3. 地下商业交通集散等功能不宜进行大规模的商业开发	1. 地下开发以配建功能、市政设施、人防设施为主； 2. 应控制地下空间开发规模，不宜进行大型商业开发
开发模式	—	单独编制地下空间控制性详细规划，以规划为先导，在政府的引导下，鼓励市场积极参与	规划指导下市场自行建设，应加强地块间公共步行空间的连通	以配建功能为主，市场参照相关标准和规划要求各自进行建设

4. 城市地下公共空间规划

(1)合肥市地下公共空间将沿发展轴线形成两轴一环的地下公共空间布局，沿轨道交通1号线和轨道交通2号线形成的十字形地下空间发展轴，轨道交通3号线和4号线形成环形地下空间发展轴。

(2)地下空间开发重点区域。明确地下公共空间中重点开发区域，并确定规划期中地下空间发展的10个重点区域，分别为合肥火车站地区、老城商业中心区、高铁站地区、滨湖核心区、市政务文化核心区、省级文化中心区、王咀湖地区、少荃湖地区、东部新城中心区、新南新城中心区，合计约31.3km^2。

(3)地下空间开发主要节点。根据地下空间开发的重点区域，分别确定空间开发的20个节点，分别为合肥站、大东门站、三孝口站、三里庵站、太湖路站、宿松路站、潜山路站、祁门路站、望江西路站、泸州大道站、紫云路站、上海路站、蒙城路站、北二环路站、长宁大道站、习友路站、翡翠路站、东二环路站、当涂路站、采石路站、大众路站，如图2-7所示。

5. 地下交通系统规划

(1)地下轨道交通

合肥市主城区轨道交通线网布局总体上呈"棋盘放射"形态。预计在2020年以前，将建设完成4条线路。主城区轨道交通占公共交通出行量的比例为22.3%。同时开工建设轨道5号线、6号线，如图2-8和表2-4所示。

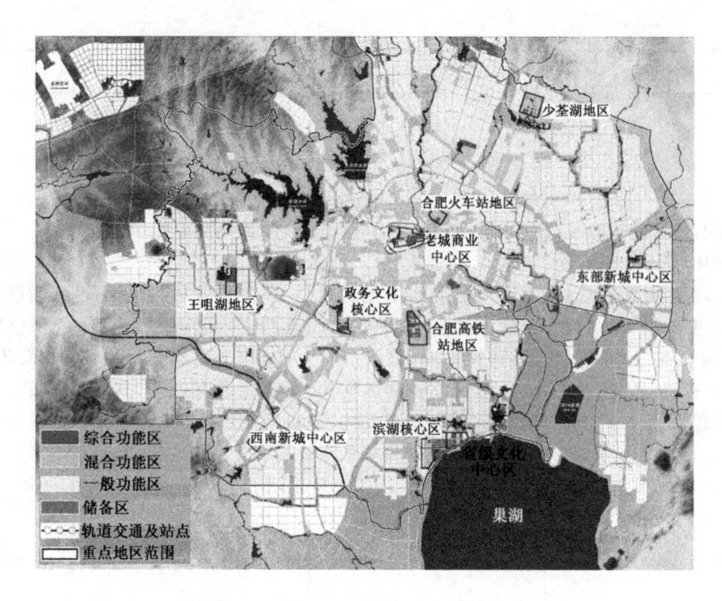

图 2-7　城市地下空间重点空间分布图

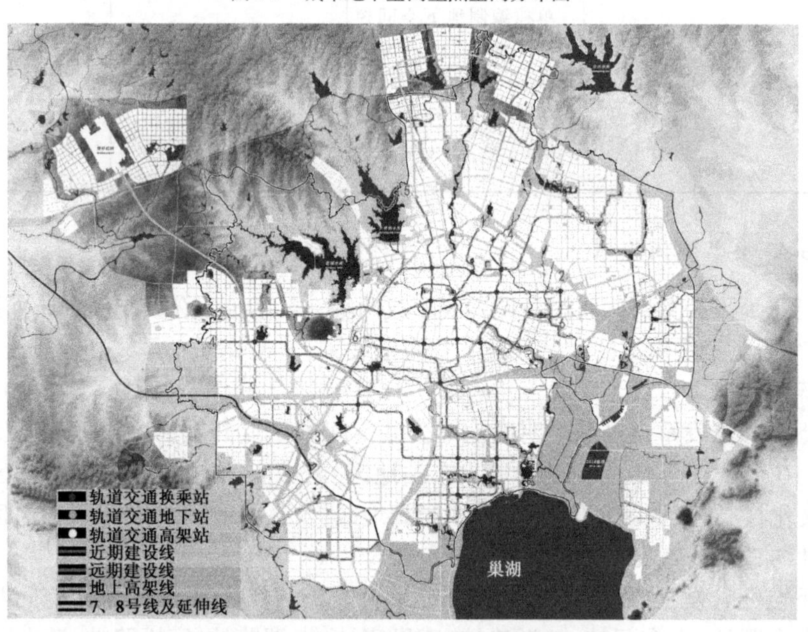

图 2-8　合肥市 2020 城市轨道交通线网规划图

2020 年 4 条轨道线客流预测主要指标　　表 2-4

项　目	指　标	项　目	指　标
线网长度(km)	132.52	换乘量(万人次/日)	13.92
轨道交通客流量(万人次/日)	139.04	轨道交通换乘系数	1.12
客运周转量(万人·km/日)	1230.88	负荷强度(万人次/km·日)	1.05
平均运距(km/乘次)	8.86	轨道占公共交通比例(%)	22.92
平均乘车时间(min/乘次)	15.19		

(2)客运枢纽

合肥市主城区范围内规划客运枢纽48座,其中,一级枢纽3座,包括合肥市高铁站、合肥火车站、合肥西站;二级枢纽6座;三级枢纽39座,包括20个轨道交通换乘枢纽和19个常规公交枢纽站,如图2-9所示。

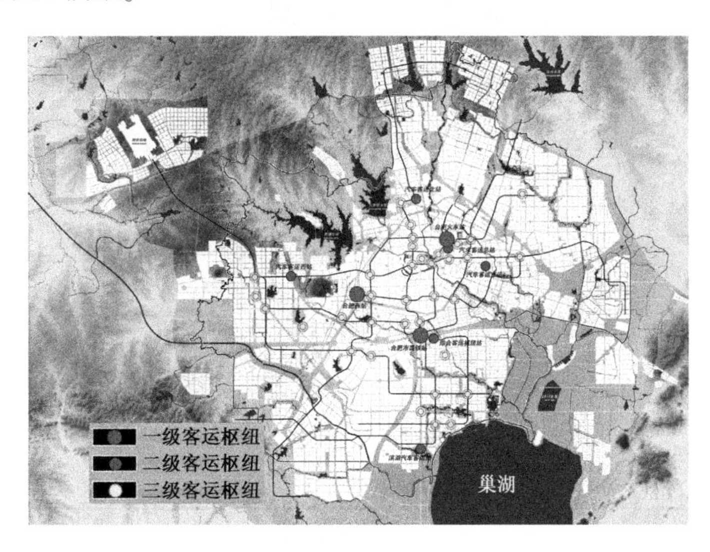

图2-9　合肥市客运枢纽规划图

规划中将枢纽地区地下空间划分为注重交通设施立体化开发的地下空间开发模式(一级、二级枢纽)和注重与周边地区相结合进行综合开发的开发模式(三级枢纽)两种类型。

①一级枢纽站点,包括高铁站、大型普铁站等,以交通功能为主。通过构建紧凑、便捷、立体的交通空间,实现高效便捷、安全舒适的交通服务。

②二级枢纽站点,包括城际、公路客运枢纽等,以交通功能为主,商业商务开发为辅。在构建连续的地下交通空间的同时,设置餐饮、商业及休闲等多样化空间,实现交通转换和商业开发的双重功能。

③三级枢纽站点,包括城市轨道枢纽,常规公交枢纽,交通功能与商业开发同等重要。其与周边商业等建筑地下空间紧密结合,利用密集人流,使物业开发产生良好收益。

(3)地下停车设施

①地下公共停车

规划二环内公共地下停车比例不低于建设总量的90%,二环外不低于70%,外围产业功能不低于20%。到2020年,主城区范围内公共规划地下公共停车场85个,其中二环以内共58个,主要是缓解停车矛盾,满足停车要求,外围区的停车场主要是衔接地铁站的P+R停车场,主要功能是截流机动车,减轻中心城区交通压力,如图2-10所示。

②地下配建停车

规划将分区域配建地下停车,分为重点地区、二环内非重点地区、二环外非重点地区、城市外围地区4种范围。重点地区内地下停车场配建比例标准为90%~100%;二环内非重点地区内地下停车场配建比例标准为80%~100%;二环外非重点地区内地下停车场配建比例标准为70%~80%;城市外围地区内地下停车场配建比例标准为60%~70%,见表2-5。

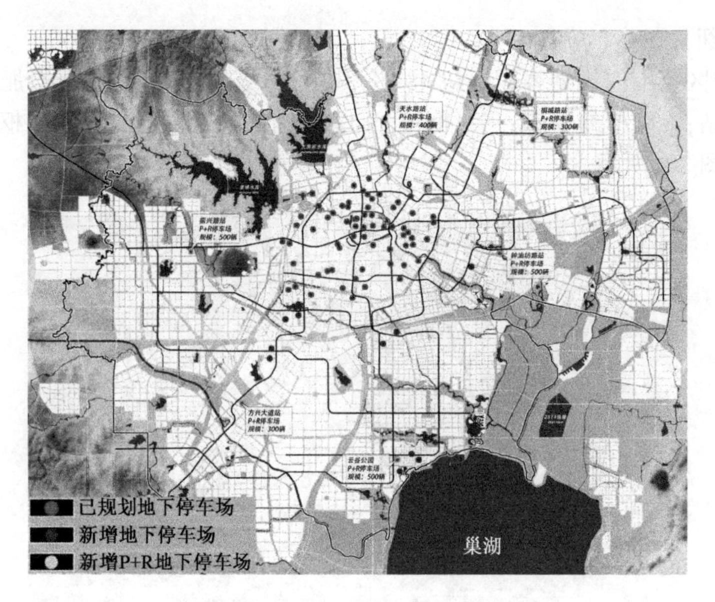

图 2-10　合肥市地下公共停车场规划图

不同地区地下停车场配建标准　　表 2-5

区　　位	用 地 功 能	比　　例
重点地区	以商务办公、商业、居住、行政办公用地为主	90% ~100%
二环内非重点地区	非重点地区内的重要公共建筑、居民住宅项目	80% ~100%
二环外非重点地区	高科技产业基地、物流基地、公共服务设施	70% ~80%
城市外围地区	—	60% ~70%

(4)地下道路系统

规划中需完善城市快速路系统;解决城市断头路问题,穿越特殊区域(如山体、湖泊、大型单位等);解决重要城市发展区交通问题;联络公共空间,提升路网容量,解决地面交通问题。根据合肥市综合交通规划和其他相关规划,2020 年,规划建议在主城区范围内新建地下车行通道 45 座(包括地下隧道和地下立交)。鼓励新开发地区和城市更新地区,地下车行通道系统化规划建设。远景设想建设地下机动车道系统,成为轨道交通系统之外方便机动车出行的方式之一,如图 2-11 所示。

(5)地下步行系统

规划中将合肥市地下步行系统类型分为:独立的过街通道、以轨道(换乘)站为节点的地下步行系统、以地下商业为中心的地下步行系统三大类。规划将根据合肥综合交通规划和其他相关规划,到 2020 年,合肥主城区范围内规划建议新建独立地下人行通道 42 个。轨道站点建设必须同步建设地下人行过街通道。选址主要位于人流密集的行人过街点、城市快速路与主干路交叉口,特别是大学以及教育园区、大型商业设施、综合交通枢纽等的过街连接通道。在城市中心区商业繁华地带,鼓励地下步行通道与地铁站、人防、商业开发充分结合,形成完善的地下人行通道,如图 2-12 所示。

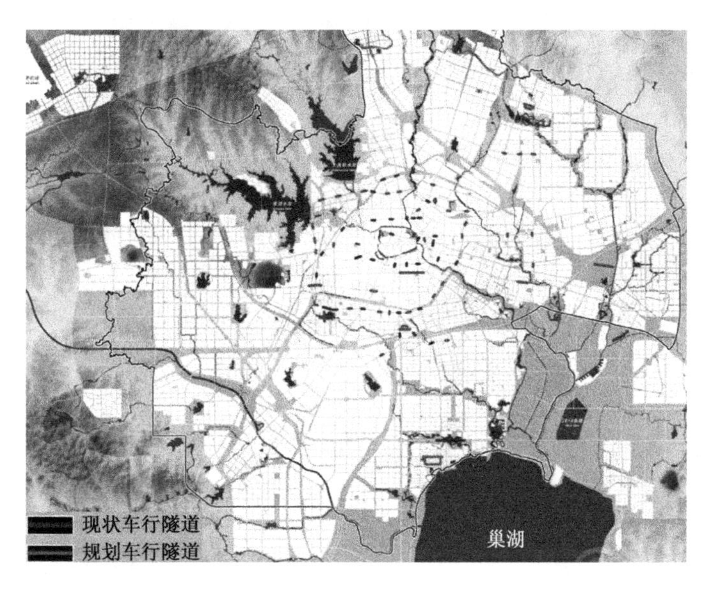

图 2-11　合肥市地下车行隧道(地下立交)规划图

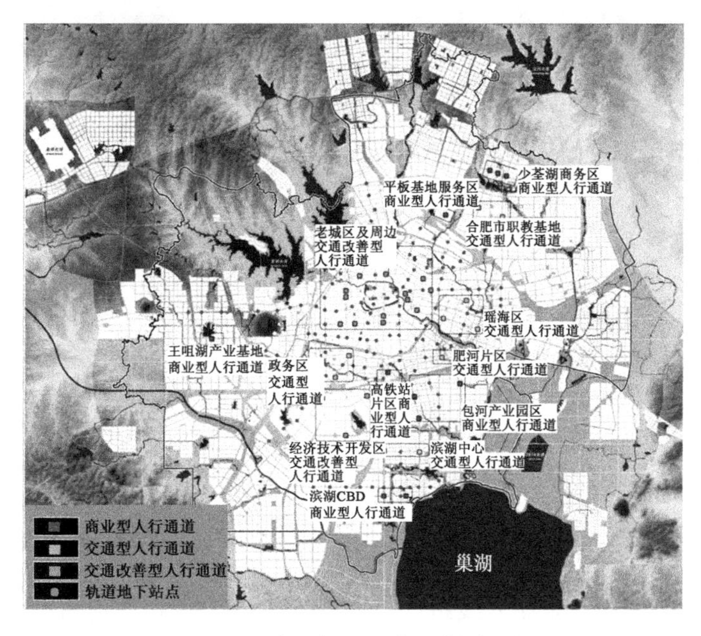

图 2-12　合肥市地下人行通道规划图

(6)地下雨水调蓄池

采用“渗、滞、蓄、用、排”的低冲击雨洪管理模式。地下雨水储留设施是一种地下空间建设的、用以在多雨季节、暂时储存城市中无法排出的雨水的地下构筑物。雨水调蓄池的选址应综合考虑区域防洪排涝安全格局,宜建在公园、绿地、学校操场及体育场地下。服务范围主要是雨量集中、雨水干管密集的区域。规划将依据合肥雨水、排水、治涝专项规划,结合城市绿地及服务区域共规划 10 处公共地下雨水储留设施,作为合肥市雨水综合利用的试点,如图 2-13 所示。

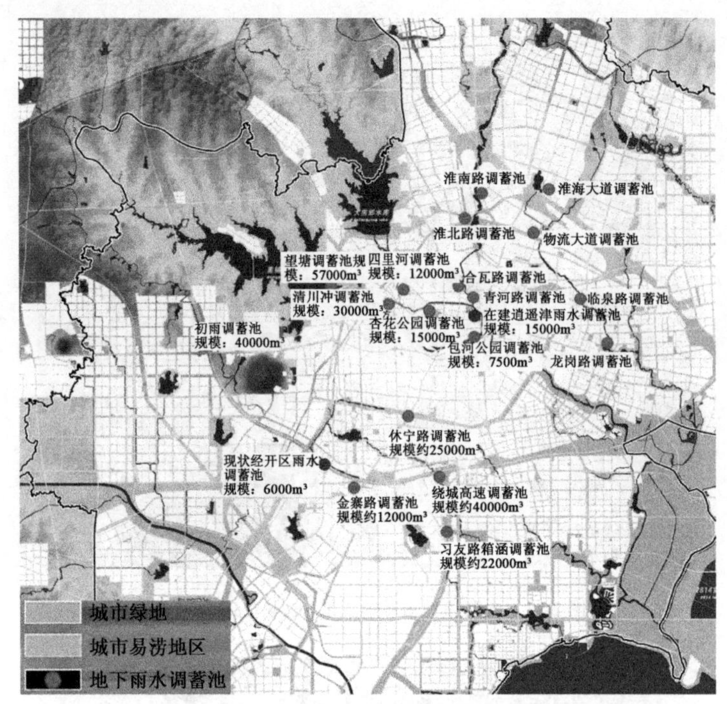

图 2-13　合肥市地下雨水调蓄池规划图

六、合肥市城市地下空间近期建设与愿景发展

1. 近期规划建设

(1)指导思想

结合轨道交通设施开发利用地下空间，编制重点地区(段)地下空间开发，利用详细规划，将地下空间建设要求纳入控规，进行规范管理。

(2)近期建设规划布局

近期规划采取“两轴、四片、多点”的布局模式，如图 2-14 所示。

“两轴”：以轨道 1 号和 2 号线为城市地下空间发展的主轴线；

“四片”：近期城市地下空间发展的重点区域，包括合肥火车站片区、高铁站片区、老城商业中心区、滨湖核心区；

“多点”：轨道 1 号线、轨道 2 号线站点周边地区，地下空间以轨道站点为中心向周边地块延伸。

(3)近期建设重点

①重点建设地区。

重点推进合肥火车站片区、高铁站片区、老城商业中心区、滨湖核心区 4 个重点区域地下空间建设。

②重点交通设施。

③轨道交通：重点建设轨道 1 号线和 2 号线，开工建设轨道 3 号、4 号线，开展轨道 5 号、6 号线前期设计工作。

图 2-14　合肥市地下空间近期建设规划图

④地下公共停车场：建设 22 处地下公共停车场。

⑤地下车行隧道：建设 10 座地下车行隧道。

(4) 重点市政设施

①城市地下综合管沟建设围绕滨湖核心区、中科智城、高铁站地区等适宜地区开展试点工作。

②地下变电站将结合轨道 1、2 号线建设，加快轨道 1-1、轨道 2-2 两个轨道专用变电站建设，积极谋划主城区内 110kV 变电站，采取全部建于地下或与地面建筑相结合的方式。

③规划将建设 4 座雨水调蓄池，分别位于老城区、高铁站片区、淝河片区、包河工业园片区。

④受占地及环境条件的限制，积极尝试在城市中心城区建设地下污水处理厂，提高土地集约效率。

⑤垃圾转运站：在滨湖核心区、中科智城地区，建议垃圾转运站结合地下空间的开发建于地下，如图 2-15 所示。

(5) 重点人防设施

地下交通及重点开发的地下空间项目兼顾人防要求。

2. 远景发展

构建地面、地上、地下形态完整，功能完善的城市三维空间。创造舒适、宜人、便捷、安全的城市生活空间，实现人与自然、人与社会的和谐共生。全面实现城市基础设施的地下化和综合化，通过构建完善的地下城市基础设施、地下物流系统、能源的地下封闭循环系统等地下系统，形成健全的地下空间体系与完善的地下空间建设经营及开发管理体制。

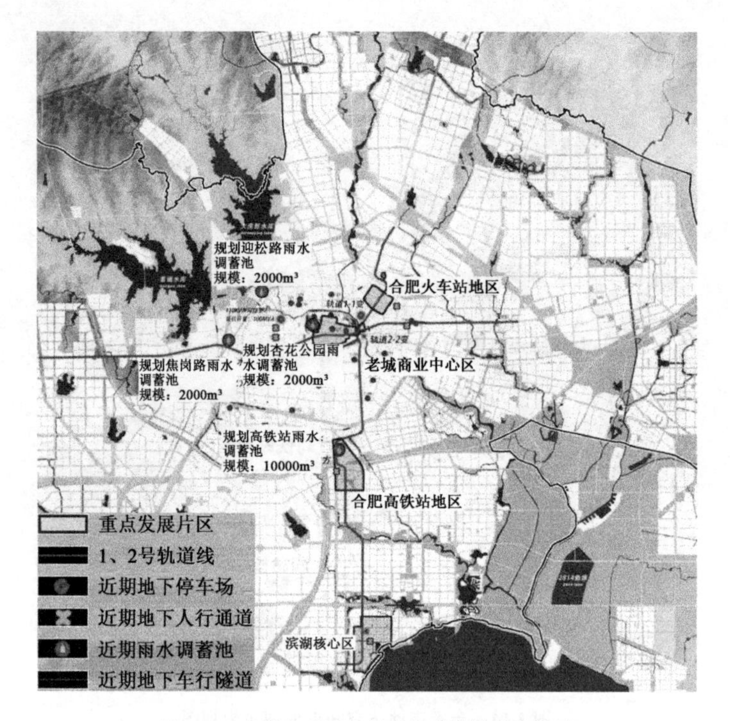

图 2-15　合肥市地下空间近期建设设施布局图

第三章　地下交通网系统规划设计

地下交通网按功能划分,大致可分为以下几类:

(1)地下轨道交通网系统,包括地铁、城铁、轻轨等轨道交通设施;

(2)地下机动车交通网系统,包括地下快速道路、地下停车系统等;

(3)地下步行系统,是建于地下的、供公共使用的步道,多条地下步道有序组织在一起,形成地下步行系统,主要包括两种形式:地下步行街、地下人行过街道。其中,地下人行过街道主要是为解决人行过街而建造的单建式地下交通设施。

第一节　地下交通网规划与城市总体布局

一、地下交通网规划方法

地下交通网规划是城市地下空间规划中最为重要的功能设施规划,地下空间规划的发展布局、总体形态、发展方向以及地下空间服务设施的分布、重点建设区域等规划内容往往是围绕着地下交通设施中地下轨道交通线网及站点框架展开的,从这个意义上来看,城市地下空间规划可分为有轨交通和无轨交通两大类型,这两类的规划在编制办法、规划策略、规划内容等方面有着较大的差异。

1.地下交通网规划遵循的原则

地下交通网的合理开发和高效利用是缓解大城市核心区交通矛盾的有效途径之一。由于地下轨道交通、机动车交通和步行交通形式不同,需配置的各类交通设施也有较大差异,总体而言,在进行城市地下空间交通网整体规划时,应遵循以下几个原则:

(1)适应性原则

适应城市发展建设的要求,使城市地上、地下交通系统有机统一,协调发展,上下各种交通方式之间衔接、组合、换乘便捷、合理;地下交通网建设应与城市建设总体布局相一致。

(2)适度超前原则

城市地下交通规划应基于发展的角度,以城市总体规划为依据,结合城市中长期发展目标,适度超前地对地下交通设施进行规划布置,为城市的不断扩展做出前瞻性规划,以满足持续增长的交通需求。

(3)公交优先原则

地下交通网以疏导地面交通为首要任务,以缓解城市交通拥堵和停车难为导向,通过大力发展地下公共交通设施,消除道路对城市的分割,拉近城市空间距离,充分发挥土地的集聚效应。

(4)统筹规划原则

地下交通规划建设应充分考虑动、静态交通的衔接以及个体交通工具与公共交通工具的换乘;城市主干道的规划建设应为未来开发利用不同层次的地下空间资源预留相应的空间;城市建设与更新应充分考虑交通设施的地下化,交通方式立体化的发展模式。统筹规划、综合开发、合理利用、依法管理,坚持社会效益、经济效益、环境效益相结合。

2. 地下交通设施的规划思路

针对地下交通设施的不同类型,结合我国地下交通设施发展特点,确定地下交通设施规划的总体框架、规划步骤和规划内容,如图3-1所示。

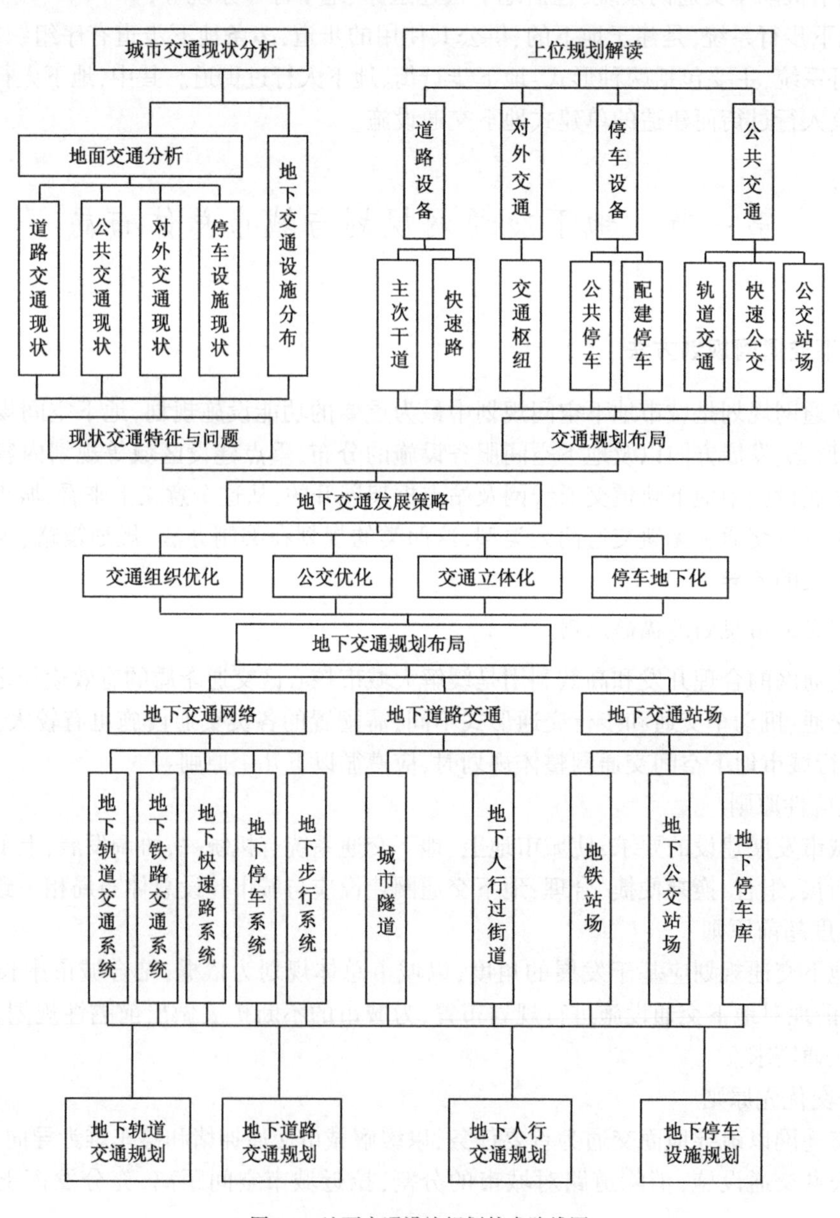

图3-1 地下交通设施规划技术路线图

二、地下交通规划的布局

地下交通设施规划以引导城市的现代化，贯彻公共交通优先为导向，以营造一个以人为本的便捷、舒适的交通环境为目标。土地利用规划与交通设施规划的相互关系如图3-2所示。

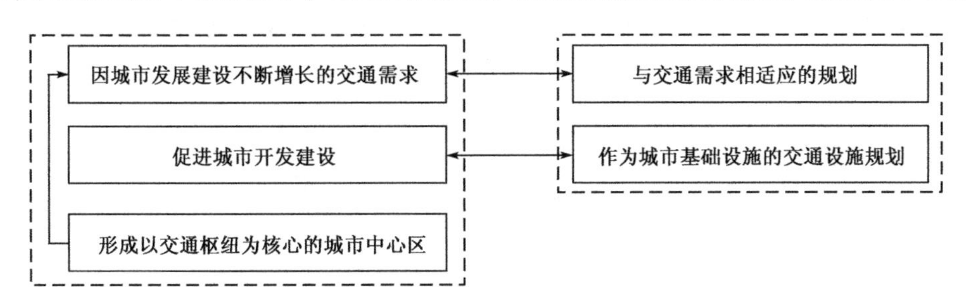

图3-2　土地利用规划与交通设施规划的相互关系

在开发布局上，逐步形成以地下轨道交通线网为骨架，以地铁车站和枢纽为重要节点，注重地铁和周边项目地下空间联合开发，有机的交通网络服务体系。

在空间层次上，避免地铁与建筑和市政浅埋设施的相互影响，地铁尽量利用次浅层和次深层地下空间。

在城市中心城区范围内，以地铁为依托，结合轨道交通线网的建设，形成地下和地面相互联系的、便捷的立体交通体系，利用地铁客流合理开发商业，提高地下空间的使用效率和开发效益。

此外，规划范围内的社会停车场原则上应地下化，解决停车难的问题，既充分利用主城区内稀缺的土地资源，又不影响城市景观；在中心商业区应规划地下步行交通系统，净化地面交通，实现人车分流，达到商业功能与交通功能的和谐统一。

三、地下交通规划与城市总体布局的衔接

城市总体布局是由城市用地组成的空间形态所表现出来的。城市地下空间的总体布局是在城市性质和规模大体定位，城市总体布局形成后，在城市地下可利用资源、城市地下空间需求量和城市地下空间合理开发量的研究基础上，结合城市总体规划中的各项方针、策略和对地面建设的功能形态规模等要求，对城市地下空间的各组成部分进行统一安排、合理布局，使其各得其所，将各部分有机联系后形成的。

城市地下空间布局是城市地下空间开发利用的发展方向，用以指导城市地下空间的开发工作，并为下阶段的详细规划和规划管理提供依据。城市地下空间布局，是城市社会经济和技术条件、城市发展历史和文化、城市中各类矛盾的解决方式等众多因素的综合表现。因此，城市地下空间布局要力求合理、科学，能够切实反映城市发展中的各种实际问题并予以恰当解决。

1. 城市地下空间布局以城市轨道交通网络为骨架

轨道交通在城市地下空间规划中不仅具有功能性，同时在地下空间的形态方面起到重要作用。城市轨道交通对城市交通发挥作用的同时，也成为城市规划和形态演变的重要部分，尽

可能地将地铁联系到居住区、城市中心区、城市新区，提高土地的使用强度。地铁车站作为地下空间的重要节点，通过向周围的辐射，扩大地下空间的影响力。

地铁在城市地下空间中规模最大并且覆盖面广，地铁线路的选择充分考虑了城市各方面的因素，将城市中各主要人流方向连接起来，形成网络。因此，地铁网络实际上是城市结构的综合反映，城市地下空间规划以地铁为骨架，可以充分反映城市各方面的关系，如图3-3所示。

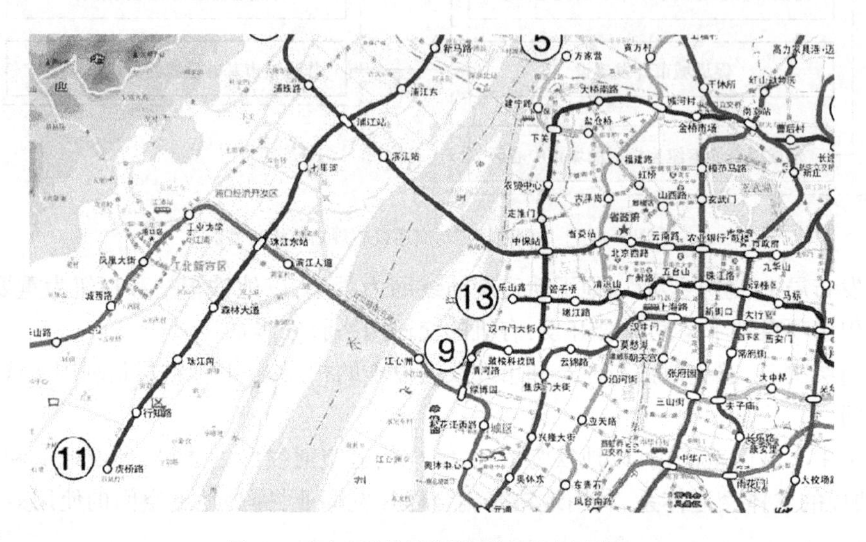

图3-3　南京市地铁网络骨架的地下空间形态

除考虑地铁的交通因素外，还应考虑到车站综合开发的可能性，通过地铁车站与周围地下空间的连通，增强周围地下空间的活力，提高开发城市地下空间的积极性。

城市地铁网络的形成需要数十年，城市地下空间的网络形态就更需要时日，因此，城市地下空间规划应充分考虑近期与远期的关系，通过长期的努力，使城市地下空间通过地铁形成可流动的城市地下网络空间，城市的用地压力得到平衡，地下城市初具规模，同时城市中心区的环境得到改善。图3-4是郑州市中心城区以地铁为发展轴的地下空间总体布局。

2. 城市地下空间布局以大型地下空间为节点

城市面状地下空间的形成是城市地下空间形态趋于成熟和完善的标志，它是城市地下空间发展到一定阶段的必然结果，也是城市土地利用、发展的客观规律。

城市中心是面状地下空间较易形成的地区，对交通空间的需求，对第三产业空间的需求都促使地下空间的大规模开发，土地级差更加有利于地下空间的利用。由于交通的效益是通过其他部门的经济利益显示出来的，因此容易被忽视，而交通的作用具有社会性、分散性和潜在性，更应受到重视，应以交通功能为主，保持商业功能和交通功能的同步发展。面状的地下空间形成较大的人流，应通过不同的点状地下设施加以疏散，不对地面构成压力。大型的公共建筑、商业建筑、写字楼等通过地下空间的相互联系，形成更大的商业、文化、娱乐区。大型的地下综合体担负着巨大的城市功能，城市地下空间的作用也更加显著。

在城市局部地区，特别是城市中心区，地下空间形态的形成分为两种情况，一种是有地铁经过的地区，另一种是没有地铁经过的地区。

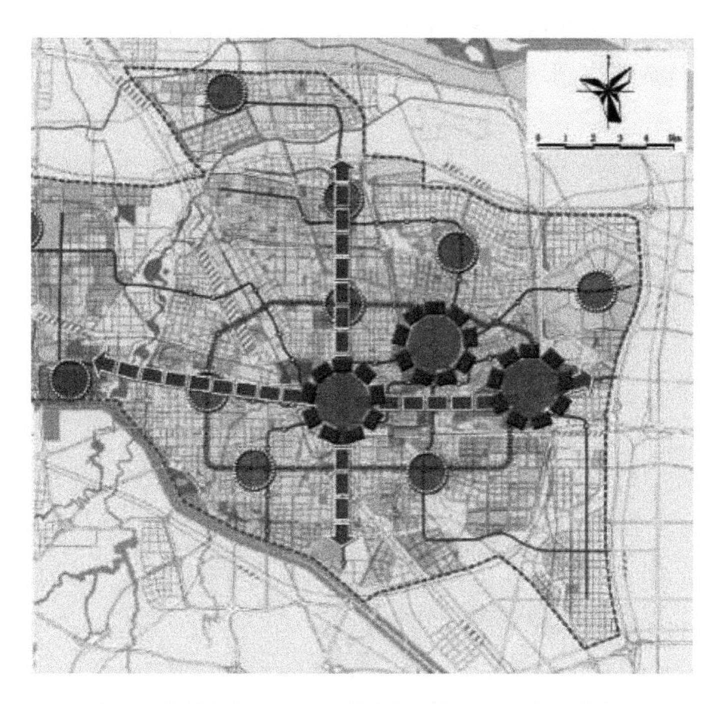

图 3-4　郑州市中心城区以地铁为发展轴的地下空间总体布局

有地铁经过的地区，在城市地下空间规划布局时，应充分考虑地铁站在城市地下空间体系中的重要作用，尽量以地铁站为节点，以地铁车站的综合开发作为城市地下空间局部形态，图 3-5 为以地铁车站为节点的南昌市地下空间形态。

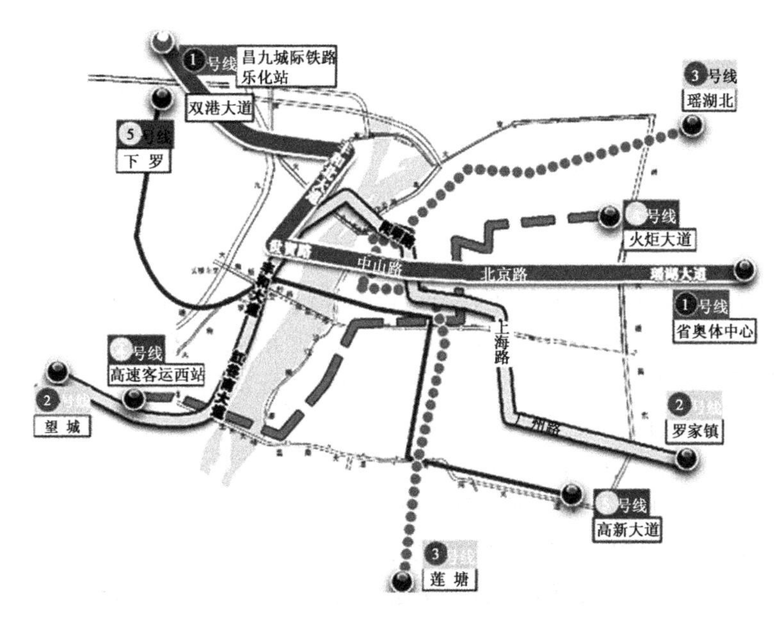

图 3-5　以地铁车站为节点的南昌市地下空间网格状形态图

在没有地铁经过的地区，在城市地下空间规划布局时，应将地下商业街、大型中心广场地下空间作为节点，通过地下商业街将周围地下空间连成一体，形成脊状地下空间形态（图 3-6

为以地下街为轴线的珠海莲花路脊状地下空间形态),或以大型中心广场地下空间为节点,将周围地下空间与之连成一体,形成辐射状地下空间形态。

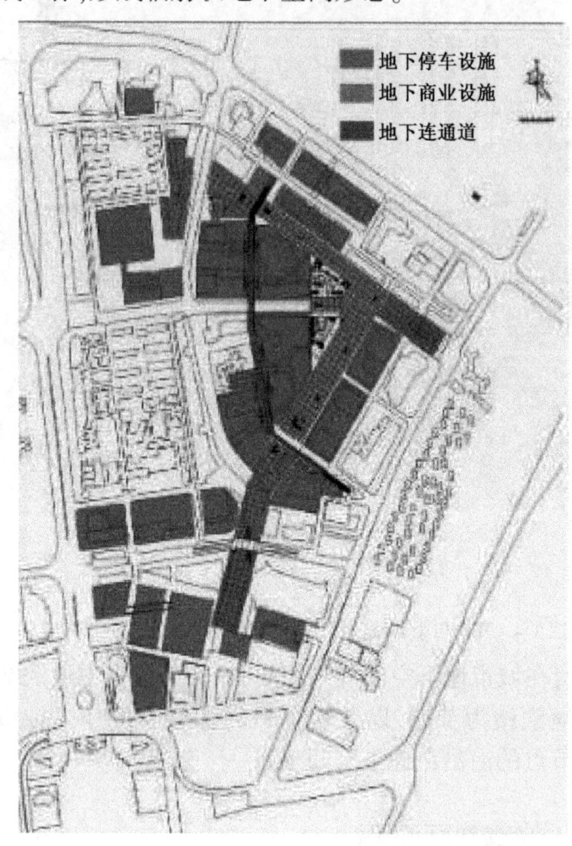

图 3-6　以地下街为轴线的珠海莲花路脊状地下空间形态

第二节　地下轨道交通规划设计

城市地下轨道交通泛指在城市地下建设运行的,沿特定轨道运行的快速大运量公共交通系统,是城市公共交通系统中的重要组成部分,其中包括了地铁、轻轨、市郊通勤铁路、单轨铁路及磁悬浮铁路等多种类型。大多数的城市轨道交通系统都建造于地底之下,故多称为“地下铁路”,或简称为地铁、地下铁、捷运(台湾地区)等。修建于地上或高架桥上的城市轨道交通系统通常被称为“轻轨”。在行业领域内,“轻轨”与“地铁”有着明确的区分,主要区分方式有两点,一是轨道型制有所不同,轻轨的轨道相对于地铁要小;二是运量不同,“轻轨”指单向客流运量 2 万 ~3 万人/h 的城市轨道交通系统,而“地铁”指单向客流运量 5 万 ~6 万人/h 的城市轨道交通系统,本章所指城市地下轨道交通即城市地铁运输系统,地铁运输系统可宏观地划分为地铁车站和地铁运输标准段(区间隧道)两大部分。

地铁路网规划是城市全局性的工作,是城市总体规划的一部分。地铁路网规划优劣的本质在于是否能充分发挥地铁交通的高效性。主要表现在是否既能最恰到好处地解决城市交通矛盾，又能充分发挥地铁的高速、大容量运送功能特点。

一、地下轨道交通规划的一般要求

(1)地下轨道的线路在城市中心地区宜设在地下，在其他地区，条件许可时可设在高架桥或地面上；

(2)地铁线路的平面位置和埋设深度，应根据地面建筑物、地下管线和其他地下构筑物的现状与规划、工程地质与水文地质条件，采用的结构类型与施工方法以及运营要求等因素，经技术经济综合比较确定；

(3)地铁的每条线路应按独立运行进行设计。线路之间以及与其他交通线路之间的相交处，应为立体交叉。地铁线路之间应根据需要设置联络线；

(4)地铁车站应设置在客流量大的集散点和地铁线路交会处。车站间的距离应根据实际需要确定，在市区为1.0km左右，郊区不宜大于2.0km。

二、地下轨道交通线网的形态和组合

1.线网形态分类

城市轨道交通线路受城市空间形态、用地布局、建设条件等因素影响，线路间相互组合形成了特定的线网形态结构。基本的线网结构可以总结为三种类型：①放射状；②网格状；③环状，如表3-1所示。

轨道交通线网形态对比分析　　表3-1

形　态	模　　式	优　　点	缺　　点	典型示例
放射状		1.网络结构简单； 2.便于到离市中心的出行； 3.支撑强中心形成； 4.适合实际交通需求最大的主要走廊	1.不同线路间缺少换乘机会； 2.外围地区之间联系不变； 3.中心区服务较为重复	伦敦 莫斯科 东京 巴黎 芝加哥 首尔
网格状		1.能够提供多种换乘方案； 2.服务密度分布较为均匀； 3.适合覆盖大范围城区	1.网络结构复杂； 2.造成多次换乘； 3.受地形和城市结构约束	墨西哥城 巴塞罗那 纽约 大阪

续上表

形态	模式	优点	缺点	典型示例
环状		1. 提高线路间换乘的可能性; 2. 增强网络连通性和可达性; 3. 适合于多中心布局的城市	1. 除非沿高需求走廊布设,否则会增加出行里程; 2. 不利于往返中心区的交通出行	莫斯科 东京 伦敦 马德里 首尔 柏林 名古屋

2. 线网形态组合

在选择轨道交通线网形态过程中要考虑线网编织的合理性,高效的轨道交通线网既要满足出行方向的多种选择,也需尽量降低出行中的换乘量,而任意一种线网形态很难同时满足这两方面要求,因此大城市和特大城市功能结构复杂,轨道交通线网通常是几种形态的组合体。

早期建设的地铁多为放射状,英国伦敦市的地铁路网如图 3-7 所示。地铁路网的放射状分布最大缺点就是线路之间换乘不便,为了连接这些放射状的线路,需相应地建有一些环线。通过利用放射线与网格状变形后的 L 形线路组合进行线网编织,同时轨道交通线路在城市大型换乘枢纽上汇合,可以增加乘客出行方案的选择,特别是不同层次线路之间的换乘选择。因此,现代城市地铁路网多数都是放射状和其它线形的结合,如表 3-2 所示。如上海“环状 + 放射状”线网(图 3-8);莫斯科的“环状 + 放射状”线网(图 3-9);墨西哥城的“网格 + 放射状”线网(图 3-10);大阪的“格网 + 环形 + 放射”线网(图 3-11)。

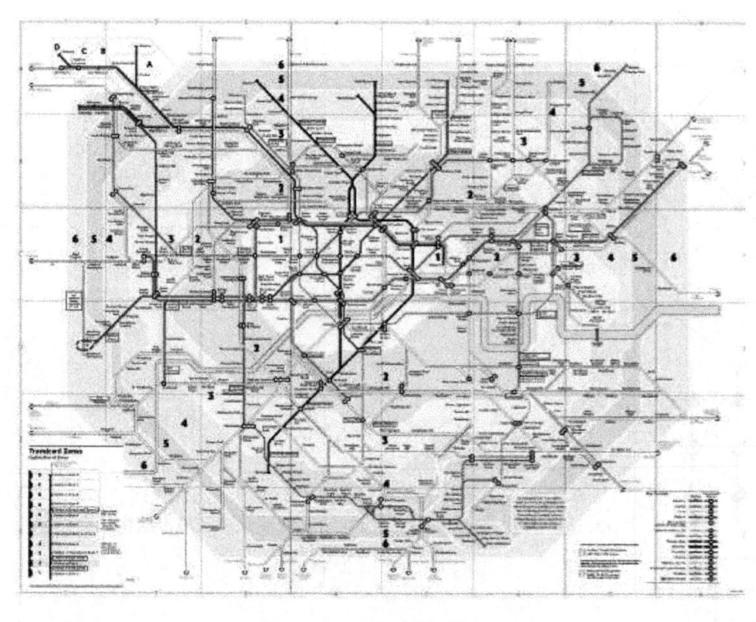

图 3-7　伦敦布地铁路网

国内外大城市轨道线网结构　　　　表 3-2

城市	线网结构	线网里程（km）	线路数	站点数	环线长度（km）	环线站点	环线类型	环线客流（万人）	环线乘距
伦敦	环、放	408	11	268	22.5	27	共享环	19	
纽约	格、放	370	26	468	—	—	—	—	—
东京	环、格、放	304	13	285	34.5 （山手线） 40.7 （大江户线）	29 38	独立环 （JR 环）、 勺形环	415（2005） 70（2005）	5.87 6.08
莫斯科	环、放	292	12	176	19.4	12	独立环	81（2006）	
首尔	环、格、放	287	10	266	48.8	43	独立环	191（2006）	
马德里	环、格、放	284	13	280	23	27	独立环	33	
上海	环、格、放	234	8	161	33.8	26	共享环	30（2007）	
巴黎	环、放	215	16	384	12.3 （2 号线） 13.6 （6 号线）	25 28	分离环	26 28	
墨西哥	格、放	201	11	175	—	—	—	—	—
北京	环、格、放	200	8	123	28	18	独立环	98（2006）	
柏林	环、放	152	9	170	35	27	共享环 （S-Bahn）		
大阪	环、格、放	130	9	101	21.7	19	共享环（JR）	99（2005）	5.55
名古屋	环、格、放	89	6	83	26.4	28	独立环	47（2005）	4.48

图 3-8　上海“环状＋放射状”线网图

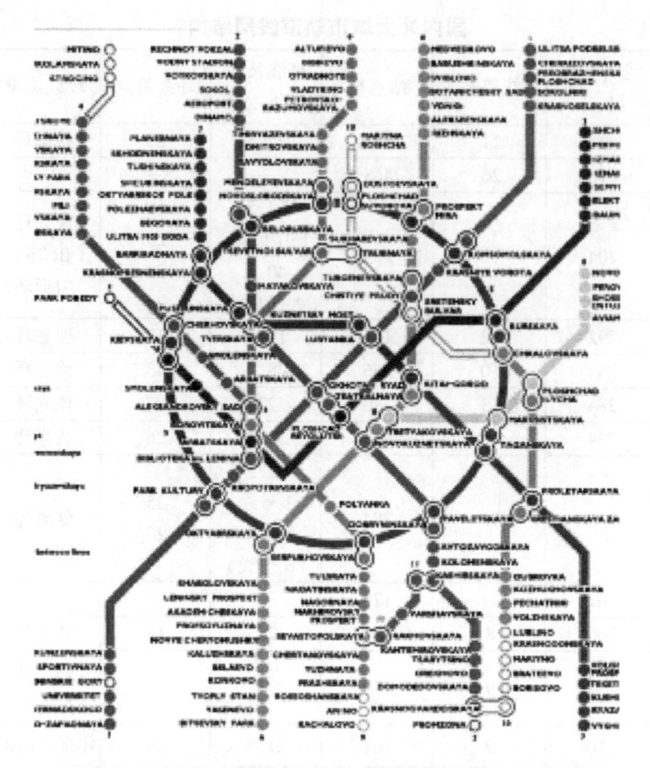

图 3-9　莫斯科“环状 + 放射状”线网

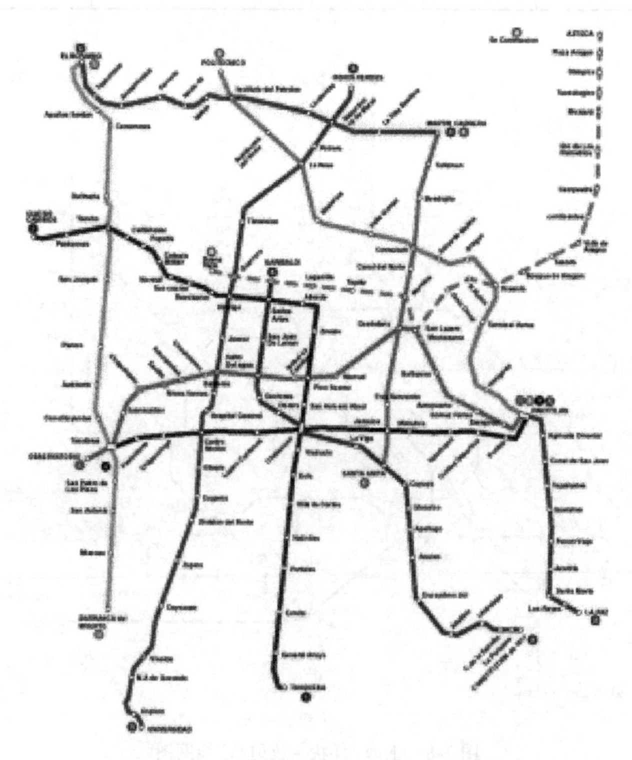

图 3-10　墨西哥城“网格 + 放射状”线网

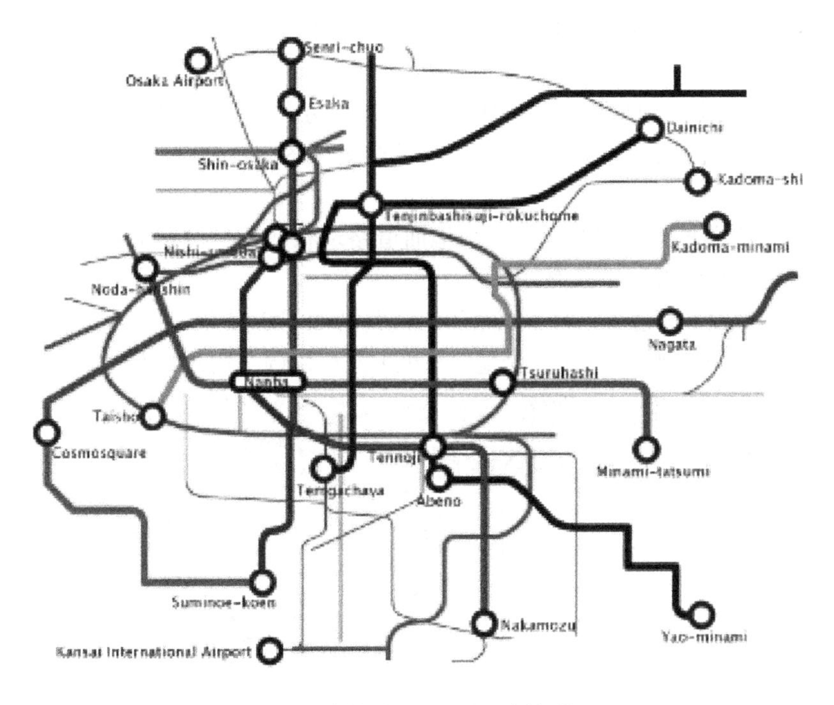

图 3-11　大阪“格网 + 环形 + 放射”线网

三、城市地下轨道交通线网规划

1. 交通需求预测

交通需求首先从城市未来保留的经济、人口、就业岗位等方面入手，充分把握人口、产业以及交通出行行为等各子系统交互作用所形成的动态系统，然后在现有居民出行调查基础上，合理预测未来年份的居民出行行为，预测未来年份的出行需求，需求模型通过现状数据校验后，将未来年份的人口、就业岗位等相关数据信息作为模型的基本输入，从而预测目标年各条件下的交通需求，最后通过网络分配，得到未来年份的客运走廊，为线网架构提供主要依据。

预测采用国际上通用成熟的交通规划预测理论，即四阶段法，建立一套交通需求预测模型，在居民出行调查数据和历年补充调查数据基础之上，应用所建立的模型进行预测分析。从居民出行发生吸引，至居民出行分布预测，再至出行方式划分，得到公共交通 OD（即起终点，Origin-Destination），并基于交通规划软件 EMME/3 的公交分配模型在公共交通网络上（常规公交 + 轨道交通）进行分配。

2. 地下轨道交通线网规划原则

（1）贯穿城市中心区，分散和力求多设换乘点并提高列车的运行效率。分散和力求多设换乘点的目的，一是避免换乘点过分集中，带来换乘点过高的客流量压力；二是尽量缩短人们利用地铁的出行距离和时间；

（2）尽量沿交通主干道设置。沿交通主干道设置目的在于接收沿线交通，缓解地面压力，同时也较易保证一定的客运量。如北京一期地铁走向与主要客流量相一致，运行后年客运量增长2%，但因当时对地铁客运需求估计不足，也产生了一些如高峰时间严重超负之类的副作用；

（3）加强城市周围主要地区与城市中心区、城市业务地区、对外交通终端、城市副中心的联系。地铁线路应尽量与大型居民点、卫星城、对外交通终端如飞机场、轮船码头、火车站等的连接；

（4）避免与地面路网规划过分重合。当地面道路现状或经过改造后能负担规划期内的客流压力时，应避免重复设置地下铁路线；

（5）与城市未来发展相适应。日本东京的地铁路网如图3-12所示，其特点是利用一条环形地面铁道将地铁线串联起来，形成了一个地下与地上互相协调一致的城市快速交通综合网络。

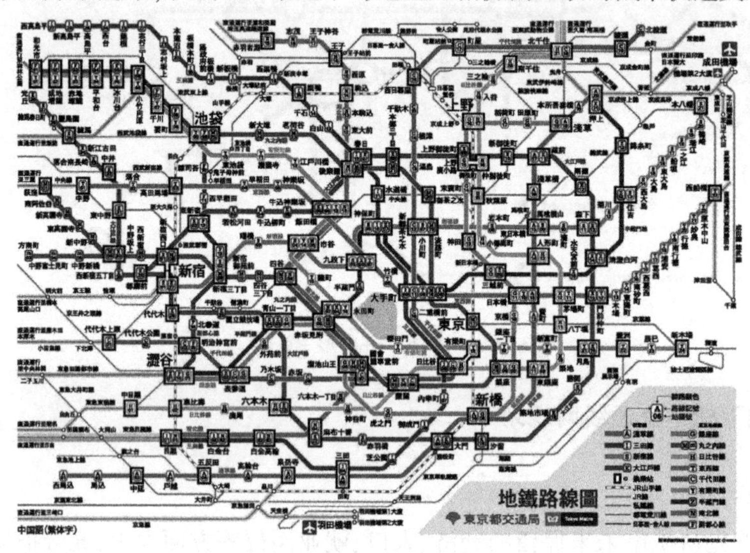

图3-12　日本东京地铁线网

3.地下轨道交通选线

地铁选线是对城市原有地铁路网的进一步细化，选线时应避开不良地质现象或已存在的各类地下埋设物、建筑基础等，并使地铁隧道施工对周围的影响控制到最小范围。地铁线路的曲线段应综合考虑运输速度、平稳维修以及建设土地费用等对隧道曲率半径的要求与影响，制订最优路线，图3-13为南京市地铁线路网规划图。

在制订地铁隧道纵向埋深时，主要应考虑以下因素：

（1）埋深对造价的影响。明挖法施工，造价与埋深成正比；暗挖法施工，隧道段埋深与造价关系不大，车站段埋深越大，造价越高；

（2）地下各类障碍物的影响；

（3）两条地铁线交叉或紧挨时，两者之间的位置矛盾与相互影响；

（4）工程与水文地质条件的优劣。

4.地下轨道交通站点定位

车站定位应充分考虑地铁与公交汽车枢纽、轮渡和其他公共交通设施及对外交通终端的换乘，应充分考虑地铁站之间的换乘。车站定位要保证一定的合理站距，原则上城市主要中心区域的人流应尽量予以疏导。地铁车站的规模可因“地”而易，但应充分考虑节约，图 3-14 为杭州城东新城核心区地铁站布置及服务半径分析图。

图 3-13　南京市地铁线路网规划图

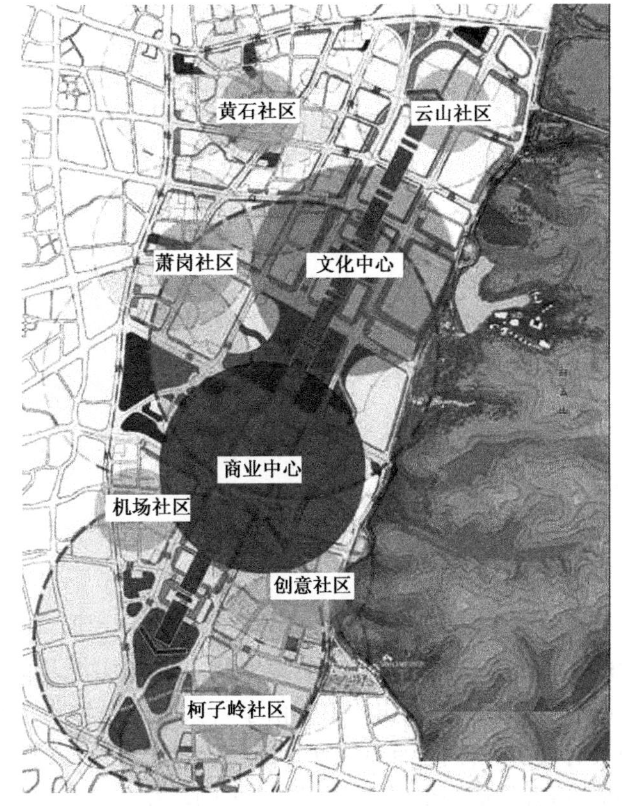

图 3-14　杭州城东新城核心区地铁站布置及服务半径分析图

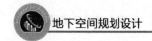

5. 地下轨道交通规划与城市规划相结合重点考虑的问题

地铁规划是城市规划的主要内容之一,地铁规划必须与城市总体规划相结合,才能使地铁规划符合城市实际,应重点对以下几个问题作重点考虑:

(1)地下空间规划中,要为轨道新线路预留空间;

(2)城市干道下,要为可能引入的新轨道设施预留相应的空间;

(3)地下轨道建设要与其他地下设施建设结合,进行综合开发;

(4)对需要进行大深度开发的地铁建设,应为其在浅层空间预留出入口。

第三节　地下步行系统规划

交通拥挤,人满为患,不能心情舒坦地活动,是居民对城市中心地区环境最突出的意见,要提高城市中心区环境质量,首先要解决的是交通问题,城市中心区交通矛盾最终解决之道是建立一种完全独立于其他交通流的步行活动空间,这是今后城市中心区交通发展的必由之路。步行是一种最基本的交通方式,而且是一种最有利于环境保护的交通方式。“以人为本”的地下步行交通具有维护地上景观、人车分流、缓和交通、全天候步行的优点。同时,城市地下步行交通不仅仅是作为解决城市中心交通矛盾的有效手段,而且已成为体现对人关怀,改善城市环境的重要标志。

地下步行道路是指修建于地下供行人公共使用的步道,由多条这样的步行道路,有序地、有组织地组合在一起,就形成了地下步行系统。它应具有以下 4 个主要特点:

(1)中介性,起着整合地上与地下,地下与地下分散空间的作用;

(2)公共性,其本身就是城市公共活动空间,包括地下商业街、下沉广场等集商业、休闲、娱乐为一体的公共活动空间;

(3)系统性,地下步行系统只有越连续,规模越大,才能越受人欢迎,才能有效发挥其交通及活动功能;

(4)便捷性,出于行人的方便心理,行人活动具有“平面性”,一般不希望过多转换主要通道。

一、地下步行系统规划方法

1. 地下步行系统规划特点

行人流通指的是行人的多少和方向,行人流通本身产生于物理形式的环境中。因此,规划应该体现对行人流通的一种模拟,让行人有选择,地下所形成的网络,同时应该是一种大型的、高强度的交换节点,并具有多个、分散的出入口。由于行人流通是城市经济的来源,城市中心区正是因为人流大而具有吸引力,同时具有商业活力,城市地下步行系统设置的目标应该是改善该地区地面交通环境,给人创造一个便捷、舒适、安全的环境,提高地下空间的商业价值,但不降低该地区原有商业活力。

2. 地下步行系统规划重点内容

在地下步行系统规划时，应对以下几方面的内容作重点考虑：

(1)明确地上与地下步行交通系统的相互关系；

(2)在集中吸引、产生大量步行交通的地区，建立地上、地下一体化的步行系统；

(3)在充分考虑安全性的基础上，促进地下步行道路与地铁站、沿街建筑地下层的有机连接；

(4)利用城市再开发手段，结合办公楼建造工程，积极开发建设城市地下步行道路和地下广场。

3. 地下步行街与地上关系

地下空间出入口的设置对商业设施及人流量也会产生影响。出入口的设计对人流的分布影响很大，尤其是某些出入口获得了人流，商业设施因此获益。在这些街道里不仅有很大的人流，而且商业的营业额也会很大，所以商业街上店铺的租金很高。

当一个郊区地铁线经过某个地方，由于地下的改造也会使地面发生变化。将街区改成行人专用之后，与地下行人通道体系相连，如设一个自动扶梯，可以产生很大的人流，对这个地区的商业产生很好的影响，但同时会使旁边的街区很冷清。地铁站的出入口沿地面步行流线和地面物业业态分布进行设置，地铁站建成后，更容易把行人吸引到了某一条街，而不是平均地分配到几条街。

相互叠加的运动体系的结果是在某些连接处形成高密度人流。当地面与地下建筑之间的关系非常密切，使用地下通道的人，根据不同的人流量就有不一样的选择，甚至比地面要多。蒙特利尔地下城将地下的行人步行街和地上的交通网络联系在一起，通过地下通道的建筑直接穿越了市中心街面上的重重障碍直达目的地。

行人一般还会受到空间引导的影响，如果说行人可以在地上空间与地下空间之间穿行无碍，行人在地下会与在地上的感觉一致，这样真正成功做到了地下建筑对地面建筑的外延。

4. 地下步行街与城市步行系统的关系

地下步行系统与地面、高架步行系统分工合作共同构成城市步行系统。它们之间不是相互排斥、相互取代、非此即彼的关系，而是各具特色、相互配合，共同服务行人。地面步行系统是一种基本的步行系统，不可能完全被取代，但不可能无车流干扰的完全连续，且气候不良时也不能有效使用。高架步行系统具有造价低，能够获得自然景观等优点，但也具有影响城市景观和抗震性能低，倒塌后易形成地面疏散障碍的缺点。地下步行系统具有防灾性能高，恒温节能，缩短地铁站与建筑物之间距离，增加城市公共活动空间的优点，但具有缺乏自然，造价较高的缺点。因此在布置步行人流时，应根据不同的场合、不同的分工灵活布置三种步行系统，表3-3为三种步行系统的分工情况分析。

三种步行系统分工情况分析　　表3-3

分工关系	特点	代表案例
时间分工	地面、地下等按时间不同而互为主次，在冬季和上下班时间以地下步行为主，而气候良好时仍鼓励利用地面步行	加拿大蒙特利尔、多伦多；中国哈尔滨地下城

续上表

分工关系	特点	代表案例
空间分工	当地区的人流量过大时，与地上步行空间共同分担部分人流	日本东京车站八重洲；中国深圳罗湖交通枢纽
特色分工	地面、地下均有良好的步行空间，地面步行空间以绿化等自然环境为主，地下步行空间以满足商业活动和交通效率为主	法国巴黎列·阿莱地区、拉·德方斯；中国上海人民广场地区、杭州钱江新城核心区

5. 地下步行街与其他地下空间的联系

以开发地铁为契机来带动周边地区的发展，带动地下空间的发展和繁荣。加拿大蒙特利尔地下城选择的位置非常有利，从地铁的两边往路的两个方向都可以发展，沿这个主轴发展，由此形成了网络。东京的例子则是在垂直于地铁的方向发展，在垂直于地铁的方向上竟然延伸到了11层之多，独立构成了一个交通网络，如图3-15所示。

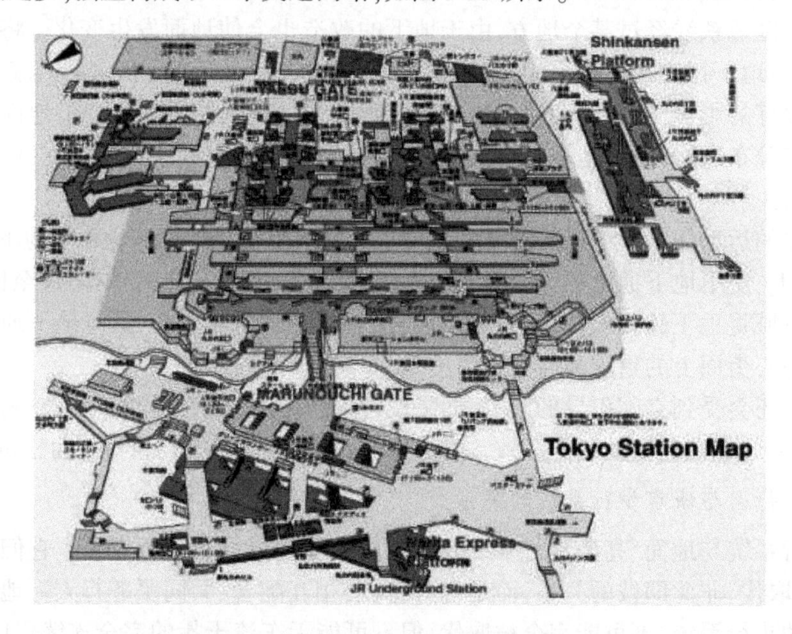

图3-15　东京站地下步行系统及转换空间示意

从图3-15中可以清楚看到，地上地下步行系统以地下交通为中心向四面八方延伸。当然没有必要把所有的地下建筑和地上建筑联系起来，尤其是没有必要一定要把所有的地下商业区域都联系起来。

6. 地下步行街的环境设计

要使地下空间成为非常惬意的地方，还必须处理好阳光、照明等问题。对商业区来说，人们主要是去那些灯火通明，给人感到舒适的地方，肯定不会去阴暗的地方。图3-16是蒙特利尔伊顿中心地下空间，这是一个大型的商业娱乐中心，人们可以去那儿散步、看橱窗、喝咖啡、约会和买东西。综合利用地上与地下的空间，会给行人带来很多的便捷。当然有时候行人在地下容易迷失方向，辨别不清自己的方位，尤其对一些初访者，来到非常复杂的地下系统中，会

图 3-16　蒙特利尔伊顿中心地下空间

显得手足无措，这就要求需要设置良好的照明与信号识别系统。

二、地下步行系统的组成

地下步行区一般设置在城市中心的行政、文化、商业、金融、贸易区，这些区域有便捷的交通条件与外相接，如公交车枢纽站和地铁车站。区域内各建筑物之间由地下步道连接，四通八达，形成步行者可各取所需而无后顾之忧的庞大空间。

地下步行系统按使用功能分类，主要设置于步行人流流线交汇点、步道端部或特别的位置处，作为地下步行系统的主要大型出入口和节点的下沉广场、地下中庭，满足人流商业需求的地下商业街，作为连通地铁站、地下停车场和其他地下空间的专用地下道等，地下步行系统分类及构成如图 3-17 所示。

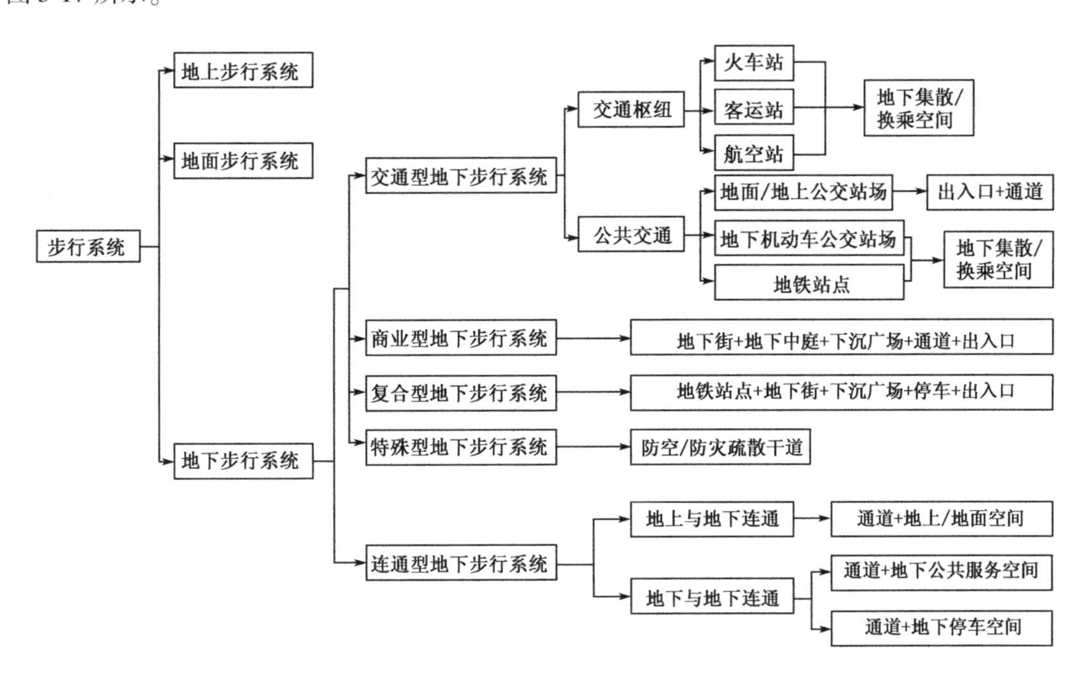

图 3-17　地下步行系统分类及构成

三、地下步行系统布局

1. 地下步行系统布局要点

(1) 以地铁(换乘)站为节点

地铁的发展给地下空间的发展带来了机遇，将地面建筑项目与地下设施有效组合，可获得共同的发展。地铁车站成为人流量与商业设施、服务及公共空间的联结纽带。地铁站在支持和促进站点周围商业方面起了重要的作用，如图3-18所示，大量商铺云集在地铁站点换乘通道附近，地铁人流促进了商业发展，店铺的存在也为换乘过程增加了乐趣。

(2)以地下商业为中心

经济是社会发展的主导因素之一，经济的持续发展为城市建设的发展提供了基础。城市地下步行系统的开发，促进不动产的开发，创造就业机会，繁荣城市经济，特别是在现有的城市中心区，地下步行系统的再开发有助于中心区的振兴与发展，其发展模式为在地铁站台、地下步行道沿线发展商业，在改善封闭通道枯燥感的同时，还可获得经济效益。加拿大蒙特利尔地下城就是这样的例子之一(图3-19)，整个地下城由地下步行系统形成串联空间，将地铁站点、地下停车库、供货车用通道、地下商场等进行有机连通，扩大了城市交通、商业等设施容量，延长了消费活动时间，增加更多的就业机会和商业价值，使蒙特利尔城市中心区高聚集城市功能得到整合与优化。

图3-18 某地铁站的地下步行系统

图3-19 蒙特利尔地下步行系统与地下商业布局

(3)力求便捷

地下步行设施如不能为步行者创造内外通达，进出方便的条件，就会失去吸引力。在高楼林立的城市中心区，应把高楼楼层内部设施(如大厅、走廊、地下室等)与中心区外部步行设施(如地下过街道、天桥、广场等)衔接，并通过这些步行设施与城市公交车站、地铁站、停车场等交通设施相连，共同组成一个连续的、系统的、功能完善的城市交通系统。

例如，多伦多的地下步道系统，在地下共连接30幢高层办公楼的地下室，20座停车库，1000家左右的商店以及5座地铁站，在整个系统中，布置了几处花园和喷泉，100多个地面出入口，使多伦多地下步行系统以庞大的规模、方便的交通、综合的服务和优美的环境著称世界。图3-20为多伦多地下步行系统。

(4)环境舒适宜人

充满情趣和魅力的地下步行系统能够使人心情舒畅，有宾至如归之感，特别是有休息功能和集散功能的步行设施尤为如此。通过喷泉、水池、雕塑可以美化环境；花坛、树木可以净化空气；饮水机、垃圾桶可以满足公众之需；电话亭、自动取款机、各种方向标志可以提供游人方便，并且由于是地下全封闭的步行环境，将商厦、超市、银行和办公大楼连成一体，行人可以置骄阳、寒风、暴雨、大雪于不顾，从容活动，一切自如，为行人提供安全、方便、舒适的步行环境。例如位于大阪市中心的“天虹”地下街，上中下三层，街长1000m，宽50m，高6m，图3-21为多伦多地下步行系统一角，街顶离地面有8m，总建筑面积3.8万m^2，通过38个出入口疏散到地面,310 家商店,可同时容纳 50 万人,每天有 170 万人次乘地铁出入,地下街内有 4 个广场,其中彩虹广场有 2000 多支可喷高 3m 的喷泉。

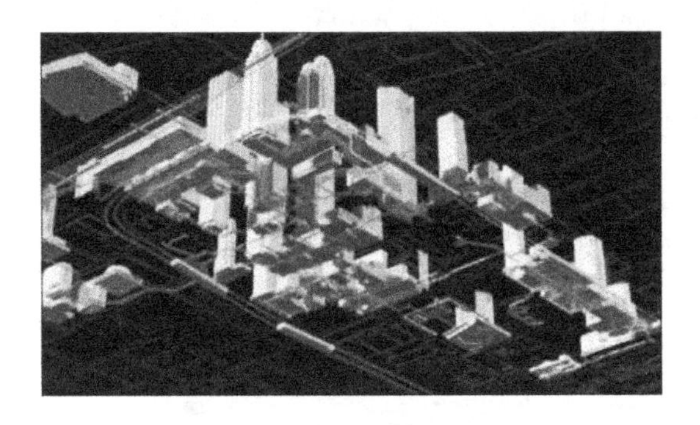

图 3-20　多伦多地下步行系统

图 3-21　多伦多地下步行系统一角

(5)经济适用

国内外凡设置先进、齐全步行系统的地方必定是金融、贸易和商业、服务最集中的地区。为之投入的建设资金和运营成本一般都能产出高额的效益。如北美大城市的步行区无一例外地都拥有现代化的购物中心,它通常都是以一幢或数幢规模庞大的集购物、观光、娱乐、休闲于一体的建筑群为主体,并辅助各类地下、地上步道相连。表 3-4 为日本东京池袋站地区地下步行系统的组成情况。

日本东京池袋站地区地下步行系统的组成情况　　表 3-4

建筑物名称	使用性质	地上层数	地下层数
东武霍普中心	百货店/停车场	—	3
池袋地下街	百货店/停车场	—	3
三越百货店	百货店	7	2
伯而哥	百货店	8	3
西武百货店	百货店	8	3
东武会馆	百货店	8	3
东武会馆增建	百货店	11	4
东武会馆别馆	事务所/商业街	9	3

2. 地下步行系统布局模式

(1)双棋盘格局

地下步道位于街区内,形成与地面道路错位的棋盘形格局。其优点是:由于地下步行系统的大部分均由建筑内的步道构成,建筑内的中庭充当地下步行系统的节点广场,地下步行系统的特色跟随地面建筑而自然获得,识别性较强。适合于街区内的建筑普遍较大、基地较完整的新兴大城市中心区。这种模式多见于美国和加拿大的城市。蒙特利尔地下步行系统如图 3-22所示。

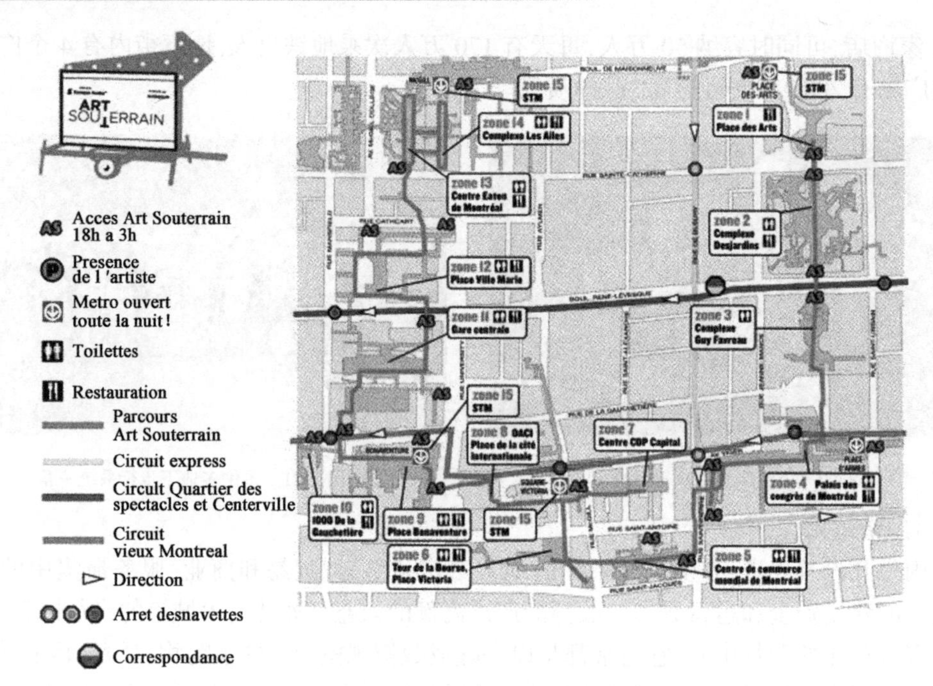

图 3-22　蒙特利尔地下步行系统

(2)单棋盘格局

地下步道位于街道下,形成与地面道路重叠的单棋盘格局。其优点是:由于基本在道路下建设,避免了与众多房地产所有者在用地、施工、使用管理方面的纠纷。缺点是:开挖施工对城市交通影响较大,地下步行系统的特色、识别性较难获得。适合于街区内建筑物规模较混杂、存在较多零碎基地的城市中心区。以日本城市为典型,东京地下步行系统的单棋盘布局如图 3-23所示。

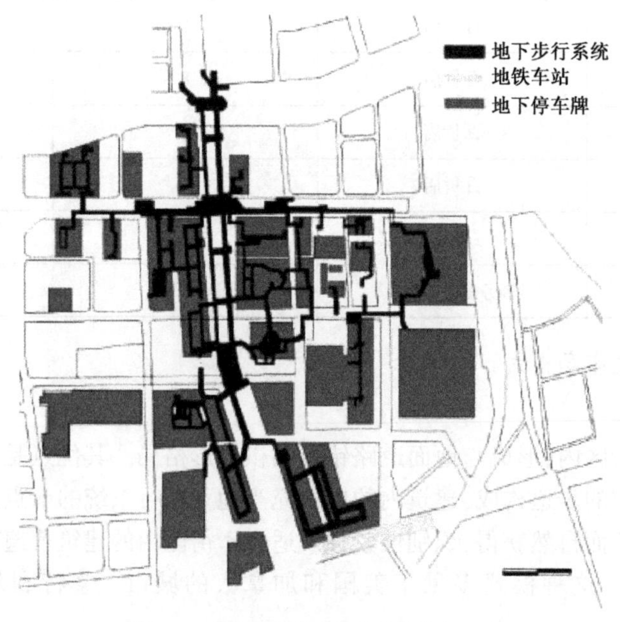

图 3-23　东京地下步行系统的单棋盘布局

日本采取单棋盘地下步行系统的原因是：一方面，日本建筑基地普遍较小，地下室较小，难以在其中再开辟地下公共步道。同时，同一街区中有较多地下室，分属不同业主，街区内开辟公共步道面临更多协调困难的问题。在道路下建设地下街则阻力较小。另一方面，日本政府严格保护私有土地权利。日本地下街大发展之时，也是经济大发展之时，地价涨到很高，东京中心3个区内的3条高速公路，造价的92%～99%用于土地费用。地下公共步道如果穿过私人用地和建筑地下室，政府需支付昂贵的土地费用，迫使地下街只能在公共用地下开发。相对来说，美国的私有土地所有权则是一种相对的权利，政府拥有较多的控制权。表3-5对美国、加拿大与日本地下步行系统的特点作了比较。

美国、加拿大与日本地下步行系统的特点比较　　表3-5

美国、加拿大地下街	日本地下街
双棋盘格局	单棋盘格局
建筑间直接相互连接较多	建筑通过地下街间接相连
建筑地下室面积普遍较大	建筑地下室面积普遍较小
与私人建筑兼用，难分彼此	独立的公共设施，界限分明
建筑下	空地下
方向感、识别性好	方向感、识别性低

第四节　案例分析

一、南京市地下轨道交通线网建设背景

1.区域发展层面

2008年9月7日，国务院出台《关于进一步推进长江三角洲地区改革开放和经济社会发展的指导意见》，进一步提升南京综合承载能力和服务功能，扩大辐射半径，南京亟需完善综合交通运输体系，特别是多层次相互协调的轨道交通系统，构建长三角承东启西的重要中心城市，建立国家枢纽城市地位（图3-24和图3-25）。

2.城市发展层面

近年来，南京城市空间拓展、人口规模增长远远超出预期，2000～2007年城市建设用地年均增长40km^2，年均增加人口近20万人。城市用地格局发生重大变化，为配合新时期城市建设同时促进地区发展，亟须深化研究轨道交通线网布局，协调城市近期发展重点。2008年7月3日，南京新一轮总体规划修编将对城市功能目标、规模布局做出调整，规划要求轨道交通必须与城市发展形成整合互动，通过轨道交通引导城市空间结构以及交通方式结构优化，塑造高效率、高品质、高适应性的一体化公交都市。

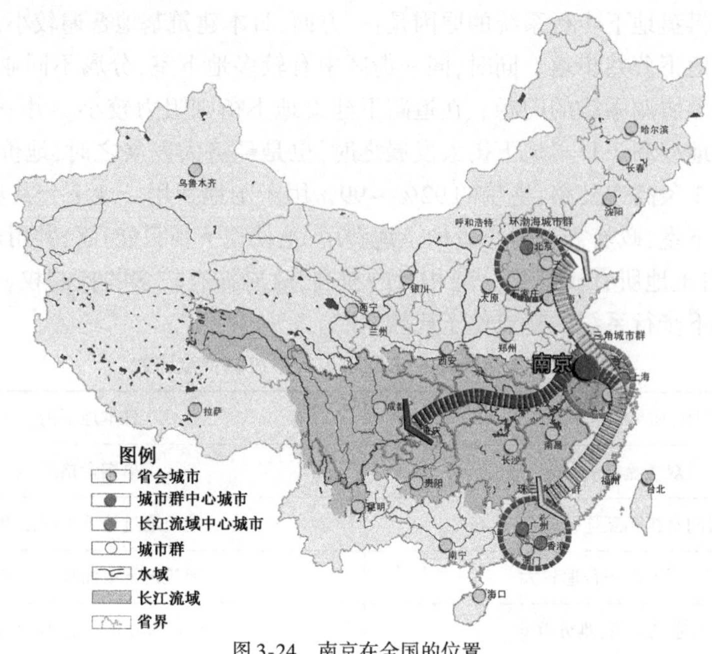

图 3-24　南京在全国的位置

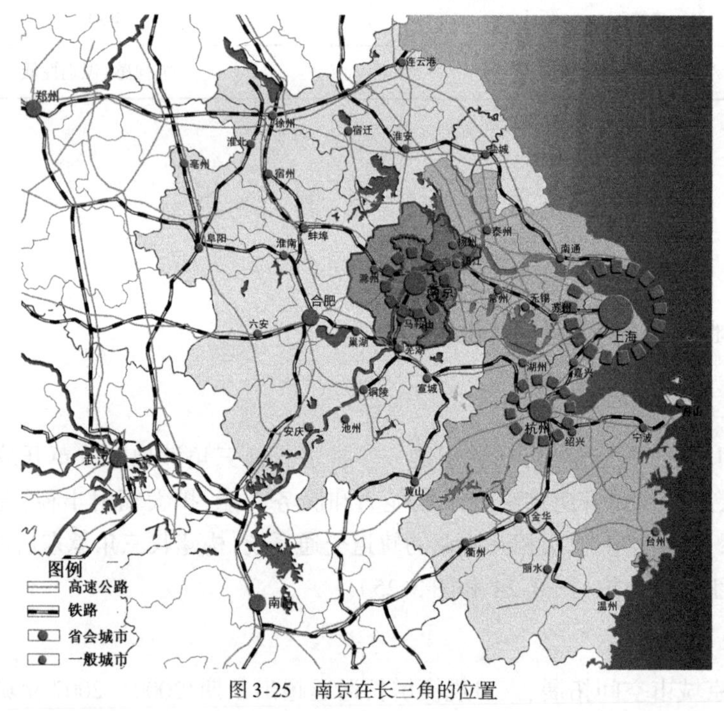

图 3-25　南京在长三角的位置

3. *轨道交通发展层面*

随着南京轨道交通进入加速发展阶段，2010 年后的轨道交通发展方向和重点需要超前研究，确保南京轨道交通的持续稳定发展。《城市公共交通分类标准》、《城市轨道交通工程项目建设标准》、《城市轨道交通线网规划编制标准》等国家规范、标准相继出台，对城市轨道交通系统的规划建设提出了新的要求，针对不同层次线网明确服务水平和技术指标，指导城市轨道交通系统的选型，以满足城市多层次、多元化的客运交通需求。

二、南京市地下轨道交通线网规划依据

1. 规划目标

(1)优化区域轨道交通衔接，强化辐射，带动区域协调发展，提升南京区域中心城市地位；

(2)完善轨道交通线网层次体系，合理确定线网发展规模，支撑城市多中心轴向组团式发展；

(3)优化轨道交通网络布局，引导城市空间结构调整，协调城市用地开发；

(4)改善城市交通方式结构，明确轨道交通枢纽布局规划，构筑一体化的交通体系。

2. 规划范围及年限

(1)规划范围为南京市域 $6582km^2$，重点研究都市区 $4388km^2$ 范围(40km 半径)；

(2)规划年限为总体规划远景展望年，近期建设面向 2020 年。

3. 规划指导思想

以原有规划线网为基础，结合城市空间结构优化、用地功能布局调整以及新时期外部发展环境的变化，对轨道交通线网进行优化和完善，主要规划原则如下：

(1)以既有线网规划为基础，确保既有线网布局总体稳定

以上一轮城市总体规划为基础，开展了深入的分析研究，确定了都市发展区轨道交通格网放射状的基本构架。

(2)以新的城市交通出行需求为目标，以国家新标准为依据

随着城市空间不断拓展，南京逐步向成熟都市区演变，中心城不断完善的同时，城市功能逐渐向外围疏解，必然产生新的出行需求，参照国家新标准，不同范围需要构建不同层次的线网，特别是联系外围地区的轨道交通对速度的要求，以适应其长距离出行，满足出行时耗需求。

(3)与新一轮城市总体规划修编互动，适应新的城市空间布局

轨道线网规划与城市总体规划同步修编，规划线网要与城市主要发展轴向相适应，强调其对城市布局调整和土地开发的引导作用，特别是围绕城市各级中心体系的构建，形成多线换乘枢纽，提高人口与就业岗位密集地区的轨道线网密度，通过轨道交通，串联城市各大客流集散点，促进城市整体运行效率的提升。

(4)与区域铁路、轨道网络相衔接，构建一体化轨道交通线网

随着京沪高铁、沪宁城际、宁杭城际、宁安城际等重大项目相继开工，南京需要把握提升综合承载能力和服务功能的有利时机，强化轨道交通与区域综合客运枢纽的衔接，通过构建一体化的交通体系，扩大区域辐射范围，提升南京中心城市地位。

4. 战略目标

南京城市轨道交通的发展目标是构筑与城市中心体系相适应、与土地利用相协调、规模合理、层次清晰、高度一体化的城市轨道交通体系。尽快形成以轨道交通为骨干、地面公交为主体、融合个体交通的多元化城市客运交通体系，塑造高效率、高品质、高适应性的一体化公交都市，支撑并引领千万人口级超大城市空间拓展。

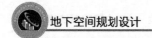

三、南京市交通需求预测

出行发生吸引预测：根据居民出行交通调查以及补充调查，预测未来的人口规模、就业岗位，并预测出各特征年限的分目的的发生、吸引量。

出行分布预测：应用三维约束重力模型，通过区内出行量和跨江量的控制，预测南京市未来年限的分目的全方式人口出行 OD 流量表。

方式划分模型：通过不同出行交通方式间的竞争，应用 Logit 模型，预测出未来年限包含轨道出行的公共交通出行量矩阵。

客流交通分配：应对未来特征年的公共交通客流量进行线路配流，预测出各特征年限的地铁客流量。

1. 交通分区

交通区划分恰当与否将直接影响到需求预测的精度，一般而言，交通小区划分要保证同一划分区域的交通特征的一致性，土地利用的一致性，同时要考虑以天然的隔离划分（山体、河流）。

本次交通需求预测将南京都市区分为 770 个小区，为了便于分析跨区域的交通联系，将研究范围按照组团和片区的功能和地理位置合并为 10 个大区，如图 3-26 所示，主要分为以下三个层次。

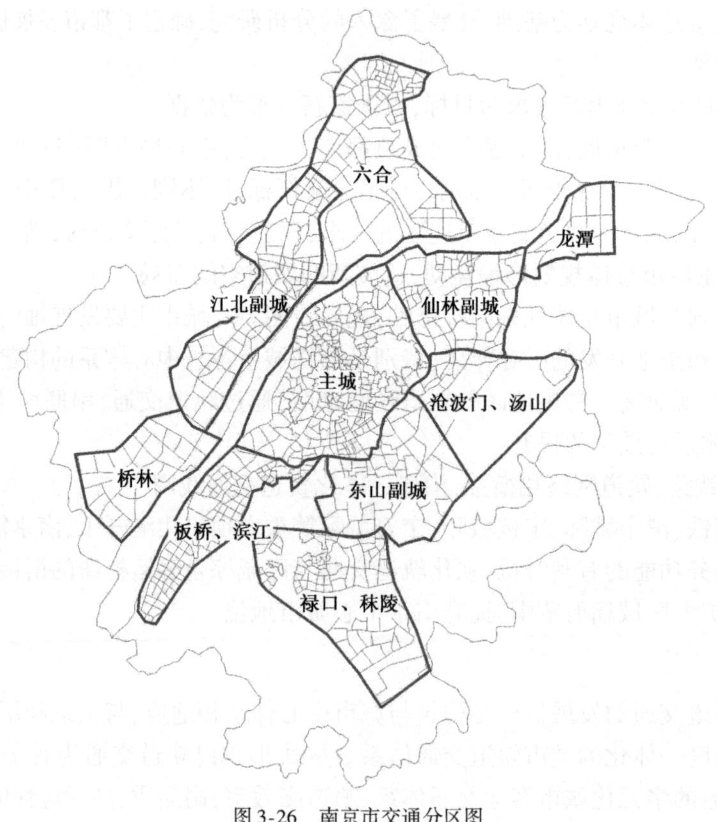

图 3-26　南京市交通分区图

第一层次：主城区；

第二层次：三大副城（东山副城、仙林副城以及江北副城）；

第三层次：其他新城（镇）（雄州、桥林、板桥、滨江、禄口、秣陵、沧波门、汤山、龙潭）。

2. 人口分布

2007 年年底，南京市主城区城镇人口规模达到 360 万人，三大副城约 113 万人，都市区人口约 580.4 万人。根据最新修编的南京市城市总规划，远景 2050 年南京都市区城镇人口将达到约 1160 万人。现状人口仍然以主城区为主，集中了整个都市区约 62% 的人口，且增长缓慢。远景由于城市规模的逐步扩大，外围地区配套设施的建设与完善逐渐加速，新增人口的增长呈逐步向主城以外地区集中态势。新增人口主要向交通便利、居住环境优越的三大副城以及主要新城聚集。2050 年，主城区城镇人口占约 32% 人口，外围副城及新城占 68% 人口，如图 3-27所示。

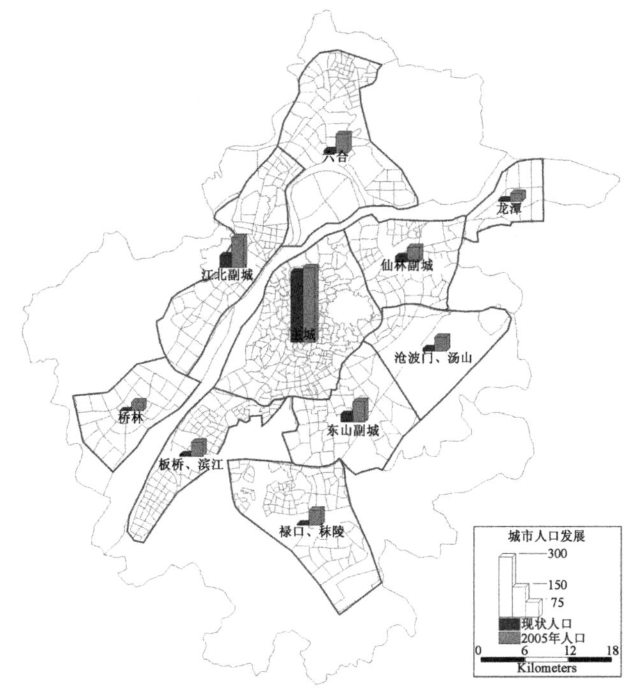

图 3-27 主城区人口分布图

3. 就业岗位分布

随着社会经济的发展，南京三产岗位的比例将逐步提高，二产岗位比例逐步下降；从岗位性质分布来看，就业岗位将呈现出扩散态势，特别是工业类岗位向外围扩散是一种既定的趋势，主城区主要以三产岗位为主，外围片区以多种产业岗位混合分布。分布总的趋势是随着新增人口逐步在外围增加，外围新城特别是三大副城的就业岗位增加迅速，主城区就业岗位总量增长缓慢。

从就业岗位分布总量来看，主城区的就业岗位总量处于绝对优势，且主要以三产岗位为主；其次是外围新城，独立性较强，人口岗位比例比较均衡；再次是三大副城，新增人口的主要聚集地,并对主城区依附作用明显,这也与城市的发展方向是一致的。远景2050年,主城区岗位人口比较高,处于绝对的核心地位;三大副城与主城区依赖作用较为明显,以居住较多,岗位人口比较低,与主城区交换客流较大;外围新城由于规划较为独立,因此岗位人口比相对较为均衡(图3-28)。

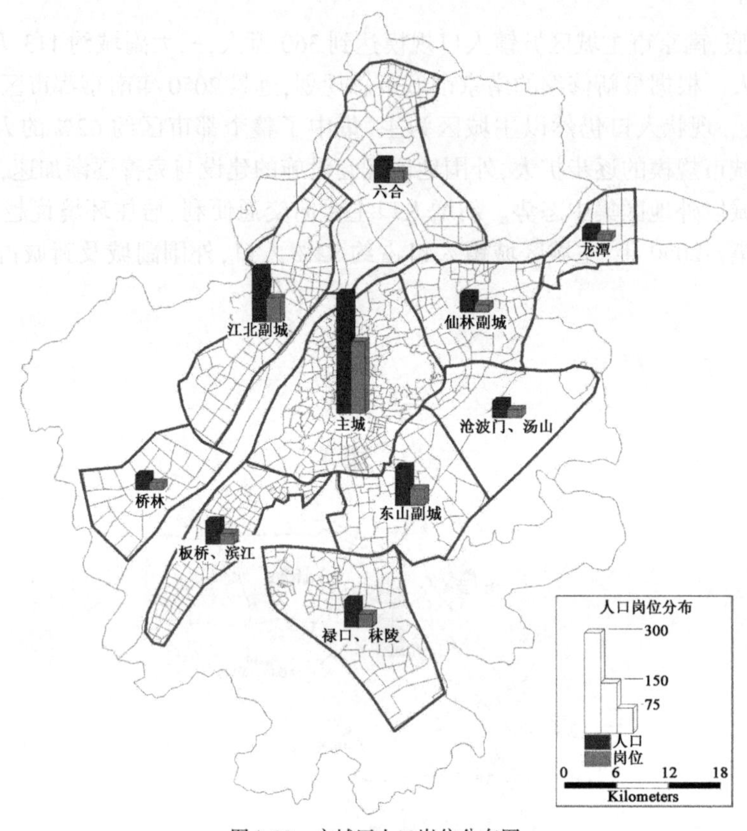

图3-28　主城区人口岗位分布图

4.出行总量分布

2008年主城区居民出行次数为2.76次/日,外围城区居民出行次数高于主城居民,为3.42次/日,主要是由于外围地区相对独立,出行距离较短,中午回家居多。目前,居民出行仍然以通勤交通(上班、上学)为主,但是根据历年居民出行调查,弹性目的出行比例随着社会经济的发展逐步提高。

从发生吸引量对比来看,主城区的吸引量大于发生量,外围新市区、新城吸引量小于发生量,因此,主城区是出行的主要吸引区,外围副城、新城主要以出行产生为主,整个城市的客流以主城区为中心,向心性客流特征明显(图3-29)。

5.出行空间分布

与城市人口分布、用地产业规划相一致,都市区的客流在空间分布上相对集中,随着主城区中心功能的进一步强化,外围地区对主城区的依附作用越加明显,客流在空间分布上表现为更强烈的中心放射形态。随着三大副城公共设施的逐渐完善,逐步成为城市发展的副中心,从相对地理位置来看,出现主城区向新市区方向放射,新市区向外围新城方向放射。

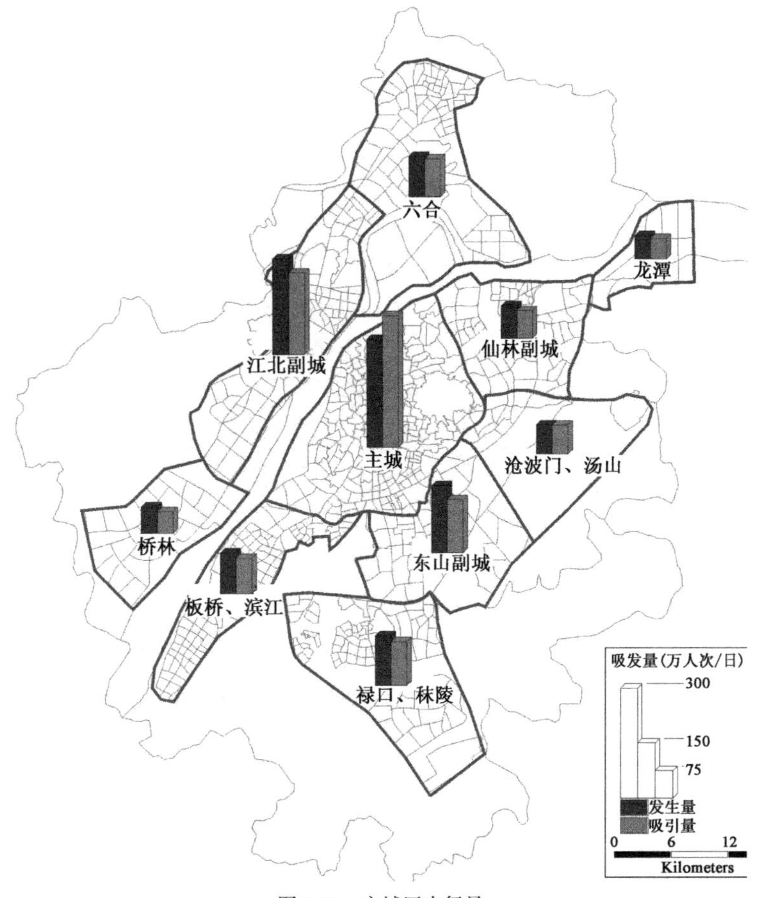

图 3-29　主城区出行量

由于三大副城以及外围新城的土地利用规划、产业布局不同,主城区向外围放射的客流表现为不均衡的空间分布态势。首先是南北向的东山、江北副城与主城之间形成强大的向心客流走廊,其次是仙林副城以及紧邻主城的新城(板桥、沧波门、雄州等)与主城或新市区的联系客流也较为明显(图 3-30)。为了对主城区客流进行详细分析,按照发展格局和功能分区将主城区划分为城中(老城)、河西、城北、城东及城南五个片区进行详细分析(图 3-31)。

四、南京地铁线网总体结构

南京轨道交通线网总体结构要与城市空间格局相适应,本次城市总体规划修编中,都市区延续多中心轴向发展的组团式布局,原有线网规划确定的格网放射状线网是本次规划的基础:

(1)都市区以主城为核心,构建放射状网络,支持城市沿主要轴向拓展;

(2)主城各片区有机串联,构建格网状线网,保障重要地区间的衔接。

1. 规划总体思路

(1)在都市区范围,构建市域级快速轨道交通线网,"以时间目标取胜",快速衔接外围新城,为整个都市区范围提供快速到达城市各类活动中心的服务,通过市域快线支撑城市朝多中心方向发展,并与城市大型综合交通枢纽(机场、铁路车站等)形成直接联系;

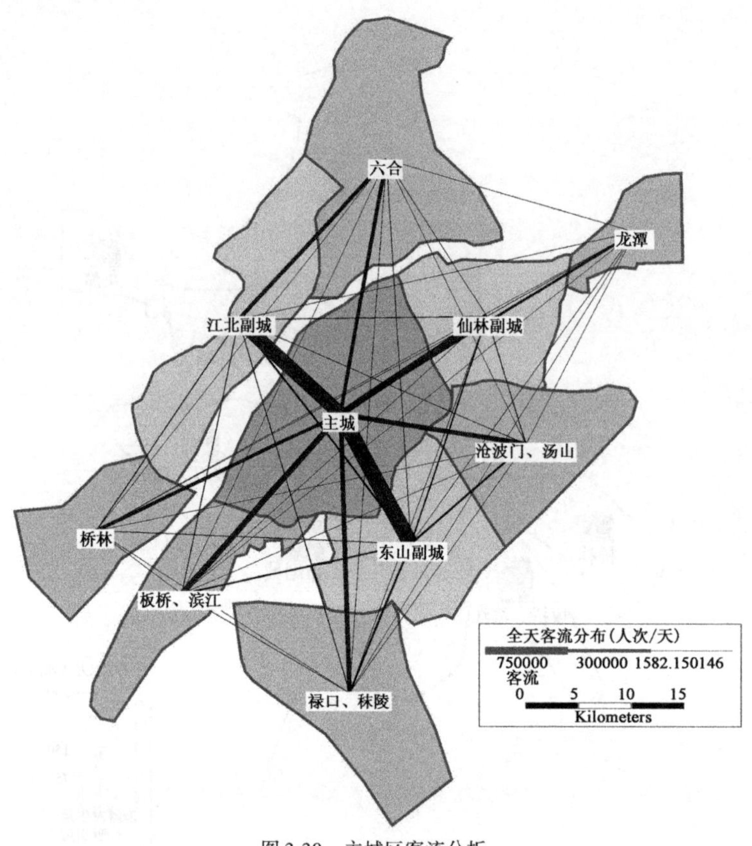

图3-30 主城区客流分析

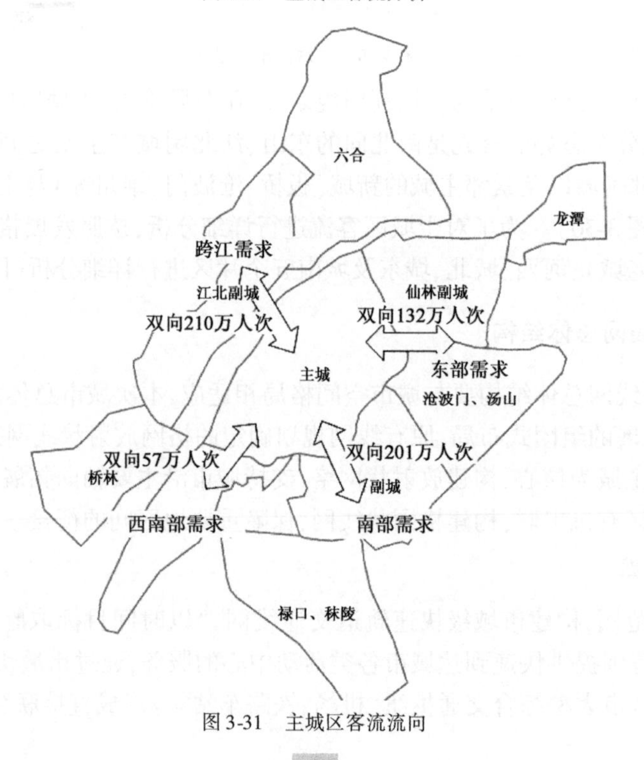

图3-31 主城区客流流向

(2)在中心城区范围,优化提升城区轨道交通服务功能,"以运量需求取胜",集中服务城市化密集地区,强化主副城以及关键通道轨道交通联系,支持副城中心的塑造;

(3)在主城区范围,结合近期实施以及环线优化局部调整线路方案,加强主城核心地区轨道交通辐射联系,加密重要地区轨道交通线网,填补轨道交通服务空白。

2. 市域轨道交通总体布局

南京城市空间总体呈现沿江双轴、南北一轴的"干"字形格局。江北地区沿江组团呈带形伸展,浦口与大厂组合形成江北中心城区,两侧分别为雄州—长芦和桥林新城;江南地区由主城、东山和仙林副城组合形成中心城区,外围新城沿轴向发展,形成板桥—滨江、禄口、汤山、新尧—龙潭等主要交通轴向(图3-32)。

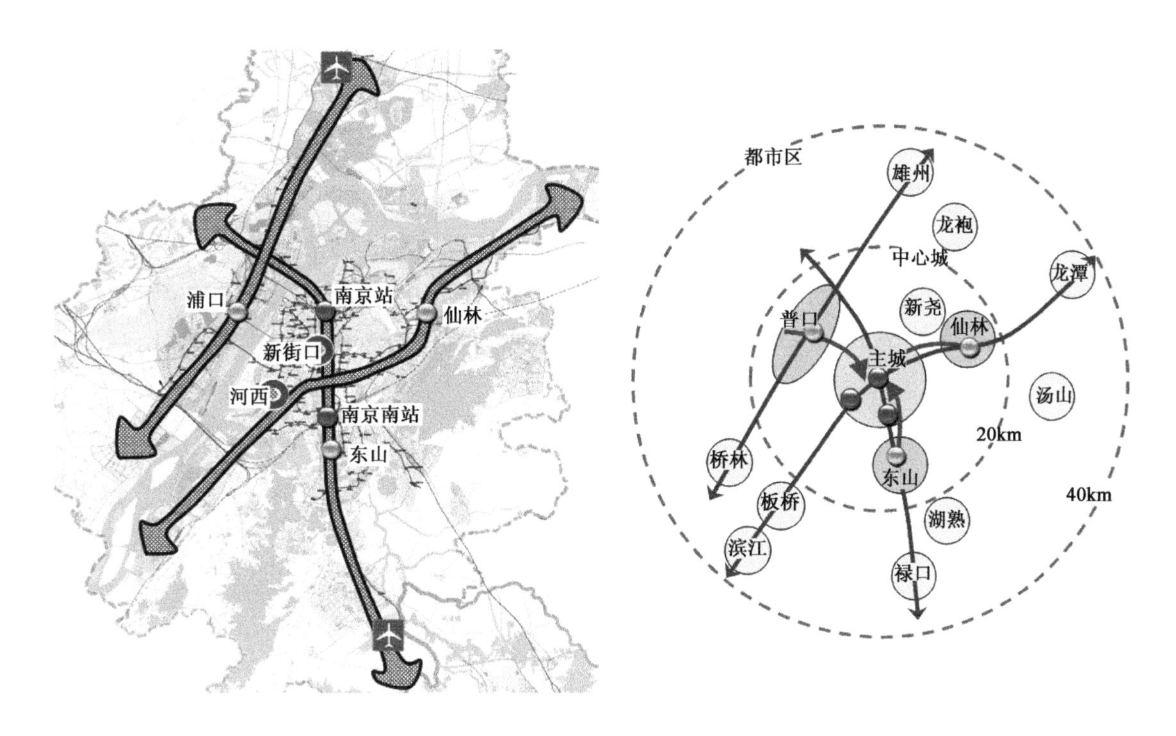

图3-32　市域轨道线网整体构架图

3. 市区轨道交通总体布局

城区线主要为城市化最为密集的中心城区服务,服务范围20km左右半径,线路长度控制在35~40km左右;城区线由干线与局域线共同构成,干线联系城市核心组团,局域线为局部组团服务;城区干线直接连接主城核心区与副城中心,在主城与副城之间保持两条及以上干线联系;在重要交通枢纽节点、主城及副城中心,城区线与市域快线尽量形成便捷转乘。

城区干线紧密联系主城与东山、仙林、江北三副城,线路覆盖中心城区主要客流节点(居住/就业集聚地、交通枢纽等);局域线为中心城区部分组团次级客流走廊服务,在市域快线和城区干线基础上,扩大轨道交通覆盖范围,并与上层次线路形成多个换乘枢纽,方便客流集散,提高可达性(图3-33)。

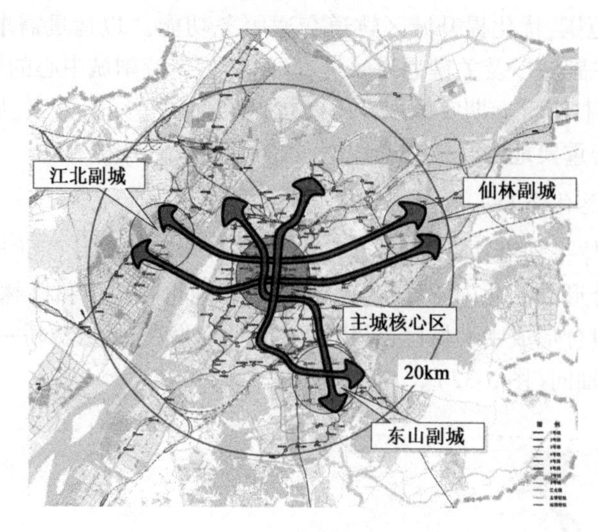

图 3-33　市区轨道交通规划

4. 南京市轨道交通线网规划

(1)线路规划方案

南京市轨道交通线网由 17 条线路组成,线网总规模约 610. 8km,设站 332 座,换乘站 63 座,其中两线换乘站 58 座,三线及三线以上换乘站 5 座,如表 3-6 和图 3-34 所示。

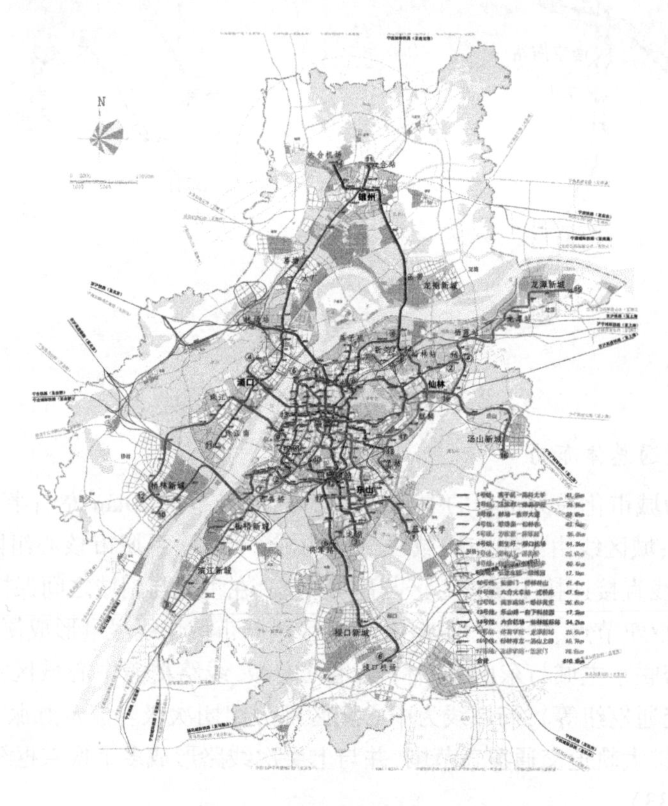

图 3-34　南京轨道交通线网规划

南京市轨道交通线路规划　　表 3-6

线路层级	线路列表	里程	
		里程(km)	比例
市域快线(6条)	6号线、8号线、12号线、14号线、15号线、16号线	234.7	38%
城区干线(8条)	1号线、2号线、3号线、4号线、5号线、7号线、10号线、11号线	321.9	53%
局域线(3条)	9号线、13号线、17号线	54.2	9%
合计(17条)	—	610.8	100%

(2)线网主要特点

①规划线网与区域轨道交通形成一体化对接,有利于强化内外交通衔接。

在原有禄口机场、南京南站、南京站、紫金山站、林场站、六合火车站基础上,优化了城市轨道交通线路与六合机场、江浦站、仙林站、汤山站、栖霞站、龙潭站等对外场站的衔接,构建层次清晰、分工合理的综合交通枢纽,提升南京中心城市的区域辐射能力。

从南京城市轨道交通末端站引出都市圈快速轨道分别服务于溧水、高淳(S1线,宁高线)、马鞍山(S2线,宁马线)、和县(S3线,宁和线)、滁州(S4线,宁滁线)、仪征(S5线,宁仪线)和句容(S6线,宁句线),有利于引导都市圈紧密圈层一体化发展。

②规划线网加强轨道交通对城市中心体系的支撑,有利于引导城市空间结构优化。

本次规划围绕城市中心体系构建轨道交通线网形态,市域快线快速衔接板桥、滨江、禄口、桥林、龙袍等近郊新城,城区干线服务于中心城区高强度高密集的客流走廊,局域线服务于中心城区内次级客流走廊。规划线网形成市级中心三线以上换乘、副城中心至少两线衔接、新城中心快线相连的总体布局。

③规划线网强化跨区轨道交通服务,有利于提升城市交通运行效率。

本次规划着力提升跨区通道上的公共交通出行分担,尤其是加强跨区轨道交通联系。主城与南部地区有1、3、5、6号线服务,与江北地区有3、4、10、12、14号线服务,与东部地区有2、4、7、8号线服务。确保关键通道断面上轨道交通出行分担率在40%以上。

5.线路敷设初步方案

根据上述敷设原则及原有方案研究成果,初步确定各线敷设方式如下(表3-7)。

轨道交通线网敷设方式一览　　表 3-7

线路	线路长度				
	合计(km)	地下线路		高架(地面)	
		长度(km)	比例(%)	长度(km)	比例(%)
1号线	41.8	21.8	52.2	20	47.8
2号线	36.9	22.9	62.1	14	37.9
3号线	39.6	38.3	96.7	1.3	3.3
4号线	43.1	38.1	88.4	5	11.6
5号线	36	34.6	96.1	1.4	3.9
6号线	61.3	40	65.3	21.3	34.7
7号线	35.6	35.6	100.0	0	0.0

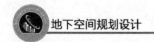

续上表

线　路	线路长度				
	合计(km)	地下线路		高架(地面)	
		长度(km)	比例(%)	长度(km)	比例(%)
8 号线	60.4	32.5	53.8	27.9	46.2
9 号线	17.1	17.1	100.0	0	0.0
10 号线	41.4	19.3	46.6	22.1	53.4
11 号线	47.5	19.3	40.6	28.2	59.4
12 号线	36.6	16.7	45.6	19.9	54.4
13 号线	17.3	17.3	100.0	0	0.0
14 号线	34.2	12.8	37.4	21.4	62.6
15 号线	25.5	3.3	12.9	22.2	87.1
16 号线	16.7	1.7	10.2	15	89.8
17 号线	19.8	19.8	100.0	0	0.0
合计	610.8	391.1	64.0	219.7	36.0

注:地铁实际建设与该初步方案可能存在细微差别。

1 号线由迈皋桥站通向药科大学站,采用高架线和地下线相结合的方式,迈皋桥以北至燕子矶范围采用高架方式。

2 号线由油坊桥通向经天路,中和村至钟灵街范围及马群至紫金山部分区间采用地下线,其余为地面线和高架线。

3 号线火炬南路至吉印大道范围为地下线,火炬南路至林场采用部分地下线、部分路基和高架线的形式。

4 号线在浦珠路至徐庄软件园、灵山至仙林东范围全部采用地下线,珍珠泉至浦珠路段以地下线为主、部分地面和高架线,徐庄软件园至灵山范围以高架和地面为主、部分采用地下线。

5 号线方家营至清水亭段范围采用地下线,清水亭至将军路采用高架线。

6 号线新生圩至佛城西路范围采用地下线,佛城西路至禄口机场采用高架线,机场地区采用部分地下线方式。

7 号线基本位于主城范围内,全线采用地下线。

8 号线小行至终点站仙新路全部采用地下线,小行至桥林采用高架线。

9 号线全线采用地下线。

10 号线奥体中心站至城西路站为地下线,城西路至林山为高架线。

11 号线虎桥路至七里河段、沿江镇至六合区政府段采用高架线外,其余地段采用地下线。

12 号线南站至生态科技园段采用地下线,其余采用高架线。

13 号线全部位于主城范围内,全部采用地下线。

14 号线仙新路至江北玉带段采用地下线,其余采用高架线,其中部分区段有条件可采用地面线。

15 号线除位于白象片区中心的仙林东至栖霞站段采用地下线外,其余均为高架线。

16 号线除起点段与 4 号线东流换乘站采用部分地下线外,其余采用高架线。

17 号线为远期加密线,全部采用地下线。

第四章　地下轨道交通站点规划设计

第一节　地下轨道交通站点概述

一、地下轨道交通站点的概念及重要性

1. 地下轨道交通站点的概念

城市轨道交通运营系统是由多个不同功能的子系统构成，包括车辆、线路、车站三大基础设备和电气、运行、信号等控制系统。其中车站在这一系统中处于核心的位置，它是轨道交通系统对外提供客运服务的窗口，是系统运营过程中不可缺少的组成部分；是城市轨道交通客运服务的起始点，也是终止点。地下轨道交通站点是路网中各条线路的交叉点，提供乘客转线换乘的场所，除了供本站乘客上下车之外，还要能实现两线或多线车站站台之间的人流换乘。同时地下轨道交通车站也是各种运营设备及其用房的场所，为列车的正常运行提供了重要的保障。

2. 地下轨道交通站点的重要性

(1)地下轨道交通站点是控制线路走向的关键点，研究换乘站将有利于线网的线路优化。

(2)各条线之间的换乘是否方便，对提高轨道交通的运行效率至关重要，是评判轨道交通规划好坏的重要标准。

(3)地下轨道交通站点是每条线上的重点、难点工程，在线网规划阶段对其进行深入研究，有利于确保线网规划的科学性和可实施性。

(4)部分站点的规模、用地及施工条件比普通车站要求更高，在轨道交通规划阶段进一步深入分析研究站点的规划布局和内部空间的换乘设计，对合理控制城市用地，减少拆迁，降低工程投资有重要作用。

(5)研究地下轨道交通站点的设计有利于地上规划、地上建筑与地下空间之间的结合。

二、地下轨道交通站点发展方向

1. 地下轨道交通综合换乘枢纽

为发挥城市轨道交通的骨干作用，更好地衔接地面交通，建设城市综合换乘枢纽已经是国际上城市轨道交通发展的总趋势。国外发达城市非常重视以大型轨道交通换乘站为中心的公交枢纽站的建设，以实现多种交通方式的无缝对接和零换乘。美国纽约几乎每一个地铁站都是一个地铁与公交换乘的小型枢纽站，乘客可以很方便地换乘公共汽车；莫斯科全市600条地面公交线路中，有500多条能与地铁方便换乘，极大地改善了交通问题。

(1)地下轨道交通与空港换乘

空港的巨大客流仅仅靠常规的地面交通无疑会增加地面交通量和出行费用,因此必须引入大量的快速轨道交通系统。在一体化的交通体系里,快速轨道交通与离(进)港大厅通过垂直(水平)步道相互连接,以达到最便捷的换乘。如东京成田空港、大限关西空港、香港新机场、里昂机场等。其中以巴黎戴高乐机场空港最为知名,该空港在同一屋顶之下可以方便地与航空、法国新干线、区域快速地铁、空港内部小型地铁相互换乘,做到了下飞机后可以到达欧洲的各主要城市,成为空港建设的典范。

(2)地下轨道交通与铁路的换乘

铁路枢纽不仅是市域与市际交通的衔接点,还是市区各种交通方式的换乘站,是城市重要的换乘枢纽。在早期的铁路建设中,铁路与地下轨道交通的衔接多采用地下通道相互连接。如建于21世纪初期的纽约中央车站与宾夕法尼亚车站均通过地下步行街来连接铁路与地下轨道交通车站以及周围的各种建筑。当铁路枢纽各种交通方式换乘的客流量很大时,往往需要综合利用地下空间,将各车站集中布置在同一空间之内,通过多层的衔接,实现乘客便捷、快速的换乘。如世界上最大的换乘枢纽有日本国铁东京新宿站(日客流量超过100万人次)、东京站,巴黎里昂站、北京西站等,均是采用多层衔接的方式来完成铁路与地铁的换乘。

(3)地下轨道交通与其他交通工具的换乘

地下轨道交通与其他交通工具的换乘是指除铁路外的交通工具的相互连接,如与城市快速铁路之间的换乘,与轻轨之间的换乘,与客运站之间的换乘等,进而形成城市的其他交通枢纽。这些枢纽往往能够带动城市区域的开发,形成城市副中心区。

2. 地下轨道交通站点与地下商业街相结合

结合地下轨道交通建设进行车站地下商业开发,不仅有利于节约城市用地、改善城市交通,更能保障车站周边地上地下开发的整体性,推动地下轨道交通车站功能更加完善。如深圳地铁1号线科学馆站、天津地铁1号线小白楼站和南京地铁1号线新街口站(图4-1),均以地下商业街的形式将地铁出入口与商业先后结合,通过地下通道将地铁周边的地面商业、地下商业及办公设施相连接。

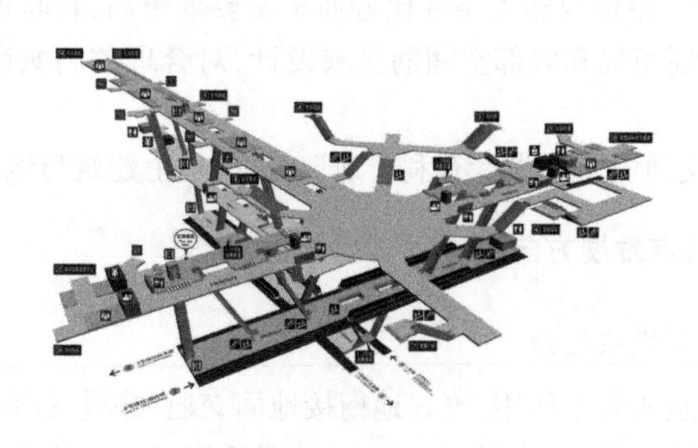

图4-1 南京地铁1号线新街口站地下立体交通示意图

3. 地下车站综合体

地下轨道交通车站作为交通网络的节点,不仅是交通转换枢纽,更是车站周边地下空间激活的动力因素,因此,一个高效的车站应和其他的空间统一规划、综合开发。如日本新宿站可实现8条线路的换乘,拥有京王百货店、小田急百货店以及各种食品店、饭店、书店等,实现了以地下车站为中心的地下空间大型综合体(图4-2)。由此可见,利用地铁建设作为地下空间开发的驱动,利用综合开发的手段将其拓宽为地下综合体;通过建立与地面重要建筑及其场所相连的地下公共步行空间,已成为未来地下车站发展的趋势,最终可形成完整的地下空间网络系统。

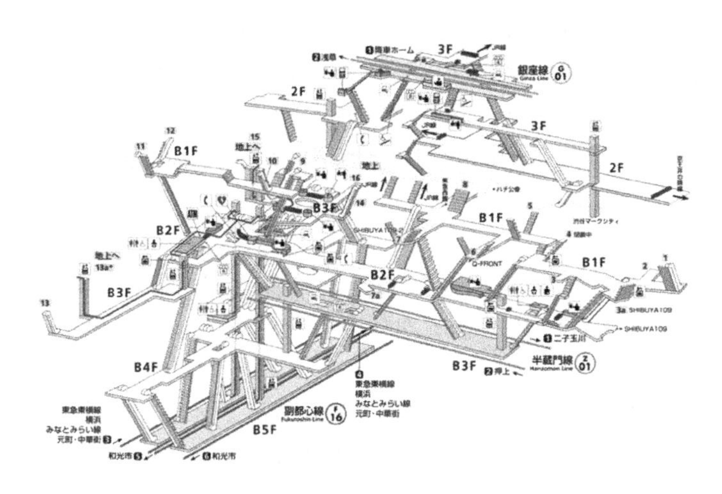

图4-2　日本新宿站地下立体交通示意图

第二节　地下轨道交通车站客流量预测及选址

一、地下轨道交通车站客流预测

1. 客流预测的目的及意义

地下轨道交通客流预测是指在一定的社会经济发展条件下,科学预测城市各目标年限轨道交通线路的断面流量、车站乘降量、车站OD、平均运距等能反映轨道交通客流需求特征的指标。它是城市轨道交通可行性研究和设计的重要依据。在规划线路网时,通过客流分析进行线路网的优化设计、优化布局。在工程可行性研究阶段,客流量的预测是工程建设中必要的依据之一,并在工程设计中对线路运输能力、车辆选型及编组、设备容量及数量、车站规模、车站布点及工程投资和工程效益分析等方面起着决定作用。一般来说,客流的预测分为初期、近期、远期三个层次,初期为建成通车后的前3年,近期为交付运营后的第4~10年,远期为交付运营后的第25年及之后。

2. 客流预测的内容

在地下轨道交通系统中,从系统功能要求出发,在城市总体规划和轨道交通线网规划的前提下,按照设计年限,对客流的预测归纳为五类基本内容。

(1)全线客流

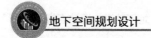

全线客流包括全日客流量和各小时客流段的客流量及其比例。全日客流量是表现和评价运营效益的直观指标,是进一步评价线路负荷强度的重要指标。各小时段的客流量及比例为全日行车组织计划提供依据,在保证营运能力和服务水平的前提下,安排合理行车间隔,提高列车的营运效益。

(2)车站客流

车站客流包括全日、早、晚高峰小时的客流、站间断面客流以及相应的超高峰系数。高峰小时时段的站间最大单向断面流量是确定系统运量规模的基本依据,根据选定的交通制式、车型、车辆编组长度、行车密度及车站长度等。各车站早、晚高峰小时的上下客流量及相应的超高峰系数是各车站规模设计的基本依据,由此计算站台宽度、楼梯宽度、检票机数量、车站出入口的总宽度等。

(3)分流客流

分流客流包括站间 OD 表、平均运距及各级运距的乘客量。通过此项数据进行分段客流统计,最终对建设投资、运营成本做财务分析,对社会经济做效益分析,提出项目效益评价意见。

(4)换乘客流

换乘客流是指各换乘车站分向换乘客流量,其对线路主客流方向的评价有着重要作用,并为换乘形式设计和换乘站点的换乘通道、楼梯宽度的计算提供依据。

(5)出入口分向客流

根据每一座车站确定的出入口位置,对每个出入口做分向客流预测,并做波动性分析,为每个出入口宽度计算提供依据。

3. 地下轨道交通车站客流预测的方法

地下轨道交通客流预测主要有土地利用法和四阶段法。

(1)土地利用法

土地利用法侧重的是对一条线和每一个车站周围一定范围内土地利用的研究,其进站量、线路流量、换乘量采用以下方法计算。

①进站量计算

在土地利用法中首先在线路两侧,划出一定宽度为吸引范围,研究各车站吸引范围内居住人口的变化情况、现状出行强度以及吸引率,然后推算各预测年度的人口数、出行强度、吸引率,进而计算各站吸引范围内的出行量和进站量。

②流量计算

首先根据线路的地理位置,分为跨市区及一端两种情况,分别确定各自的方向系数模型,根据模型计算各站分方向进站量。然后根据各站土地利用性质及对地铁时间及空间分布规律的研究,确定时间分布模型,计算各站分时段进站量及出站量。

③换乘量计算

对于换乘量的研究采用出行分布模型,对轨道交通 OD 分布矩阵进行预测,求出在该线节点处的换乘比率,用该比例与节点客运量相乘,反算换乘量。

土地利用法建立在对原有轨道线路客流变化规律了解的基础之上,并且依赖于现状客流资料。这对于北京等拥有轨道交通历史较长、资料完善的城市,是可行的方法,但对于我国许多目前尚未建有轨道交通,并且现状客运资料缺乏的城市,要对其新建的快速轨道交通客流进行预测,有较大的难度。

土地利用法客流量预测流程见图4-3。

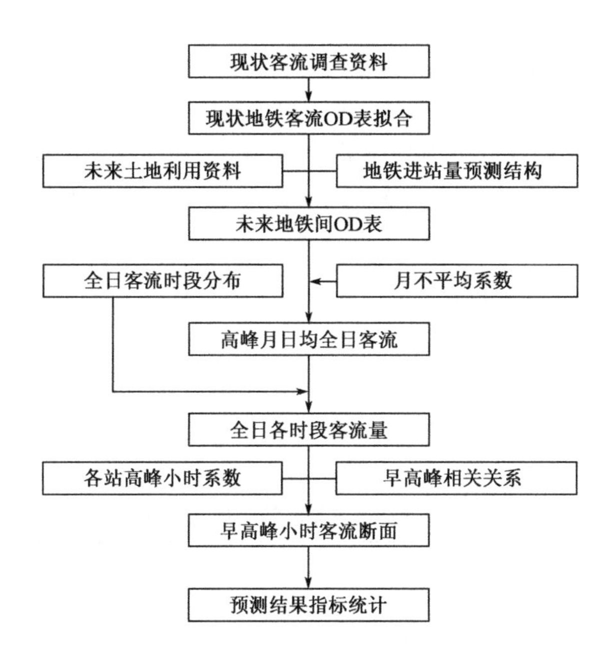

图4-3 土地利用法客流量预测流程图

(2)四阶段预测法

四阶段预测法分为交通生产预测、交通方式划分预测、交通分布预测以及交通分配四个阶段,是目前国内外交通规划领域应用最广泛的方法,其优点是从出行主体特征的角度研究其与出行量的关系。运用该法进行预测时,首先将研究对象城市划分交通小区,进行城市人口、就业、土地利用资料的调查和居民出行调查,在此基础上进行居民出行预测、出行分布预测、交通方式划分预测和交通分配,以获得所需的轨道交通需求数据。

①交通生成预测

交通需求生成预测包括交通出行产生量预测和交通出行吸引量预测,这一阶段的预测目的是在获得城市未来社会经济发展规模、人口规模和土地利用特征下,各交通小区可能产生和吸引到的总交通量。代表的方法有交叉分类分析法、回归分析法、增长率法、出行率法等。关于交通出行产生量和吸引量有两个基本的规律可循:一个交通小区中,住宅数量越多,产生量也就越多;非住宅数量越多,吸引量就越多。

②交通分布预测

出行分布预测需要解决的问题主要包括每一个交通小区的出行产生量分布到哪几个交通小区内,以及交通小区本身所吸引的出行量的来源。这一阶段预测的目的是获得城市未来交通出行在空间上的分布,即各个交通小区之间的交换量。交通分布的方法有很多,代表性的方法有增长系数法、重力模型法、介入机会法等。

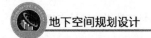

③交通方式划分

交通方式划分是指出行者在出行中采用某种交通方式的出行量在所有交通方式的出行总量中所占的比例,是交通规划和政策制定中的重要部分。其目的在于通过对现状和未来进行分析,从而建立一个合理的分担体系。

④交通分配

交通分配是指通过将已经测得的OD交通量,根据已知的道路网描述,按照一定的规则并符合实际地分配到道路网中的各条道路上,进而得出道路网中各路段的交通流量。城市轨道交通则可借助城市交通中调查分析预测成果,得出城市客运、公交类OD交通量,将其在综合公交系统中进行分配,计算出轨道网上各断面的客流量、各站点的乘降量和站间OD量,从而指导轨道交通的建设。

二、地下轨道交通车站规模及布局

1.地下轨道交通车站的规模

以各车站早晚高峰时期客流量及其相应的高峰小时系数为依据,将车站规模分为三个等级(表4-1)。

地下轨道交通车站的等级规划划分　　表4-1

等级规模	适用范围
一级站	客流量3万~5万人,适用于客流量大,地处市中心区的大型商贸中心、大型交通枢纽、大型集会广场及政治中心区
二级站	客流量1.5万~3万人,适用于客流量较大,地处较繁华的商业区、中型交通枢纽中心、较大居住区
三级站	客流量小于1.5万人,适用于客流量小,地处郊区的各站

2.地下轨道交通车站布局的要求

(1)车站布置应方便乘客使用。地下轨道交通车站的站位应该为乘客提供最大可能的方便,使多数乘客的步行距离尽可能最短。

(2)尽可能缩短出入口通道的长度,将商业区、住宅区、办公区域相连接,为乘客提供舒适的换乘环境。

(3)对于存在大型客流集散的地区,地下轨道交通车站的布局不宜过近,防止客流过于集中。一般车站的出入口距离体育场的出入口在300m以上,若短期内突发性客流集散的强度较大,距离还应该较远一些。

(4)车站的布置应该与城市道路网、公共交通网相结合,符合轨道交通规划和城市总体规划的要求,与地下空间总体规划相协调。相对于城市地面公交系统而言,地下轨道交通路线、车站的密度远不能与之相比,因此为了能够最大限度地吸引客流,地下轨道交通车站必须依托地面公交系统,为地铁输入客流,使地铁成为快速、大运量的骨干交通动脉。

(5)地下轨道交通车站的布置应近期、远期开发相结合。车站的分布应方便施工、减少拆迁、降低造价。车站的设置在结合周边环境的同时,还要兼顾远期站位换乘方案的便捷和远期的可实施、可操作性，并根据远期客流的要求、工程分期实施的条件，合理选择车站的形式、换乘方式及其建设规模。

(6)车站分布应该兼具各个车站间距的均匀性，保持合理的站距，地下轨道交通车站距商业中心不超过500m。

(7)车站设计规模应根据远期高峰小时预测客流集散量和车站行车管理、设备用房的需要来确定，要与站厅、站台、出入口通道、楼梯、售检票等部位的通过能力相匹配，并满足事故发生时乘客疏散的需求。

(8)车站建设还应考虑到周围的地形条件、地质条件以及城市规划的地面和地下空间开发要求等。

3. 地下轨道交通车站的布局

(1)站位与路口的位置关系

一般车站按照纵向位置分为跨十字路口、偏路口、两路口之间、偏道路一侧四种设置方式，如图4-4所示。

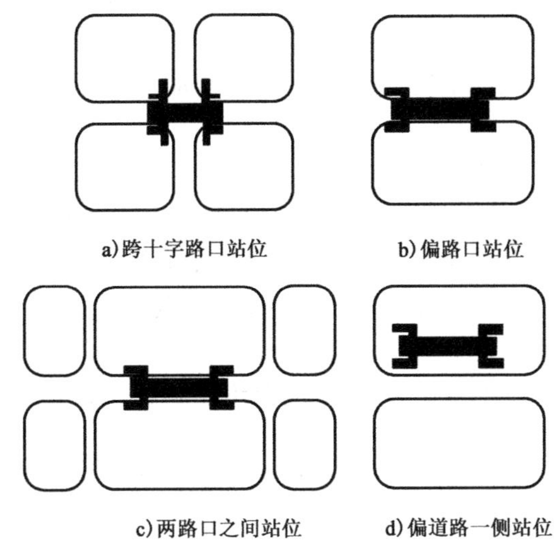

图4-4　站位与路口的位置关系

①跨十字路口站位设置

跨越主要道路的十字路口，并在路口的各个角都设有出入口。乘客从路口任何方向进入地铁均不需要穿越马路，增加了乘客的安全，减少路口处人车交叉，与地面公交线路衔接好，方便乘客换乘。但由于路口处往往是城市地下管线集中交叉之点，因此，需要解决施工冲突和车站埋深加大的问题。但从换乘方便的角度来看，跨十字路口站位是能获得最大城市效益的地铁站位。跨十字路口站位对于解决城市空间密集问题、促进地下空间发展较为有利。

②偏路口站位设置

由于地下各种管线及现状建设等要求，地下轨道交通车站布局时无法跨越路口四角，为减少对管线的影响和车站的埋深，减少拆迁量和对路口交通的干扰，因而选择偏路口设置。但车站两端的客流量悬殊，会降低车站的使用效能。如果将出入口伸过路口，获得某种跨路口站位的效果，可改善其功能。

③两路口之间站位设置

当两路口都是主要路口相距较近，小于400m，横向公交线路及客流较多时，将车站设置在两路口之间，兼顾两路口的客流。

④偏道路一侧站位设置

偏道路一侧站位一般在有利的地形地质条件下采用。基岩埋深浅、道路红线外侧有空地或危旧房改造时，则将车站建于道路一侧，紧贴道路红线，可减少路面的破坏。

(2)站位与城市道路的关系

轨道交通站位与城市道路是一种互动的关系。通常，城市中最初的几条线路中需首先解决较为迫切的现状问题，一般选择在人流量较大的主要街道下，而随着城市的发展，以后修建的线路可以根据城市发展的需求，选择在能够引导城市发展的区位上。

例如，蒙特利尔地铁的开发中，原先由地铁部门所做的规划，强调交通功能，将大部分线路设置在中心区最繁忙的商业街——圣·凯瑟琳街(St. Catherine)下面，以尽可能吸引现有人流。但是在巴黎运输局建议的修正方案中，地铁的干线移至与圣·凯瑟琳街平行并相隔一条街的梅梭内孚街下。梅梭内孚街原是一条蜿蜒的小街，市政府原就希望将它拓宽和拉直。新的计划产生了多项优点：①使地铁建设与道路改造相结合；②避免了施工对主要商业街营业的长期中断；③由于地价较低，地铁站建设成本降低；④增加了梅梭内孚和圣·凯瑟琳街中间地带的开发潜力。

(3)站位与建筑物出入口的关系

地下轨道交通站的出现，将引起建筑物周围的城市公共空间发生变化，建筑物的基准面进一步呈现多元化。所谓建筑基准面，是指建筑物的出入口、中庭的底面高程所在的位置，它是建筑物的内部和外部一系列空间设计的基准。传统时期建筑出入口一般位于地上，在地下空间快速发展的时代，建筑物出现了地下出入口这种新的形式。当前建筑出入口的位置，将取决于建筑物最主要的对外交通层面是位于地下、地面还是空中。在以轨道交通为主体的城市中，地下出入口将占据十分重要的地位。

通常来看，地铁站出入口与周围建筑物的空间关系一般有四种类型(图4-5)：建筑外、建筑侧、建筑内、建筑下。

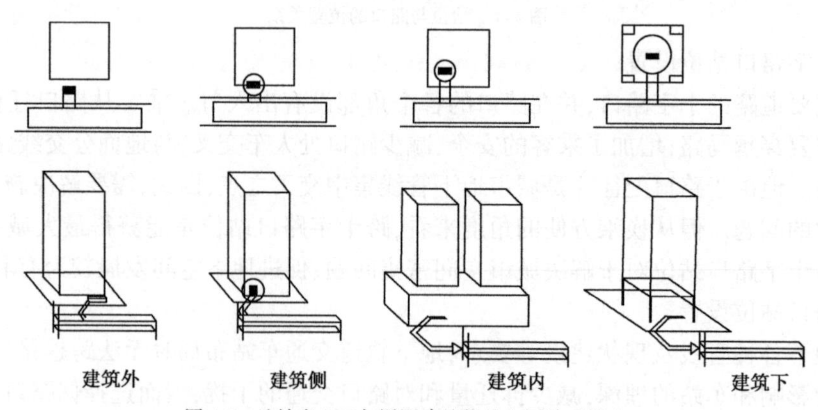

图4-5 地铁出入口与周围建筑物的空间关系模式

①“建筑外”即出入口与建筑物分离。

②"建筑侧"即出入口与建筑物紧贴，当上部用地紧张，建筑底层面积小，且车站客流量级别较低时采用。

③"建筑内"即地下轨道交通车站的通道分出一条进入建筑内部，连接建筑物地下室或地下中庭，而另一条连接城市地面出入口，一般当周围建筑规模较大时采用。

④"建筑下"即位于建筑物的底层架空处，一般当车站的设计客流量较大，地铁出入口需要较大的缓冲空间，地面用地又比较局促时采用。

地铁出入口与建筑物的良好空间关系，可以产生多方面的优点：吸引更多乘客搭乘地铁；使地面建筑成为地铁出入口的标志，提高地铁站的外部识别性；增强城市交通的疏解作用，使大量人流不需溢出地面就可快速集散，缓解地面交通状况；提高建筑的可达性和空间价值，支持高强度开发和城市功能的地下化。

(4)站位与商业设施的关系

商业是地铁站与其他城市用地功能之间良好过渡的方法之一，善加利用可达到相互促进之效。与地铁站连接的商业可分为地下商业、地面商业两类。

地下商业：分为站内和站外两类。地铁站内分为付费区和非付费区(可供自由通行，也称城市公用区)。站内商业通常设置在扩大的公用区内，主要供乘客顺路购物和等待时购物，建筑结构上属于地铁站的一部分，由地铁站统一管理。站外商业是指在地铁站结构体外的商业，与地铁站分开管理，一种形式是在地铁站通往其他建筑物之间的地下步道两边开设店铺，由于过多的商业人流将使步道拥挤，因此商店一般进深不大；另一种是与地铁站直接相通的周围建筑物的地下商业空间，规模较大。蒙特利尔市的一些主要商店，如著名的伊顿中心，在店内分隔出一个角落，由店方出资修建了一个地下轨道交通车站出入口，以吸引更多的顾客。

地面商业：即地铁站地面出入口紧邻的地面商业空间，既可作为单一的商业建筑，亦可作为高层办公建筑的底层商业部分。美国很多地铁站都与商业联系紧密，一般地铁站附近的大型商业办公建筑，都有1~2层地下商业和地上多层的商业空间。

第三节　地下轨道交通车站规划设计

一、地下轨道交通车站的分类

1.按照车站运营性质分类

按照营运性质分为中间站、区域站、换乘站、枢纽站、联运站、终点站。

(1)中间站

也称为一般站，它仅供乘客上、下车用。中间站的功能单一，是地铁常用车站。

(2)区域站

即折返站，它是设置在两种不同行车密度交界处的车站。站内设有折返线和设备。根据客流量大小，合理组织列车运行，在两个区域站之间的区段上增加或减少行车密度。区域站兼有中间站的功能。

(3)换乘站

位于两条及两条以上线路交叉点上的车站。它除具有中间站的功能,更主要的是乘客可以从一条线路上的车站通过换乘设施转换到另外一条线路上的车站。

(4)枢纽站

由此站分出另一条线路的车站,枢纽站可接、送两条线路上的乘客。

(5)联运站

是指车站内设有两种不同性质的列车线路进行联运及客流换乘车站,联运站具有中间站及换乘站的双重功能。

(6)终点站

是设置在线路两端的车站。就列车上、下行而言,终点站也是起点站(或称始发站),终点站设有可供列车全部折返的折返线和设备,也可以供列车临时停留检修。如线路远期延长后,则终点站即变为中间站。

2. 按照车站埋深分类

地下车站的埋深是指车站内轨顶面至地面的垂直距离。按照车站的埋深划分,一般以20m为界限,认为当距离大于20m时为深埋车站,而小于20m时,则为浅埋车站。

3. 按照车站站台形式分类

地铁站台的形式主要分为三类。

(1)岛式站台

站台位于上、下行线路之间。车站具有利用率高、能灵活调剂客流、乘客使用方便等优点,一般常见于客流量较大的车站。

(2)侧式站台

站台位于上、下行线路的两侧,侧式站台根据环境条件可布置成平行相对式、平行错开式、上下重叠式及上下错开式等形式,如图4-6a)所示。侧式站台的利用率高、调剂客流、站台之间的联系等方面不及岛式站台,因此侧式站台车站多用于客流量不大的站点。

(3)岛、侧混合式站台

就是将岛式站台和侧式站台设在同一个车站内,乘客可同时在两侧的站台上、下车,也可适应列车中途折返的需求,如图4-6b)所示。岛式站台和侧式站台是较为常用的站台形式,同时随着大型及超大型地下轨道交通车站的出现,为了缓解客流、增加乘客使用空间,岛、侧混合式站台的应用也呈上升趋势。

a)侧式站台

b)岛、侧混合式站台

图4-6　侧式及岛、侧混合式

4. 按照车站断面结构形式分类

车站断面结构形式，主要根据工程地质和水文地质条件、车站埋深、施工方法、建筑艺术效果等因素综合确定。按照断面形式将结构分为矩形断面、拱形断面等。

(1)矩形断面是车站常用的形式，一般用于浅埋车站。车站可设计成单层、双层或多层；跨度可以选用单跨、双跨及多跨的形式。

(2)拱形断面，拱形断面多用于深埋车站，有弹弓或多跨连拱等形式。单拱断面由于中部起拱，高度较高，两侧相对较低，中间无柱，因此建筑空间宽阔。

(3)其他断面结构形式还有马蹄形、圆形、椭圆形等形态。

二、地下轨道交通车站内部空间组成

地下轨道交通车站可分为四个组成空间：乘客使用空间、运营管理空间、技术设备空间、辅助空间。

1. 乘客使用空间

乘客使用空间是车站中的主体部分，主要有地面出入口、站厅、地下中间站厅、售票厅、检查处、站台、通道、楼梯、自动扶梯等。乘客使用空间的布局对车站类型、车站平面布局、结构断面形式、功能分区、人流路线等设计有较大影响。

2. 运营管理空间

运营管理空间是为保障车站具有正常运营条件和运营秩序而设置的空间，主要包括站长室、行车值班室、业务室、广播室、会议室、保卫室、清扫室。运营管理空间与乘客关系密切，一般布置在临近乘客使用空间。

3. 技术设备空间

技术设备空间是保证列车正常运行、保证车站内具有良好环境条件的空间，是地铁防灾减灾中不可缺少的设备空间。它直接或间接为地铁运行和乘客提供服务，主要包括环控室、变电所、综合控制室、防灾中心、通信机械室、信号机械室、自动售票室、泵房、冷冻站、机房、配电室等空间。

4. 辅助空间

辅助空间是为保证车站内部工作人员正常工作生活所设置的空间，是直接供站内工作人员使用的区域。

三、地下轨道交通车站设计

1. 站厅空间设计

站厅是上下车的过渡空间，是将出入的乘客迅速、安全、方便地引导到站台乘车，乘客在站厅内办理上下车的手续。站厅内一般需要设置检票、售票、问询、运营管理用房等为乘客服务的各种设施。

根据车站运营及客流组织的需求，站厅空间分为付费区和非付费区。付费区内设有通往站台层楼梯、自动扶梯、补票处,其在换乘车站还设有通往另一车站的换乘通道。非付费区内设有售票、问询、公用电话等服务功能,进出站检票口应分设在付费区与非付费区的分界线上。同时设置在城市主要道路下面的地铁站还具有过街通道的作用,因此,为了便于各个出入口的联系和穿行,通常在站厅的一侧或双侧设置通道。

2. 站台空间设计

站台是供乘客上下车及候车的场所。站台层布置楼梯、扶梯及站内用房等。需要对站台长度、宽度、高度等进行设计。

(1)站台长度分为总长度和站台有效长度两种。站台有效长度也称为站台计算长度,是指远期列车编组总长度与列车停站时的允许停车距离误差之和。它是供乘客上下车的有效长度,也是列车停站位置。

站台有效长度的计算公式为

$$l = nl_a + \delta$$

式中:l——站台有效长度(m);

n——列车的节数;

l_a——列车每节长度(m);

δ——列车停车误差,一般取 1 ~ 2m。

站台总长度是根据站台层房间布置的位置及需要由站台进入房门的位置而定,是指每侧站台的总长度。

地下轨道交通各型列车参数见表 4-2。

地下轨道交通各型列车参数　　表 4-2

参数 车型	A 型	B 型	
		B_1 型	B_2 型
计算车辆长度	22100	19000	
车辆最大宽度	3000	2800	
车辆高度	3800	3800	
车辆定距	15700	12600	

(2)站台宽度的设计是根据车站远期预测高峰小时客流量大小、列车运行间隔时间、结构横断面、站台形式、站房布置、楼梯及自动扶梯位置等因素综合考虑来确定,根据站台形式的不同,采用不同的计算方法。地铁设计规范中规定:站台上楼梯及自动扶梯需要沿纵向均匀设置,同时应满足站台计算长度内的任意一点距离最近的楼梯口不大于 50m。尽量缩短乘客到站台出入口的距离,站厅与站台一般设置两个楼梯通道,并呈纵向布置,可以减小单个楼梯宽度,从而减小站台的宽度和地下轨道交通车站的跨度。

以岛式站台为例,岛式站台车站的跨数各不相同,对于双跨的地下轨道交通车站,站台与站厅之间的联络楼梯一般围绕中柱布置。人行楼梯宽度一般大于 1.2m,自动扶梯一般取 1m。同时规定距站台边缘 400mm 处应设不小于 80mm 宽的纵向安全线。站台宽度的计算一般有经验计算法和客流计算法两种。

(1)经验法

①侧式站台宽度

$$b = \frac{M \cdot W}{l} + 0.48$$

式中：b——侧站台宽度(m)；

M——超高峰小时每列车单向上下车人数；

W——人流密度，按$0.4m^2$/人计算；

l——站台有效长度(m)；

0.48——安全带宽度(m)。

②岛式站台宽度

$$B_d = 2b + n \cdot z + t$$

式中：B_d——岛式站台宽度(m)；

t——每组人行梯与自动扶梯宽度之和(m)；

n——横向柱数；

z——横向柱宽(m)；

b——侧站台宽度(m)，计算实际的取值不小于8m。

$$b = Q_{上、下} \cdot \frac{\rho}{L} + M$$

式中：$Q_{上、下}$——远期高峰小时单侧上、下车预测客流量×高峰小时系数÷高峰小时发车次数；

ρ——站台上人流密度按$0.33 \sim 0.75m^2$/人，取$0.5m^2$/人；

L——站台计算长度(m)，取135.52m；

M——站台边缘至屏蔽门立柱内侧的距离(m)，取0.268m。

(2)客流计算法

①站台总面积

$$A = NWkP_{车} \times \frac{P_{上} + P_{下}}{100}$$

式中：A——站台总面积(m^2)；

N——列车车厢数；

W——站台的客流密度，按$0.75m^2$/人计算；

k——超高峰系数，取$1.2 \sim 1.4$；

$P_{车}$——每节车的车厢容纳人数(人)；

$P_{上} + P_{下}$——上、下车乘客占全列车乘客的百分比，一般取20%~50%。

②侧式站台宽度

$$B = \frac{A}{l} + 0.48 + \frac{b_0}{2}$$

③单拱岛式站台宽度

$$B = 2b + b_0$$

④跨岛式站台总宽度

$$B = 2b + b_0 + 2c + d$$

式中：A——站台总面积(m^2)；

B——岛式站台宽度(m)；

b——侧式站台宽度(m)；

c——柱宽(m)；

d——楼梯、自动扶梯宽度(m)；

b_0——乘客沿站台纵向流动宽度,一般取2～3m,一般在客流的方向与站台纵向垂直时需要增加该跨度；

l——站台有效长度(m)；

0.48——安全区宽度(m)。

(3)站台高度

站台高度是指线路走行轨顶面至站台地面高度。站台实际高度是指线路走行轨下面结构底版面至站台地面的高度,它包括走行轨顶面至道床底面的高度。站台高度的确定,主要根据车厢地板面距轨顶面的高度而定。

3. 出入口及通道

(1)地下轨道交通车站出入口及通道是指连接地面人行道至车站大厅非付费区之间,供乘客进出站使用的区域,其设置位置是影响地下轨道交通车站空间是否能为乘客提供便利的换乘环境的因素之一。规划合理的地下轨道交通车站出入口及通道,可提升乘客使用地下轨道交通车站的便利性,提升乘客使用公共交通的意愿。一般出入口均布设在车站两侧,造型应以融入四周环境又不失其容易辨识性为目标,位置与人行道、公交站、中央分隔带或与附近建筑物进行连接或联合开发,地下轨道交通车站出入口的位置距离车站大厅入口以不超过60m为宜,通道口的最小宽度不能小于2.4m。应力求地理位置的适中,以方便乘客的使用,缩短乘客进出车站的步行距离。

(2)出入口按照形态可分为敞口式出入口、半封闭式出入口、全封闭式出入口(图4-7)；按照修建形式可分为独建式和附建式。

a)敞口式出入口

b)半封闭式出入口

c)全封闭式出入口

图4-7　地下轨道交通站点出入口的三种模式

敞口式出入口口部不设顶盖及围护墙体，从行人安全考虑，均设置栏杆、花池或挡墙等加以围护。半封闭式出入口的口部设有顶盖、周围无封闭围护墙体的出入口，适用于气候炎热雨量多的地区。全封闭式出入口口部设有顶盖及封闭围护墙体的出入口，封闭式的出入口有利于保持车站内清洁环境，便于车站营运管理。

独建式修建的出入口布局比较简单，建筑处理灵活多变，可根据周围环境条件及主客流方向确定车站出入口的位置及入口方向。附建式地铁出入口设置在不同使用功能的建筑物内或贴附修建在该建筑物一侧的出入口，结合地下轨道交通车站周边的地面建筑布置情况而修建，但其建设时将会与现有建筑之间产生影响，因此需前期做好规划和预留。

(3)出入口设计

浅埋地下车站出入口不少于4个；深埋车站不应少于2个，一般车站的出入口至少应设置2个，出入口的宽度通常按照车站远期预测超高峰小时客流量来计算确定，计算公式如下：

$$B_{tn} = \frac{MKb_n}{C_t N}$$

式中：B_{tn}——出入口楼梯宽度(m，n表示出入口序号)；

M——车站高峰小时客流量；

K——超高峰系数($a=1.2\sim1.4$)；

b_n——出入口客流不均匀系数($b_n=1.1\sim1.25$，n表示出入口序号)；

C_t——楼梯通过能力；

N——出入口数量(出入口宽度单向通行不小于1.8m，双向通行不小于2.4m，宽度大于3.6m时，应设置中间扶手)。

4. 垂直交通

地铁内部垂直交通设施包括楼梯、自动扶梯、电梯及斜坡等。需配置楼梯、自动扶梯及电梯一般设在两处：一是设置在地下轨道交通车站进出口处，以连接地面和车站大厅；二是设置在大厅付费区，通往月台。斜坡则多设置在电梯出入口处，与站外路面衔接，方便残障乘客通行。对于地下轨道交通车站内上下流动的乘客，自动扶梯或步行扶梯的设置，应视各车站预测的乘客流量、垂直移动距离、车站可用空间及构造上的限制而定。为了减少乘客步行距离，建议楼梯、自动扶梯或电梯应由地面直达车站大厅。目前地下轨道交通车站垂直交通设施的配置原则，是根据车站高峰时段预测双向进出乘客流量超过4000人/h，除必要的楼梯通道外，上下楼均应提供自动扶梯以方便乘客进出；当高峰时段乘客少于4000人/h人，可考虑只对上楼乘客提供自动扶梯，下楼乘客使用扶梯；当乘客流量少于2000人/h时，则仅提供扶梯供乘客使用即可。另外，当垂直距离超过3m时，向上应考虑设置自动扶梯，若垂直距离为7m或以上时，则下行也应考虑设置自动扶梯。楼梯倾斜角度为26°，自动扶梯设置倾斜角度为30°，人行楼梯踏步高度宜为135~150mm，宽度宜为300~340mm，每段不超过18步，不得少于3步。人行楼梯最小宽度单向通行为1.8m，双向通行时不小于2.4m，当楼梯净宽度大于3.6m时，中间应设置扶手栏杆，自动扶梯的有效宽度为1.0mm，设计通行能力不大于9600人/h。

5. 售检票设施

售检票设施是指乘客使用的售检票系统。各国地下轨道交通车站售检票设置一般按通过的人数来计算。售票口、自动售票机、检票口一般都设置在站厅层，人工售票的车站内应设售票室。自动售票机设置的位置与站内客流组织、出入口位置、楼梯及自动扶梯布置有密切的关系，应沿客流量进站方向纵向设置。售票口、自动售票机的布置应设置在便于购票、空间宽敞的地方，尽量减少与客流线路的交叉和干扰。售票处距离出入通道口和进站检票处的距离大于5m，出站检票处距离楼梯口的距离大于8m。

6. 无障碍设计

无障碍系统的设置是现代社会进步的标志，一个舒适的交通空间必须考虑到为弱势群体提供无障碍设计。根据国家有关规定，所有地下轨道交通车站都同步建设电梯、楼梯升降机、盲道、扶手等无障碍设施，协助有障碍乘客掌握通往各个区域的信息和线路，安全、通畅、方便地将他们指引到要去的地方。地铁中的无障碍设施还包括尽可能地为残疾人在购票、休息及通行上提供便利和有关服务信息，以方便他们参与社会生活。无障碍乘客输送设计主要包括供残疾人使用的爬楼车、升降平台及残疾人专用电梯等。如北京地铁奥运支线建设时，部分车站同周边公交和商业设施实现零距离换乘和接入，站内增加残疾人电梯等无障碍设施，引入安全屏蔽门系统，设置直饮水系统等。这些设施的建设可以为乘客提供周到的服务。

(1)电梯无障碍设计要求

电梯是人们使用最频繁且最理想的垂直通行设施，尤其当残疾人、老年人及幼儿在公共空间里上下活动时，通过电梯可以方便地到达每一楼层。供残疾人使用的电梯在规格和设施配备上均有特殊要求，前者包括对电梯门宽度、关门速度、电梯厢面积等的具体规定；后者主要指梯厢内必须安装扶手、镜子、低位选层按钮、报层音响，电梯厅的显要位置上要设置国际无障碍通用标志等。为方便轮椅进出电梯厢，电梯门开启后的净宽应不小于80cm，电梯厢的深度不小于140cm。如果使用140cm×110cm的小型电梯，则轮椅进入电梯厢后不能回转，只能正面进入、倒退而出或倒退进入、正面而出；使用深170cm、宽140cm的电梯厢时，轮椅正面进入后可直接旋转180°，再正面驶出电梯。公共建筑电梯厅的深度应不小于180cm。电梯呼叫按钮的高度为90~110cm，显示电梯运行层数的标示不小于5cm×5cm，以方便弱视者了解电梯的运行情况。

(2)自动扶梯和楼梯升降机无障碍设计要求

自动扶梯是斜向和水平通行的主要设施之一，自动扶梯的踏步通常宽40cm、高20cm，轮椅的大轮子正好可以坐落在踏步面上并紧贴上一个踏步的前缘，小轮子则坐落在上一个踏步面上，乘轮椅者只要双手或单手握住扶梯的扶手，就可使轮椅平稳地跟随自动扶梯运行。自动扶梯上下入口处的自动水平板必须在3片以上，扶手端部外应留有不小于150cm×150cm的轮椅停留及回旋面积，入口栏板或其他适当位置上应安装国际无障碍通用标志，从而更好地配合乘轮椅者使用扶梯。

(3)扶手无障碍设计要求

扶手是残疾人通行中的重要辅助设施，用来保持身体平衡，避免发生摔倒的危险。扶手安装的位置、高度及选用的形式是否合适将直接影响其使用效果。在通道、台阶、楼梯、走道的两侧均应设置扶手，其安装高度上层为85~90cm，下层为65cm，起点及终点处水平延伸30cm，末端伸向墙面，扶手上端抓握部分的直径为35~45cm。在水平扶手的两端应安装盲文标志，向视残者提供所在位置及楼层的信息。例如香港地铁无障碍通道内设置了双层扶手，西安地铁2号线出入口处设置了多层扶手。

(4)坡道(倾斜路面)无障碍设计要求

乘轮椅者身体的移动完全依靠上肢的力量，因此其上肢的负担非常大。他们在下坡时需要靠双手对手轮的摩擦力来控制轮椅的下滑速度，当遇到陡坡时便会担心轮椅急速下滑，因此，设计时应尽量将坡道设置为缓坡。例如北京地铁站外无障碍电梯口处设置了缓坡、西安地铁2号线出入口处设置了无障碍坡道，香港地铁站内设置了无障碍通道等。

(5)盲道无障碍设计要求

对视觉障碍者来说，盲道是行进中仅次于盲杖等的“辅助工具”。敷设盲道时应充分考虑盲道地砖与周围地面材料在亮度、彩度上的搭配和对比。近年来已研发出了利用铁氧体地砖进行磁性导向和利用声控传感器来导向的技术方法，并都已在实践中得到了应用。

(6)卫生间无障碍设计要求

卫生间是任何建筑中都不可缺少的重要组成部分之一，卫生间无障碍设计是否完善，直接决定了一座建筑是否真正适用于残疾人。残疾人外出经常遇到的困难是在途中能方便使用的卫生间太少，因此，在地下轨道交通建筑中，应尽量在卫生间中设置轮椅使用者可以利用的空间，其位置最好安排在人们利用率较高的通道及容易发现的地方，还可以设置男女共用的轮椅使用者专用卫生间。

在卫生洁具的样式和安装位置的选择应考虑残疾人的实际生理需求，满足残疾人的身体尺度要求，尤其是轮椅使用者。在洁具周围设置直径为30～40cm的安全抓杆，其安装位置要选择在使用者使用抓杆时不影响其他功能的地方；抓杆务必要安装牢固并距墙面至少4cm，在卫生间的装饰方面，地面、墙面、卫生洁具最好使用对比色彩，可以有利于视障者的分辨。

(7)国际通用无障碍标志设计

地下轨道交通车站中应尽可能提供多种标志和信息源，以适应各类型残疾者的不同需求，例如以各种符号和标志引导肢残者的行动路线，帮助其到达目的地；以触觉和发声体帮助视残者判断行进方向和所在位置；使残疾者最大程度地感知其所处环境的空间状况，消除引起其心理隐忧的各种潜在因素。

第四节　地下轨道交通车站换乘方式

一、地下轨道交通车站客流组织

地下轨道交通车站客流组织的最基本任务是考虑如何快速、安全、合理地将乘客疏散，做到运营成本最低、经济效益最大。车站平面设计中应合理组织乘客流线、工作人员流线和设备工艺流线，做到乘客流线与站内工作人员流线分开，进出站流线尽量避免交叉干扰，换乘客流与进出站客流分开，乘客购票、问讯及使用公共设施时不妨碍客流通行，如图4-8所示。

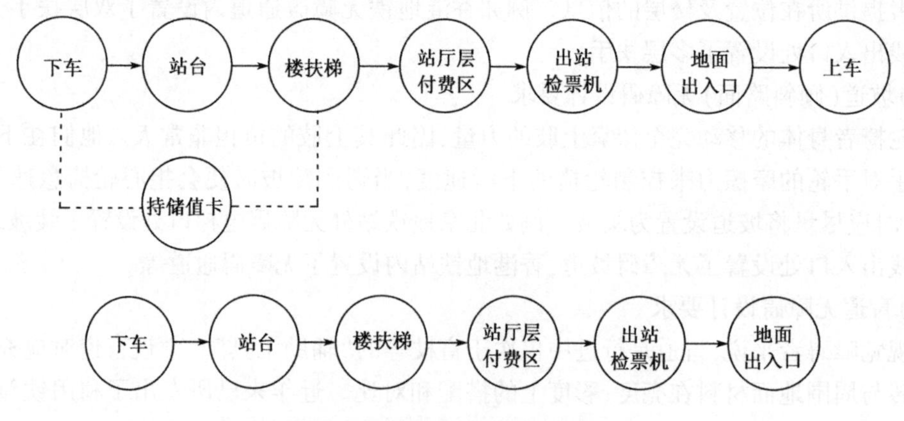

图 4-8 地铁站客流组织的示意图

二、按照乘客换乘的组织方式划分

1. 站台换乘

(1)站台直接换乘有两种方式:平面站台换乘和立体站台换乘,如图 4-9 所示。

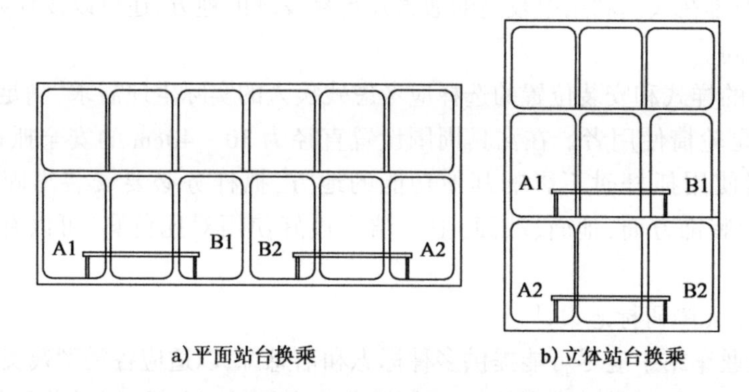

a)平面站台换乘　　b)立体站台换乘

图 4-9 站台换乘的两种形式:平面站台换乘和立体站台换乘

①平面站台换乘是两条不同线路的站线分设在同一个站台的两侧,乘客可在同一站台由一条线换乘到另一条线,即同站台换乘。例如南京南站地铁站 1 号线与 3 号线之间的换乘就属于同站台直接换乘。这种换乘方式对乘客十分方便,是应该积极寻求的一种方式。

②立体站台换乘是指乘客由一个车站的站台通过楼梯或自动扶梯直接换乘到另一个车站的站台,这种换乘方式要求换乘楼梯或自动扶梯应有足够的宽度,以免造成乘客拥挤,发生安全事故。

(2)站台直接换乘的适用环境。

平面站台换乘一般适用于两条线路平行交织,而且采用岛式站台的车站形式,乘客换乘时,由岛式站台的一侧下车,横过站台到另一侧上车,完成转线换乘,换乘极为方便。同站台换乘的基本布局是双岛站台的结构形式,可以在同一平面上布置,也可以双层立体布置。但是一个换乘站只能实现4 个换乘方向的同站台换乘条件,其余一半将使用其他换乘方式,或在另一换乘点去弥补。

采用同站台换乘方式要求两条线要有足够长的重合段,在两线分期修建的情况下,近期需为后期线路车站及区间交叉的空间做好预留,同站台换乘存在工程量大,线路交叉复杂,施工难度大等问题,所以尽量选用在两条线建设期相近或同步建成的换乘点上。

2. 站厅间换乘

站厅换乘是指乘客由一个车站的站台通过楼梯或自动扶梯到达另一个车站的站厅或两站共用的站厅,再由这一站厅通到另一个车站的站台的换乘方式。在站厅换乘方式下,乘客下车后,无论是出站还是换乘,都必须经过站厅,再根据导向标志出站或进入另一个站台继续乘车。站厅换乘一般用于相交车站的换乘,换乘距离比站台直接换乘要长。站厅换乘方式与站台直接换乘相比,由于乘客换乘线路必须先上(或下),再下(或上),换乘总高度落差大,较为不便。若站台与站厅之间采用自动扶梯连接,则可改善换乘条件。站厅间换乘方式有利于各条线路分期建设,如图 4-10 所示。

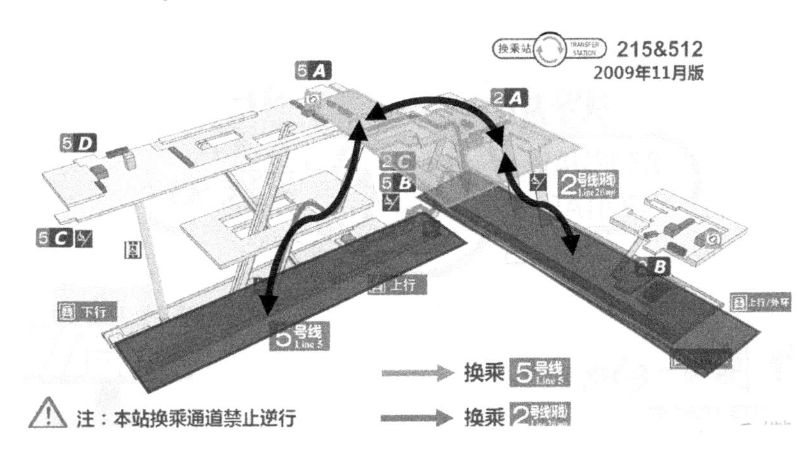

图 4-10　站厅换乘模式示意图

3. 通道换乘

在两线交叉处,车站结构完全脱开,车站站台相距有些距离或受地形条件限制不能直接设计通过站厅进行换乘时,可以考虑在两个车站之间设置单独的换乘通道来为乘客提供换乘途径(图 4-11)。用楼梯将两座车站站台直接连通,乘客通过该楼梯与通道进行换乘,这种情况也称通道换乘。通道换乘设计要注意上下楼的客流组织,更应该避免双方向换乘客流与进出站客流的交叉紊乱。通道换乘方式布置较为灵活,对两线交角及车站位置有较大适应性,预留工程少,甚至可以不预留,容许预留线位置将来作适当调整。通道宽度根据换乘客流量的需要设计,换乘条件取决于通道长度,一般不宜超过 100m,这种换乘方式最有利于两条线路工程分期实施,后期线路位置调节有较大的灵活性。换乘通道一般应尽可能布置在车站的中部,并避免和出入站乘客交叉。由于受各种因素影响,换乘通道一般都较长,这样使得乘客的换乘距离和时间都比前两种换乘方式要长,要注意尽可能减少通道长度。

4. 站外换乘

站外换乘方式是乘客在车站付费区以外进行换乘,实际上是没有专用换乘设施的换乘方式,往往是无地下交通线网规划而造成的后遗症。由于乘客增加一次进、出站手续,再加上在站外与其他人流交织和步行距离长而显得极不方便。对轨道交通自身而言，是一种系统性缺陷的反映。因此，站外换乘方式在线网规划中应注意尽量避免。如上海轨道交通3号、8号线的虹口足球场站分别位于地上四层与地下二层，且相距较远，因此难以开辟通道实现站内换乘。乘客要从8号线到3号线，必须先出站，再在地面上走上近百米，最后爬上四层楼高的楼梯，才能够进入3号线的站厅，十分不便。后期经改造，设置三部垂直高度近17米的自动扶梯，才可在五六分钟内完成站内"一票换乘"（图4-12）。

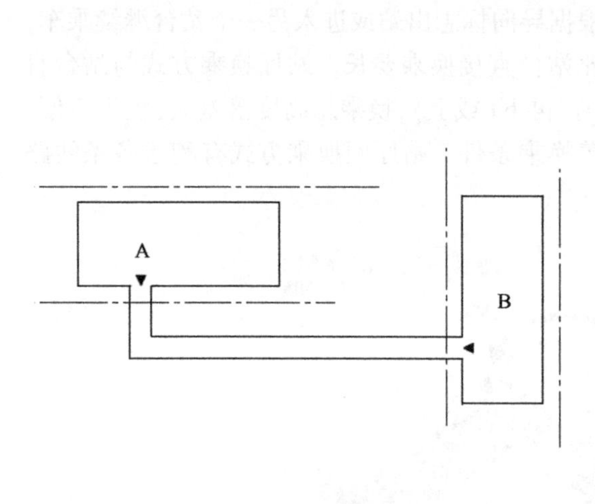

图4-11　通道换乘的模式

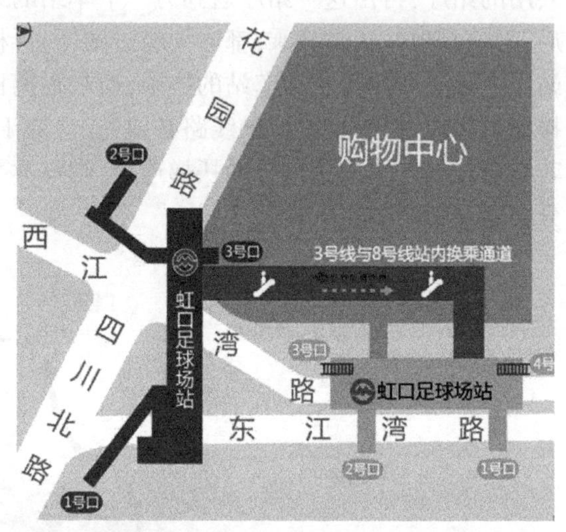

图4-12　上海轨道交通3号、8号线的虹口足球场站改造后换乘路线

5.组合式换乘

在换乘方式的实际应用中，往往采用两种或几种换乘方式组合，以达到完善换乘条件，方便乘客使用，降低工程造价的目的。例如同站台换乘方式辅以站厅或通道换乘方式，使所有的换乘方向都能换乘；站厅换乘方式辅以通道换乘方式，可以减少预留工程量等。通过换乘方式的组合，不但有足够的换乘通过能力，还有较大的灵活性，为工程实施及乘客换乘提供方便（表4-3）。

五种换乘模式的对比　　表4-3

换乘方式	特点	线路数	优缺点	修建时序要求
站台换乘	某些方向在同一站台内换乘，其他方向需通过连接系统换乘；适用于平行线路	两线、四个方向间的换乘	换乘直接、便捷，换乘量大；但部分客流换乘距离稍远	需要预留地下用地的空间，或同步建成
站厅换乘	通过各线公用站厅换乘，或通过站厅之间的内部连接空间进行换乘，乘客需要上下楼梯；适用于垂直相交的线路	两线间或多线间的换乘	客流组织简单换乘速度快，但需要有清晰的引导设计系统	各线之间可分期建设，相互之间的影响较小

续上表

换乘方式	特　点	线路数	优缺点	修建时序要求
通道换乘	通过专用通道进行换乘	两线间或多线间的换乘	换乘步行距离长，换乘能力有限，但路网设置较灵活	有利于分期建设，相互之间无影响
站外换乘	没有设置专用设施，在付费区以外进行换乘，乘客需要增加一次出站进站的手续	两线间或多线间的换乘	由于前期线路网规划缺陷所造，换乘距离长，换乘混乱	各线之间可分期建设，相互之间影响较小
组合换乘	两种及以上的组合换乘	多线之间的换乘	保证所有方向换乘得以实现	根据组合的形式确定

三、按换乘车站的平面位置划分

1. 一字形换乘

一字形换乘模式一般适用于两条线路平行交织且采用岛式站台的车站形式。乘客换乘时，由站台的一侧下车，横过站台到另一侧上车，完成转线换乘，极为方便，如图 4-13 所示。同站两个车站上下重叠设置成一字形组合的换乘车站，一般采取站台直接换乘或站厅换乘。其基本布局是结合岛式站台的结构形式，可以在同一平面上布置，也可以双层立体布置，一般在实际运用中多采用双层水平换乘方式。一字形换乘使两个换乘车站的公共区建筑空间合二为一。两个换乘车站共用一个站厅层，两个车站在站厅层内采用一个付费区，既节约了进出闸机设备的数量，同时乘客可以更加快捷地进出车站。

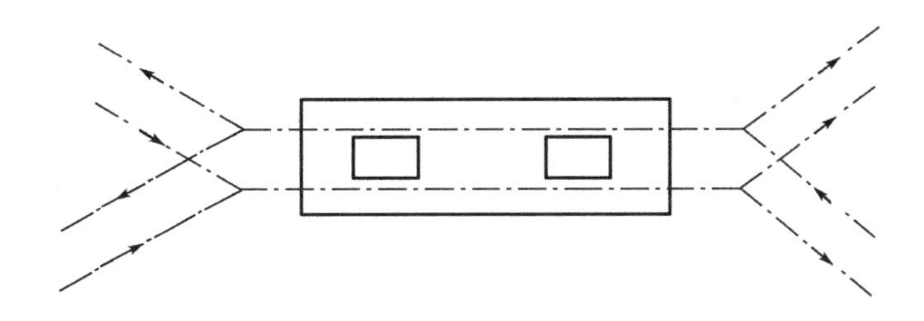

图 4-13　岛式一字形换乘模式

2. 十字形换乘

两个车站在中部相立交，在平面上构成十字形，这种车站一般采用站台直接换乘或站厅加通道换乘。十字形布置从平面上看为两车站中间部分上下相交，交汇点大约居车站中间，到达两端距离均等，可以形成共用站厅。十字形换乘的选定原则：在线路相交时，车站尽可能地选择十字形换乘，以照顾来自四个象限的客流。这种形式的换乘布置，车站站台空间位置分布均匀，换乘客流集中在车站中部，人行路线较短且换乘路线较明确。简捷十字形换乘是线路相交的换乘模式，也是人们最容易把握空间的换乘类型，其有岛岛式十字形站台换乘、岛侧式十字形站台换乘、侧岛式十字形站台换乘、侧侧式十字形站台换乘四种形式，如图 4-14 所示。

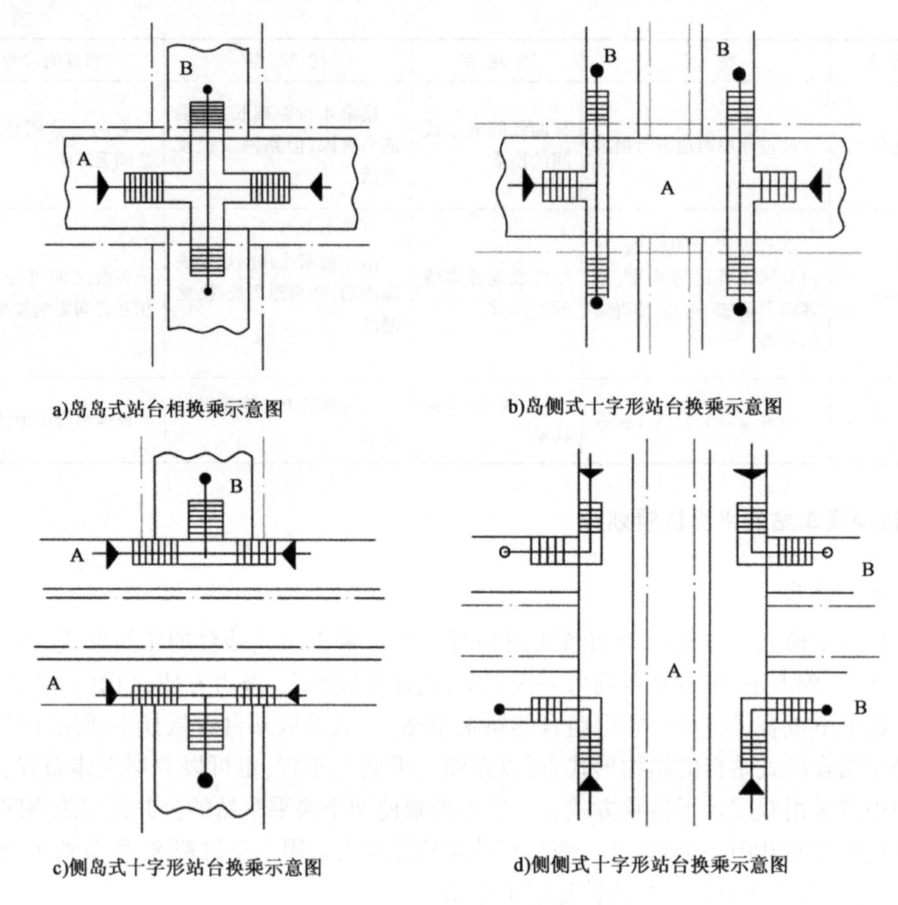

图 4-14　十字形站台空间换乘的四种模式

3. T 字形换乘

T 字形布置从平面上看为一条线路车站的端部与另一条线路车站的中部相交,一般可采用站台或站厅换乘。采用 T 字形布置的优点是车站建设施工工程量小,但是相交端的设备用房布置由于面积限制,较为局促,如图 4-15 所示。

T 字形布置的选定原则:当客流分布不均匀,或受地下空间各种限制,不宜采用十字形布置,但可采用 T 字形布置。采用 T 字形布置的下层站台可较短,以节约乘客的换乘时间。

4. L 形换乘

L 形布置从平面上看为两车站末端相交构成 L 形,高差要满足线路立交的需要。这种车站一般在相交处设站厅进行换乘,也可根据客流情况,设通道进行换乘,如图 4-16 所示。L 形布置的选定原则:当客流分布不均匀,或受各种限制布置十字形和 T 字形困难,通常采取 L 形换乘。

L 形换乘车站可直接形成站台换乘,换乘路线明确。但由于换乘客流集中在两个车站端部相交处,换乘路线较长,方便性降低,且易形成人流瓶颈,需将垂直交通分散设置,以利于疏导人流。

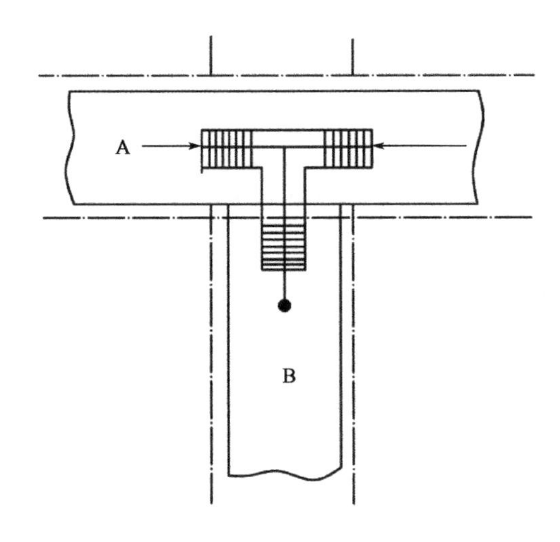

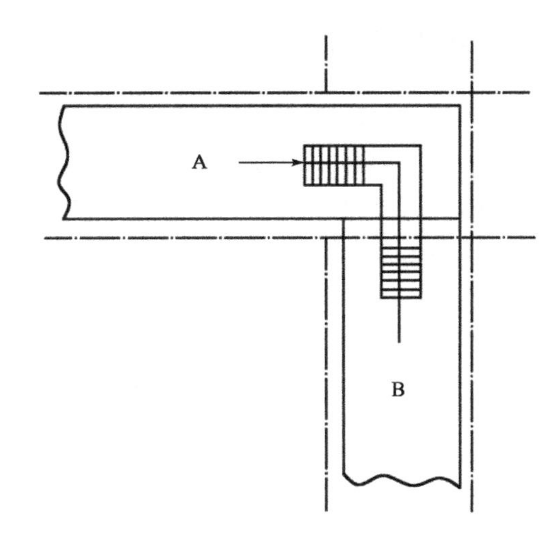

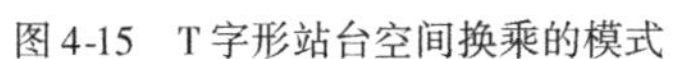

图 4-15　T 字形站台空间换乘的模式

图 4-16　L 形换站台空间的模式

第五节　案 例 分 析

一、车站环境概况

该车站位于东五路、西五路和解放路十字路口正下方。东、西五路与解放路道路红线宽度均为 50m。十字路口东北角现状空地，为临时停车场；西北角为铁通国际旅行社；西南角为临街铺面；东南角为在建的精品商厦。该车站周围主要以商业建筑为主，车站北侧约 500m 为火车站，北西侧为城市公园，解放路是火车站站前的主要交通干道，也是城中的重要商业街。该站周边的交通繁忙，人流量很大，如图 4-17 所示。

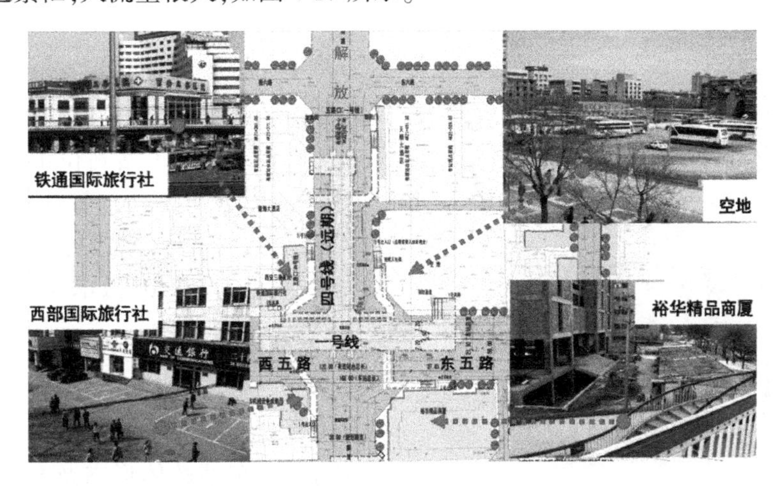

图 4-17　车站周边环境

二、车站设计的重点、难点

1.人流量的预测

该车站人流量大,未来四号线将在此与一号线垂直相交,预测未来乘客上下通行的数量较大,能否准确地预测该车站的人流是本设计的重点和难点。该车站设计客流3.8万人/h,换乘客流约占总客流量的26%,如表4-4和图4-18所示。

2038年早高峰断面流量(单位:人次) 表4-4

站名	预测客流	下行			上行			超高峰系数
		下车	上车	断面客流	下车	上车	断面客流	
路口站	27299	5698	7531	37258	3445	10625	26515	1.38

客流量计算为:$(5698+7531+3445+10625)\times1.38=37673$(人/h)。

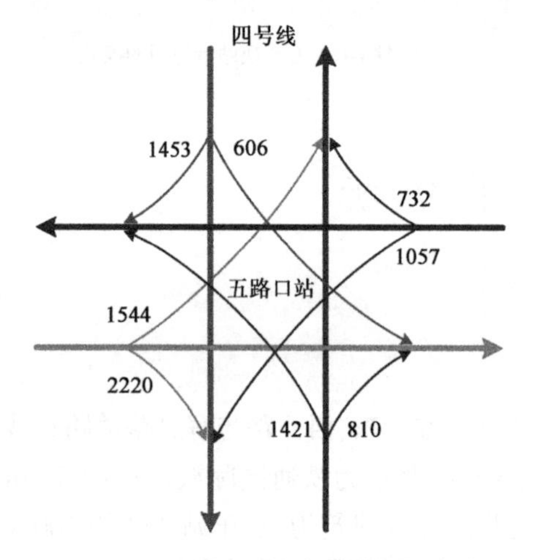

a)2038年该站高峰小时换乘客流

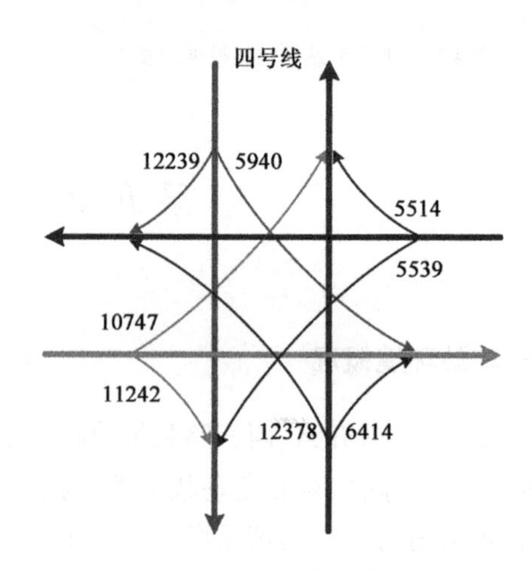

b)2038年该站全日换乘客流

图4-18 车站换乘客流预测

2.地下环境复杂

由于该车站位于市中心繁华地段,地面道路为城市主干道,因此车站站位范围地下管线较多,主要有:10kV电力管,管线规模为1200×2200;铸铁给水管,管线规模为DN400,混凝土污水管,管线规模为DN400,如图4-19所示。

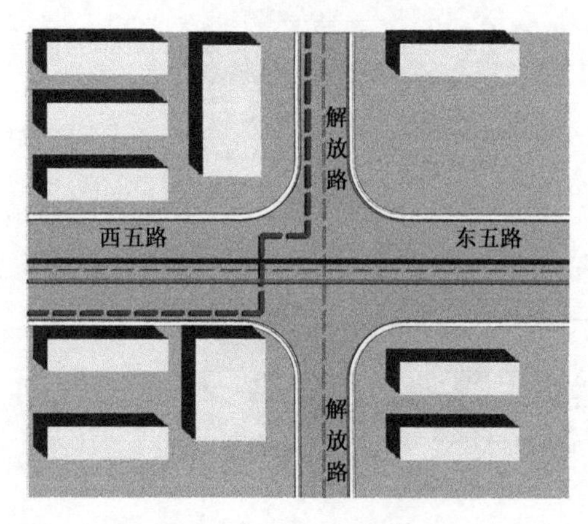

图4-19 周边地下管线埋设

三、车站设计方案及对比分析

1.方案一

该方案将车站整体形态及布局设计为T字形侧岛站厅换乘,一号线车站站台模式为侧式换乘。远期四号线位于一号线北侧,主要吸引来自东、西五路北侧及火车站南侧方向客流。北部四号线站台为岛式站台,两车站站厅相连接,换乘量较大。车站在道路设置2组风亭4个出口,满足周边的市民换乘需求,如图4-20所示。

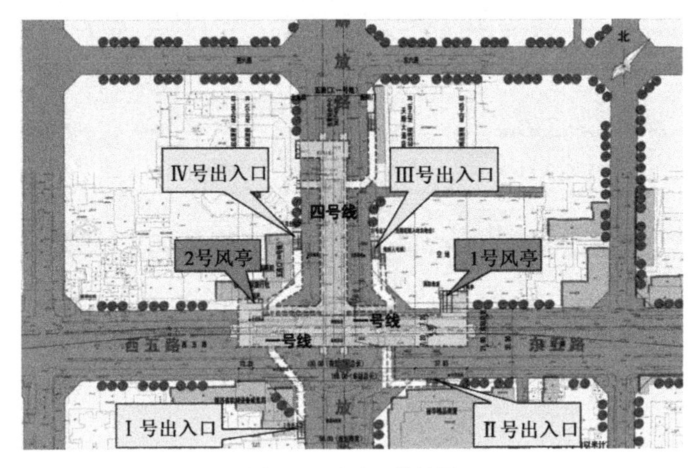

图4-20　方案一设计图

2. 方案二

该方案将车站整体形态及布局设计为T字形岛岛通道换乘,一号线车站站台为岛式换乘模式。远期四号线位于一号线的北侧,四号线站台为岛式站台,两车站之前通过通道相连接,换乘距离变长,换乘速度、流量将受到影响。车站在道路设置2个风亭、4个出口,满足周边的市民换乘需求,如图4-21所示。

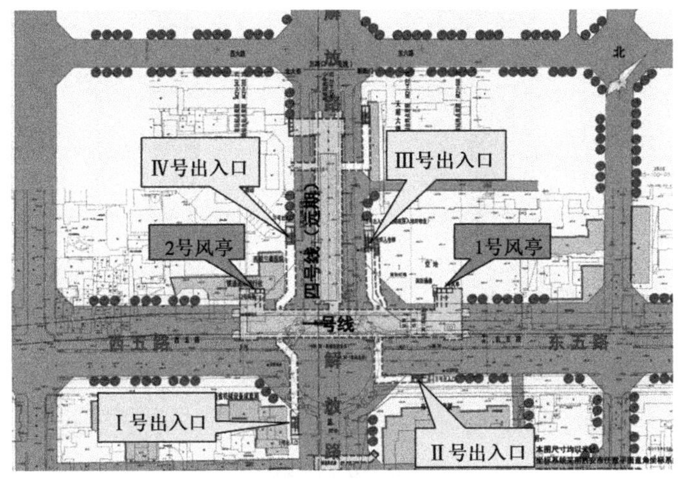

图4-21　方案二设计图

3. 方案三

该方案将换乘空间设计为T字形岛岛通道式换乘,远期四号线站厅布局于一号线南侧,其对北侧火车站及站前商业所带来的大量客流的换乘不利;同时该站设置为岛式站台的换乘模式,通过通道将一号线和四号线的站厅相连,加大了换乘距离。未来四号线车站风亭、出入口设置与现状结合较为困难,如图4-22所示。

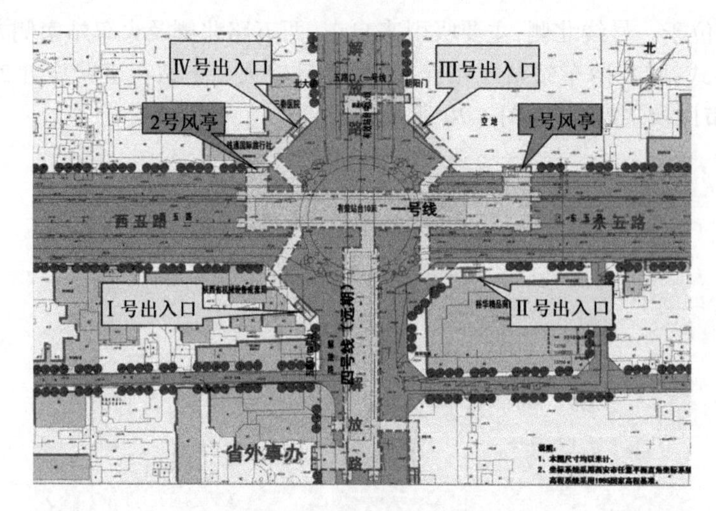

图 4-22　方案三设计图

4. 方案四

该方案的车站布局形态为 L 形岛岛站厅换乘，一号线车站沿东五路北侧布置，四号线沿解放路东侧布置，中间为公共站厅空间，连接两线站厅，一号线近期设置 3 个出入口，站台均为岛式换乘。该方案中最大限度利用十字路口东北角的空地，减少了拆迁量，降低成本。但该站位不跨路口，无过街通道的功能，对路口西南侧区域的客流吸引力较差，换乘不方便，如图 4-23 所示。

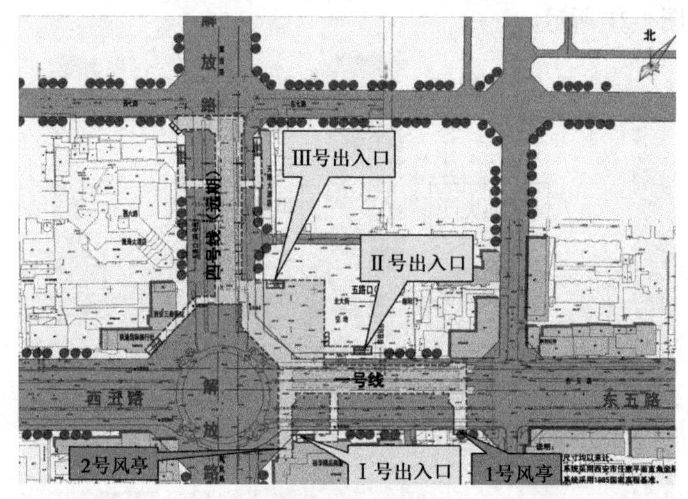

图 4-23　方案四设计图

5. 方案五

该方案车站布局形态为 L 形岛岛通道换乘，一号线沿东五路北侧布置，四号线沿解放路东侧布置，一号线和四号线站台为岛式换乘模式，设置三个出入口。该方案不影响人行天桥，对地块周边影响较小，两线路之间的站厅通过通道相连，换乘距离增长；同时该站位不跨路口，无过街功能，对路口西南侧区域的客流吸引力较差，换乘不方便，如图 4-24 所示。

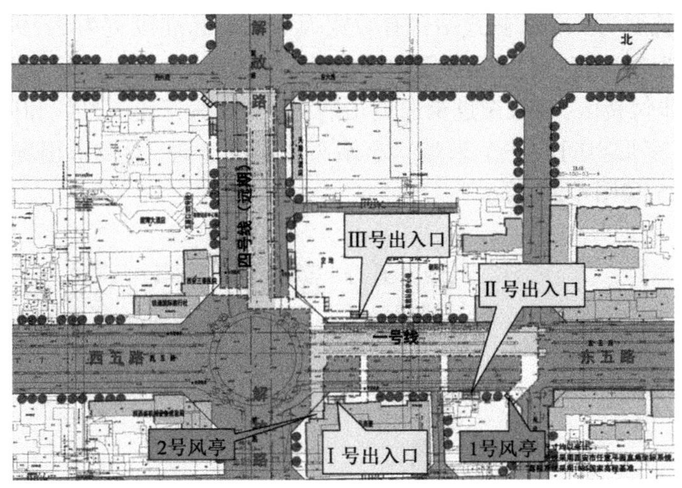

图 4-24　方案五设计图

6. 各方案对比分析

通过分析和对比五个方案的优缺点(表 4-5),综合考虑,选取方案一为最终实施方案,并对方案进一步深化。

五种方案的优缺点对比　　表 4-5

项　目	换乘形式	优　点	缺　点	评　价
方案 1	T 字形侧岛站厅换乘	疏散能力较强,且与远期的四号线在换乘节点处,可做到 4 个点的换乘,最大限度的解决了车站以北(火车站方向)的大量客流,且换乘距离最短	侧式站台方向性单一,容易导致下错站台的情况发生	优
方案 2	T 字形岛岛通道换乘	一号线车站和四号线车站完全剥离开,该换乘形式对于远期四号线车站的布置影响小,且近期的投资较小	两车站之前通过通道相连接,换乘距离变长,换乘速度、流量将受到影响	较优
方案 3	T 字形岛岛通道换乘	一号线车站和四号线车站完全剥离开,该换乘形式对于远期四号线车站的布置影响小,且近期的投资较小	对北侧火车站、及站前商业所带来的大量客流的吸引较小;通过通道将一号线和四号线的站厅相连,加大了换乘距离	一般
方案 4	L 形岛岛站厅换乘	最大限度的利用车站东北角的空地,且对环形天桥无影响	东北角空地的用地性质不明,方案可实施性不明,且车站无过街功能,对西南侧客流吸引较小	较差
方案 5	L 形岛岛通道换乘	最大限度的利用车站东北角的空地,且对环形天桥无影响	通道换乘加大了一、四号线之间的换乘距离,且车站无过街功能,对西南侧客流吸引较小	较差

四、地铁站建筑设计

该地铁站主体建筑面积 7817m^2,附属建筑面积 2440m^2。车站共设置 4 个通道、4 个出入口及 2 组 6 个风亭。出入口通道设计有利于吸引客流和客流集散,满足规划要求。车站总长

168m,有效站台总长度为120m,侧式站台有效宽为7.2m,标准段宽为21.9m。车站内部分为三大区域,中心区为付费区,付费区站厅空间将一号线与四号线相连接,不需出站,可直接换乘;付费区外部是非付费区,其兼做过街通道功能,并可分别直达一号线和四号线。设备管理用房分别布局在T字形空间的三个末端。车站布置紧凑合理,各设备用房之间干扰小,管理用房集中,如图4-25和图4-26所示。

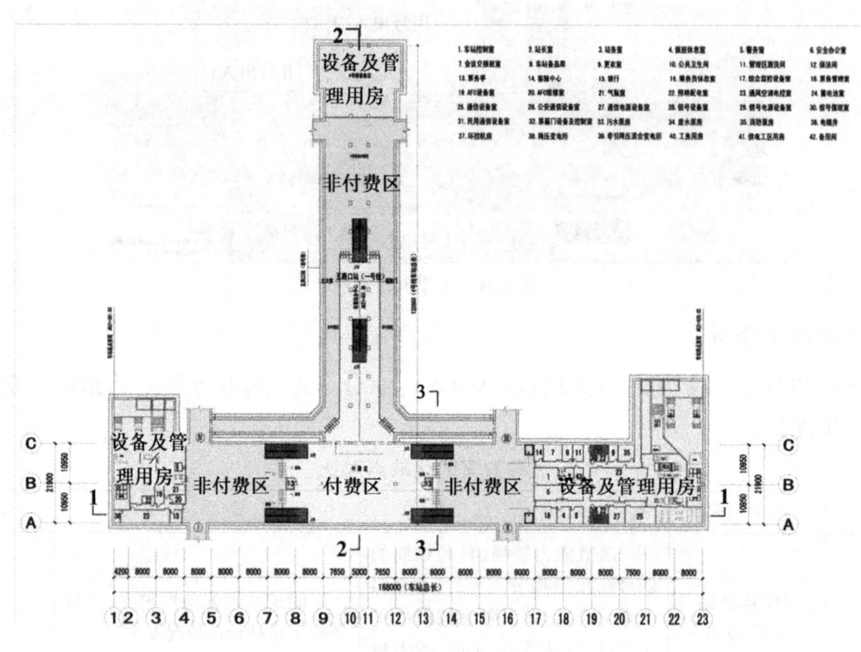

图4-25　车站站厅层平面布局图

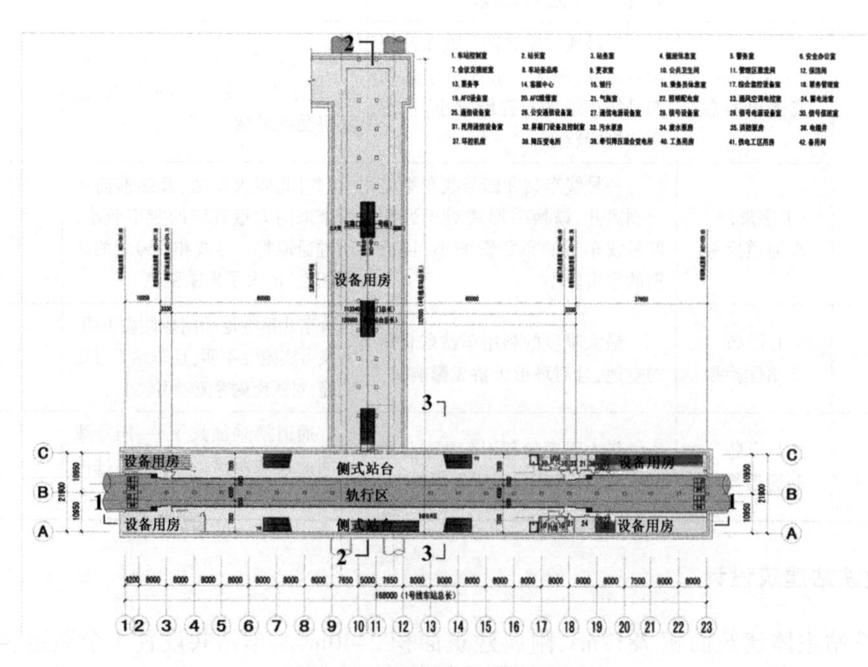

图4-26　车站站台层平面布局图

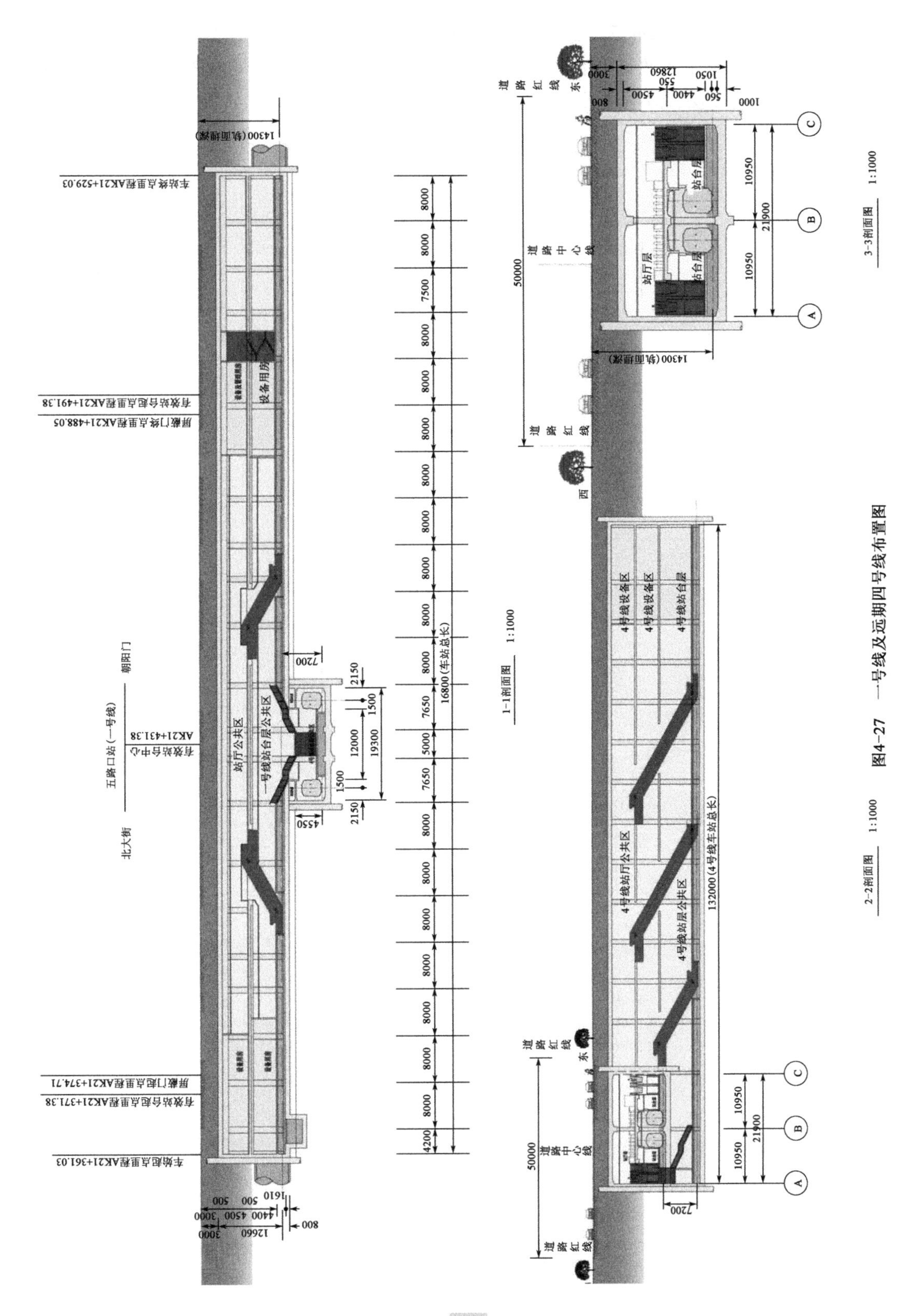

图4-27 一号线及远期四号线布置图

一号线侧式站台宽7.2m(7.2m+7.2m),线间距4.5m;远期四号线为12m岛式站台,线间距15m。一号线车站有效站台长120m。车站中心里程处轨面埋深14.3m,顶板覆土3m。一号线地下建筑为2层,远期四号线地下建筑为3层,如图4-27所示。

第五章　地下停车场规划设计

第一节　国内外地下停车场发展概述

一、国内发展现状

20 世纪 80 年代前,我国机动车拥有量较小,停车需求和供给的矛盾较小,决策者对停车问题没有给与相应的重视,加上对汽车的发展缺乏战略性的长远考虑,致使城市道路交通设施一直处于低水平的状态,静态交通设施就更为落后。早期建设的居住区以及公共服务场所没有考虑停车位,或配建指标不到位、建设缓慢。随着中国汽车工业的发展和鼓励轿车进入家庭等一系列相关政策的实施,特别是伴随着大城市经济的发展和城市现代化水平的提高,我国目前汽车保有量呈爆炸式的增长,停车问题成为我国城市管理中的一大难题,当前我国城市停车问题主要根源在于:首先,停车设施供需失衡,停车场规划、建设不当;其次,停车管理不善,过多的路边停车占用了部分非机动车道,对车辆、行人的安全造成很大威胁,同时也从不同程度上影响了城市的人文景观;第三,动静态的交通相互干扰造成道路通行能力的下降,增加了运输成本,并带来环境的污染。如何科学的规划城市停车系统、合理设计与管理停车场,是我国停车规划中面临的主要问题。截至 2014 年,南京机动车拥有量已达 180.68 万辆,其中汽车拥有量为 140.41 万辆,私家汽车拥有量为 117.73 万辆。近年来南京私家车呈现快速增长趋势,2009 年底,私家车拥有量为 50.19 万辆,5 年时间翻了一番多。而江南六区划线的停车泊位只有 45 万辆,这其中还包括 3.2 万个路边停车泊位。因此为解决停车难的问题,近年来我国许多大城市都开始对地下停车问题进行研究,开始建设地下停车场,如深圳市就中心地区停车矛盾大的地块积极开展地下停车专项研究,在地面停车矛盾大并且有新建项目的地段,实现地下停车区域化分级。新建停车位应实现地下化达 90%(包括公共地下停车及配建地下停车)。而上海市体育中心地下停车场建设是探索旧城区地下空间拓展的重要案例。在上海体育中心的地下停车改造中,划分了五块地下停车设施,同时以通道将各地下停车场联系起来,实现地下停车的扩容。充分利用目前几个广场及足球训练场的地下空间开发,增加地下建筑面积约 10.86 万 m^2,总建筑面积增加了 56.4%,占规划地面建筑面积的 53.4%,在容积率增加 0.03 的情况下,绿化面积增加了 3000m^2,同时共计安排了 1565 个地下停车位和一部分地下商业,弥补了原建设方案缺乏地面停车位的问题。

二、国外发展现状

一直以来,发达国家都在大力发展地下停车的模式。在美国,2.8 亿人口拥有各类车辆 2.4 亿多辆,美国人出行都是以车代步,为了方便驾车者,停车场的建设是美国人最重视的问题之一,美国停车场密布,是建筑的重要组成部分。无论是政府部门,还是旅馆商店;无论是出租公寓，还是娱乐场所，都附建有停车场。在人口和车流密集的市中心，政府部门和公司商家在地下修建停车场，有的深入地下五、六层，停车后可以乘坐电梯到达地面，这样既不占用公共面积，又方便办事人员和顾客。在法国巴黎的卫星城拉·德芳斯（La Defense）的中心区实行人车立体分流系统，建造一个 $30hm^2$ 的大型悬空式园地，供行人在其中穿梭行走。在这些混凝土路面之下，将会建立包括高速公路、区域性的交通道路系统和本地交通道路系统在内的大型交通网络。同时将会建造拥有20000～30000个车位的大型地下停车场，一个拥有20条不同交通线的大型公路站，一个巴黎全区快速铁路网。所有进入拉·德芳斯新区的车辆都必须进入地下停放，人造地面上则看不到汽车的存在。区内交通的组织主要是通过一条单行的环形高架车道完成的，凡需进入拉·德芳斯新区的汽车，需先驶入新区外围的环形高架车道，通过几组立交转入钢筋混凝土板（人造土地）下的停车库，新区共设有14个相互独立又与周围环路及建筑物紧密联系的立体停车库。卫星城内没有机动车，地面交通步行化，解决了交通与停车的矛盾。在新加坡，全国目前大约有80万辆机动车，其中约50万辆属私人小汽车。但是在这个面积狭小且人口密度很高的国家，基本上不存在停车难的问题，这得益于新加坡政府高度重视停车基础设施的规划与建设以及行之有效的管理措施。为了解决停车难问题，新加坡政府规定每个共管公寓、组屋区、社区、大饭店或者说每幢大建筑物都必须修建有一定数量的停车位。

三、地下停车系统规划的意义

从国内停车需求现状和国外城市的经验来看，在大中型城市中建立地下停车场，将有限的地面停车转为地上和地下相互结合的停车，有着重要的意义。

首先，科学开发利用地下空间是实现城市可持续发展的重要基础和保证。伴随全球资源短缺、环境恶化，地下空间的开发利用显得越来越重要，并以此作为城市可持续发展的保证之一。

其次，利用地下空间是解决停车难以及由此带来社会矛盾的客观需要。随着我国人均汽车保有量的不断增加和私人轿车产销热度的不断升级，停车难的问题在各大城市越发严峻起来。停车难所引发的交通堵塞以及业主和物业管理者之间的摩擦不断等社会问题已经影响了人们的正常生活。

再者，利用地下空间是提升区域经济增长点的有效途径。当地面变得越来越拥挤时，地下停车空间的建设无疑为人们提供了新的发展方向。停车难这一普遍问题的存在也带来了巨大商机，地下停车场建设必将随着这一商机红火起来，地下停车将成为未来的大型产业，由此带来巨大的社会效益和经济效益。而且，开发利用地下空间建设地下停车场也是民防的发展需要。根据国家要求落实完善地下人防设施，以新观点、新思路走一条平战结合、综合利用的人防工程建设道路，建设平时是地上空间的自然延续，战时是满足基本生存需要的地下城市。

第二节 地下停车场的类型及功能组成

一、地下停车场的类型

地下停车场是指建筑在地下的具有一层或多层的停车场所。地下停车场的设置可以缓解城市用地紧张，提高土地使用价值，并能结合建筑物地下空间，能节省用地费用和成本。

1.按照与地面的关系

按照与地面的关系可以分为单建式和附建式两种类型。

单建式地下停车场是指地面上没有大型建筑物的停车场，一般建于城市广场、公园、道路、绿地或空地之下，其主要特点是：停车利用率高；不论其规模大小，对地面建筑和地面空间影响很小，除少量通风口、出入口之外，顶部仍可以用作开敞空间；可以在城市中一些不能布置地面车库的情况下，建造地下停车，如城市繁华的街道、建筑物密集地段、历史街区内部；可以利用一些沟、坑、旧河道等难以利用的土地，修建地下停车场，不但可以解决停车，还可以为城市提供新的、平坦的用地。

附建式停车场是利用地面多层或高层建筑及其裙房的地下室布置的地下专用停车场，其主要特点是：使用方便，布局灵活，节省用地，但原有建筑柱网与地下车库的结合成为附建式停车场设计的难点之一。总体而言，附建式停车利用率比单建式地下停车要低。

2.按照使用性质

按照使用性质分可分为公共停车场和专用停车场。

公共停车场的需求量大，分布面广，一般以停放大小客车为主，是城市地下停车的主体。城市建设规划考虑地下停车场设置时，应根据实际需要既能保持停车场的容纳量，又能保持适当充满率和较高周转率。提高单位面积利用率，保证公共停车场发挥较高的社会和经济效益。专用停车场是指针对某些特殊车辆进行停放的场地，其包括运输载重的车辆、消防车、环卫车、救护车等。

3.按照施工方式

按照施工方式可分为浅埋式地下停车、深埋式地下停车以及岩层中地下停车三种。

一般在平原城市设置浅埋式地下停车场，当与原有浅层地下设施产生矛盾时，可结合地下设施或地下交通系统，建造深埋式地下停车场，以降低造价并确保工程使用便捷。当城市地质情况不允许建设浅埋式停车场时，如青岛、大连、厦门、重庆等山地城市，便可以考虑建造岩石层中的地下停车场。它具有布置灵活、规模不受限制、面积利用率高等特点，它一般不需要垂直交通运输，因此对地面及地下其他工程几乎没有影响，节省用地效果明显。

4.按照车辆的停车方式

按照车辆的停车方式可分为坡道式、机械式及混合型。

(1)坡道式地下停车场利用坡道出入车辆，坡道可分为直线坡道和曲线坡道两种形式。它的主要特点是造价低、进出车方便快速。但存在占地面积大，交通使用面积占停车场面积大的不足，使得可有效利用的面积比率大大低于机械式地下停车场。

(2)机械式地下停车场采用PLC、计算机结合组态画面监控，按动按钮或控制组态画面，通过机械设备的水平循环与升降的控制，即可完成汽车存取过程，操作简单，存取方便。实现了车辆在地下空间的存放，机械式地下停车场将停车所需的空间和面积压缩到了最小，不需要大量人员进入地下停车场，因此对于通风的要求大大降低，并减少了许多安全问题。1998年日本的大成建设公司与日立制作所、新明和工业公司合作开发成功了能够高度利用地下空间的大深度地下机械式停车场“VIPS”。据称,开发者是在日本当前停车场不足,土地价格高涨的状况下,建造了这种在离地面以60m深的地下设有高速升降机的停车场系统。每个单元最多可停车56辆,如果将单元组合起来,则可停车800辆以上。即仅占用较少的土地,却能圆满地停放大量的汽车,这类大规模的地下停车场无疑为拥挤的都市带来了福音。

常见的机械式地下停车场主要有地下环形垂直升降类机械式停车库、车位循环类地下机械式停车库,如图5-1所示。垂直升降类机械停车设备是所有机械停车设备类型中土地使用效率最高的,它最主要的特点是占地面积非常小。单组垂直升降类停车设备中,每层一般只能停放两辆车,它主要通过层数的叠加来增大库容量,一般都会有十几层或几十层。车位循环类车库是所有机械式停车库中对空间的利用率最高的,它不仅不需要复式机械车库中的车道空间,也不需要为存取车的机械装置留出空间,因为它的每一个停车位本身都同时具有储存和运输两种功能。车位循环类的机械式停车库的最大优势是空间利用率高,缺点是车辆存取时间较长,尤其是当多辆车同时等候存取车时。

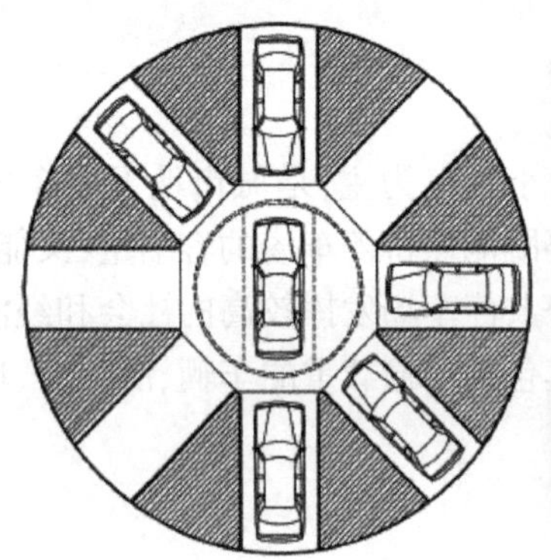

a)环形垂直类机械式停车库

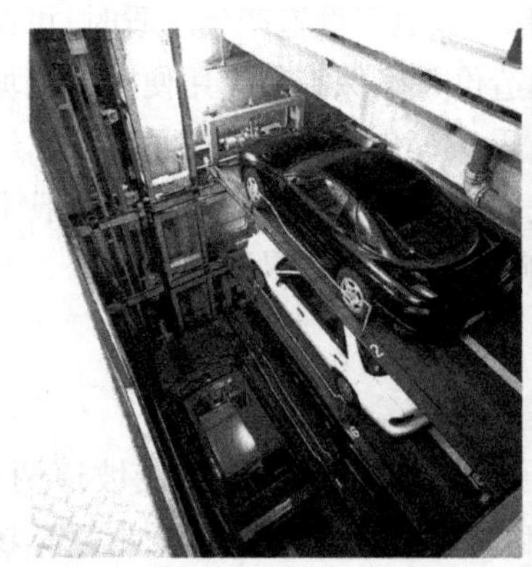

b)车位循环类机械式停车库

图5-1　机械式地下停车场

5. 按照停车规模分

根据中华人民共和国行业标准《汽车库建筑设计规范》规定,机动车地下停车场按照停车规模分为特大型、大型、中型、小型四类停车场。通过对停车场的等级划分,可根据其标准对今后系统规划的各种指标起到指导和修正作用。同时也有利于规范各项管理工作,推动地下停车场系统建设的发展,如表5-1所示。

地下停车场的分类　　表5-1

规模	特大型	大型	中型	小型
停车规模(辆)	>500	301～500	51～300	<50

二、地下停车场的功能组成

地下停车系统是指由若干个通过连通等手段而联系在一起的地下停车单元及其配套设施组成的整体,具有停车、管理、服务、辅助等综合功能。城市中心区不同地块的地下停车场经过某种形式的连通,形成一个整体,组成这个整体的各个停车单元既可以是建筑的附建式地下车库,也可以是该区域内的地下公共停车场,这些使用性质不同的停车场,通过地下停车系统的智能管理系统协调统一管理,作为一个整体提供服务,如图5-2所示。

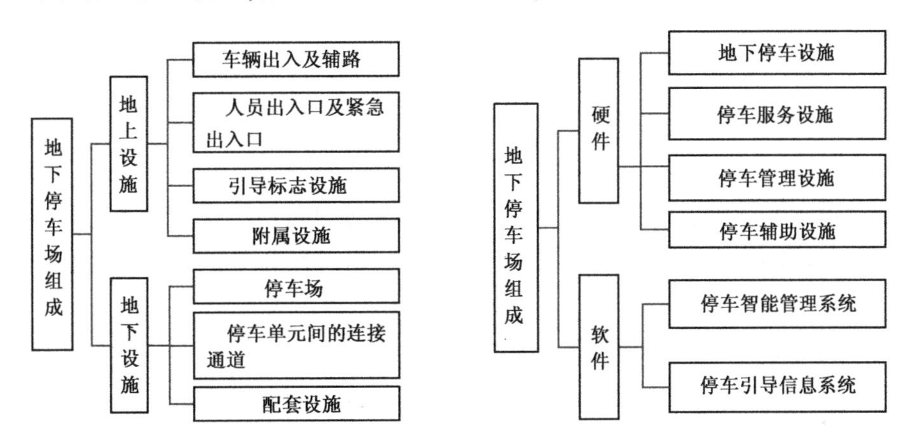

图5-2　地下停车场的功能组成

1.从系统设置方式来看

地下停车系统由地面设施和地下设施两部分组成,地面设施包括车辆出入口及其之前的部分,如减速带、候车排队区、收费处等;人员出入口及紧急出入口,引导标志系统,通风采光等配套设施。地下设施包括若干地下停车单元、连接各个停车单元的地下通道及其各种辅助配套设施。

2.从系统功能分类看

地下停车系统由硬件设施和软件设施组成。硬件设施包括地下停车设施(停车单元),地下停车服务设施(收费站、洗车站、餐厅等),地下停车管理设施(门卫房、调度室、防灾中心等),地下停车辅助设施(风机房、水泵房、消防水库等);软件系统包括停车智能管理系统、停车引导信息系统。

3.从系统属性分类看

地下停车单元由私人地下停车场和公共地下停车场组成,其中地下公共停车场包括停车空间(停车位、行车通道、人行道)以及交通设施(包括坡道、楼梯、电梯等)。附建式地下停车场与单建式公共停车场组成系统相似。

第三节　地下停车场规划布局

一、地下停车场规划布局的影响因素

1. 步行距离

泊车者从停车到目的地之间的距离，称为步行距离，泊车者都希望步行距离越短越好。国内外研究表明，泊车者的步行时间以 5～6min、距离 200m 为宜，最大步行距离不宜超过 500m。

2. 交通可达性

即泊车者通过城市路网达到停车场的难易程度，停车场的可达性越好，被泊车者所使用的可能性就越大。

3. 建设成本

停车场建设成本包括建筑费用、征地费用以及环保等总费用。其投资建设成本与停车场的使用效率相关，决定了停车场投入产出比率的大小，很大程度上决定了停车场的社会经济效益。

4. 区域环境的协调

在停车场的使用年限内，与所在地区的城市规划和交通规划相适应。在满足城市文化、古建筑景观、旅游交通需求的基础上，在城市内名胜古迹、郊区旅游景点附近设置，同时应与被保护的历史文化区域有适当的距离。

5. 公共空间的协调

地下停车场可充分利用公共设施地下空间，如公园、广场等，既有效利用空间，又可以有效解决城市景观问题。

6. 水文地质的影响

地下停车场布局时要选择在水文和地质比较有利的位置，避开地下水位过高或者地质构造特别复杂的地段，并应避开已有的地下公用设施主干管线和其他已有的地下工程。

7. 经济效益的最大化

地下停车场作为一种城市静态交通设施，其功能是单一的，由于使用上和技术上的特殊性，同时出于安全防范考虑，除停车外，不宜增加过多的其他功能。但在进行选址和总体布局时，不能简单地仅限于满足停车需要，更应当从社会和经济效益的角度考虑。因此为了充分发挥地下停车场的社会效益，在选址规划时要考虑两方面问题：首先是与城市动态交通的衔接和转换，与地铁、地下交通通畅的衔接和转换，不仅对车辆的使用者十分方便，还可以大大缓解地面的交通压力。其次与停车之后相关的行为活动进行联系，如停车之后的工作、购物、休闲等行为活动。因此,地下停车场系统需要与其建立良好的空间关系,可以方便人的使用,增加停车场的吸引力,提高其利用率,使其经济社会效益最大化。

二、地下停车场规划布局的形式

1.地下停车场与建筑物的连接方式

单一的停车场统称为地下停车场的停车单元。地下停车场系统是由若干个地下停车场单元组成。地下停车系统需要通过地下行车通道来实现中心区不同街坊、不同建筑地下停车单元的相互连通。为体现其整体性、可达性和均好性,实现停车场之间更加合理的连接,地下停车场系统与中心区地上、地下空间的整体规划和协调布局是十分重要的。一般来说,地下停车场和建筑物之间的连接有以下几种方式:

(1)独立建筑物的地下停车单元

建筑物下有独立的地下停车场,但地下停车场和其他地下功能没有联系。

(2)通过商业街、步行街相连接

地块内相邻建筑物下的地下停车单元,通过相邻建筑物的地下商业空间和地下步行通道将各个建筑地下停车单元连接在一起。这种连接方式需要通过步行的方式进行通行,机动车不能直接相通。

(3)通过公共道路下的地下车行通道连接

地块内相邻建筑物下地下停车单元,通过公共道路下的地下车行通道连接在一起,这种连接方式通达性好、停车方式较灵活,可以通过机动车直接进入相邻的停车场单元,提高了停车场的利用效率。

2.城市地下停车场的布局形态

城市空间结构决定城市的道路网布局,而城市路网布局决定了城市的车行行为。所以,地下停车场系统的整体布局必然要求与城市结构相符合。城市特定区域的多种因素,如建筑物密集程度、路网形态、地面开发建设规划等,也对该区域地下停车系统的整体布局产生影响。根据我国目前的城市结构(团状结构、中心开敞型结构等)提出以下几种地下停车场系统整体布局形态:脊状布局、辐射状布局、环状布局和网格状布局。

(1)脊状布局

在城市中心繁华地段或主干道周边地段布局停车场。这些地段通常商业发达,停车吸引源聚集,停车供需矛盾突出。为了不影响其商业业态和空间环境,实行步行街形式的人车分流交通模式,地面停车方式被取消,停车行为大部分转移到附近地区,更多的会被吸引入地下。沿城市中心繁华地段或主干道周边地段两侧地下布置停车场,形成脊状的地下停车场系统。车辆出入口设在中心区次干道上,人员出入口设在步行街或主干道上,或与过街地下步道、地下商业设施相连通。脊状的地下停车场规划布局形式适合于单一中心城市形态下的停车布局。

(2)辐射状布局

中心开敞型结构是当今城市规划布局中常见的一种空间类型,城市中的广场、公园或绿地往往形成这座城市的政治或经济中心。开敞的广场或绿地也为修建大型地下公共停车场提供了条件,这使得地下停车成为中心区的主要停车方式。大型地下公共停车场与周围的小型地下车库相连通,并在时间和空间两个维度上建立相互联系,形成以大型地下公共停车场为主,向四周呈辐射状的地下停车场系统。

辐射状布局形式下,地下公共停车场与周围建筑物的附建式地下停车库在空间维度上建立"一对多"的联系,即公共停车场与附建式车库相连通,而附建式车库相互之间不作连通。在时间维度上建立起"调剂互补"的联系。如在工作日,公共停车场向四周附建式的小型车库开放,以满足公务、商务的停车需要;在非工作日(双休、节假日),附建式小型车库向公共停车场开放,以满足娱乐、休闲的停车需要。

(3)环状布局

完全兴建型的新城区有利于大规模的地上、地下整体开发,便于多个停车场连接和停车场网络的建设。可根据地域大小,形成一个或若干个单向环状地下停车场系统,或者在整个城区范围内设置连续的地下停车空间,其间贯穿单向的地下车行隧道。

杭州钱江新城核心区控制性详细规划中,根据建筑总量测算,按照国家关于停车配建规定要求配算,核心区需34000个停车位,钱江经济开发区内地下配建停车面积为300万~308万m^2。考虑其中10%作地面临时停车,则核心区需地下停车位30000个,折合约90万~120万m^2的地下停车库,地下停车以各建筑地下室二、三层为主,根据需要局部可考虑地下四层,为了提高车库的停放使用效率,避免各单位独立建设地下车库而造成地块内车库出入口过多的现象,规划设计在不穿越城市道路的原则下,将同一街区内的地下车库连通形成环形独立系统。

(4)网格状布局

单一中心的城市结构一般以网格状的城市道路系统为中心,通过放射型道路向四周呈放射状,再以环状路将放射型道路连接起来(图5-3)。单一中心结构的城市会造成核心区道路拥挤,道路网密度较高,可利用的土地有限,因此中心区的实际情况决定了城市中心区的地下停车设施一般以建筑物附建式地下停车库居多,地下公共停车场一般只能布置在道路下,且容量不大。同时为解决中心城区停车问题,单一中心的城市地下停车场系统,宜在中心区边缘环路附近结合大型公共建筑、公共基础设施设置或单独新建容量较大的地下停车场,以作长时停车用,并可与中心区内已有的地下停车库作单向连通。中心区内的小型地下车库具备条件时,个别可相互连通,以相互调剂分配车流,通过配备先进的停车诱导系统,形成网状的地下停车系统。大型公共建筑的配建停车设施建设是网状地下停车场系统规划的核心,其建设要保证有足够的停车容量,在布置上要结合拟建区的具体情况,尽量做到出入方便且不妨碍周围道路正常的交通流。

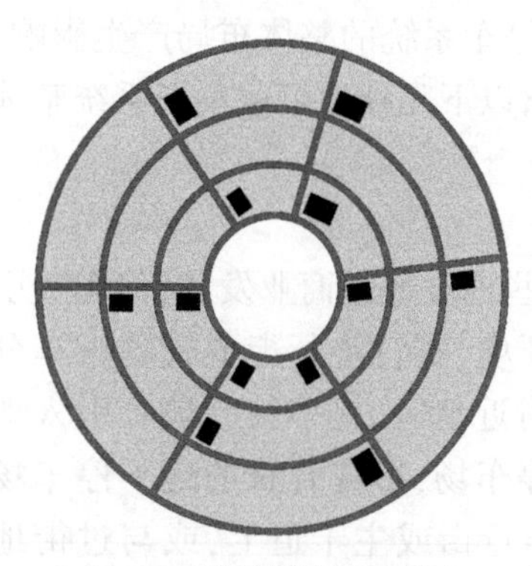

图5-3　网格放射状布局模式

近年来,随着城市轨道交通的建设,公共轨道交通成为大城市市民出行或换乘的重要交通工具,在此情况下,中心区周边轨道交通枢纽的停车需求特别旺盛,需要为停车换乘系统提供足够的停车位,而且地铁带来的人流促进了沿街商铺的兴旺,进而产生了更多新的停车需求。因此,地铁枢纽既是区域经济活力的发源地,也是布置具有商业、交通、娱乐等多种功能地下综合体的良好选择，所以在大城市中，结合轨道交通枢纽建设地下停车设施具有明显的优势，成为网状布局形态地下停车场系统选址规划的首选。

第四节　地下停车场设计

一、地下停车场出入口设计

地下停车场的出入口包括车辆出入口和人员出入口，其中车辆出入口是影响停车场设计的主要因素之一。对于新建的地下停车场来说，要考虑的是停车场建成后所产生的交通流量对周边道路系统的影响，以及周边道路系统对停车场利用率、通达性的影响。因此在设计停车场时，必须要考虑它与周边道路之间的关系。

1. 地下停车场出入口数量的确定

(1)出入口数量确定的原则

地下停车场出入口是其与外部交通连接的点，对调节内部交通流量具有阀门的作用，是车辆能否顺畅进出的重要因素。停车场所需要的出入口数量与其等级、规模直接相关，等级越高、规模越大，其出入口数量要求也越多。影响停车场出入口数量的因素还包括：高峰时段进出系统的车辆数、出入口的繁忙程度(即单位时间内到达出入口的车辆数)、系统自动化调度管理水平以及安全要求等。通常情况下，对于停车设施而言，每增加一定量的停车泊位就需要增设一定量的出入口。但停车场系统由多个不同规模的停车单元构成，单元之间通过相互连通可以方便共用出入口。过多的出入口会造成管理成本上升，对周边道路的影响增加。因此在出入口设计中，需要在确保停车场出入口的进出与周边道路的通行能力相适应且车辆安全便捷的基础上，要尽可能地减少出入口数量。

(2)出入口数量确定的设计要求

①停车泊位数超过 100 辆的地下停车库，其出入口不应少于 2 个；泊位数超过 400 个，出入口不应少于 3 个，各出入口之间的距离应大于 15m。根据安全及管理要求，按照每 300 ~ 400 个泊位各设置一个进、出口车道。

②泊位数超过 100 辆的地下停车库，出入口不应设置在主干道上，宜设置在宽度大于 6m，纵坡小于 10% 的次干道上。

③进入系统比离开系统有更高的优先级别，入口车道数可以多于出口车道数。

④不同等级的地下停车系统最少需要设置的出入口数量，如表 5-2 所示。

地下停车系统出入口数量　　表 5-2

系统等级	Ⅰ(特大型)	Ⅱ(大型)	Ⅲ(中型)	Ⅳ(小型)
入口数	≥4	≥3	≥2	≥1
出口数	≥4	≥3	≥1	≥1

注：Ⅰ级为特大型、Ⅱ级为大型、Ⅲ级为中型、Ⅳ级为小型。

2. 地下停车场出入口位置的确定

(1)位置确定的原则

确定地下停车场系统的出入口位置时，需要考虑的因素很多，包括与系统出入口连接道路的等级、系统等级规模以及出入口处的动态交通组织状况等。就其与道路系统的关系，主要需考虑临近道路的交通量和通行能力以及附近交叉口的影响，必须避免造成附近道路及交叉口的负荷过大。出入口位置受周围道路的影响，具体体现在以下几方面：

①为了简化系统周围道路的交通流，系统出入口附近车流的方向应该与车流进入或驶离系统的方向一致。理想的情况是入口车道与接受系统驶入车流的单向路面一致，而出口车道则与另一接受系统驶离车流的单向路面一致。同时，系统出入口的设计应可以应对道路交通流变化所引起的相关变化。

②系统入口处的拐弯车辆容易对出入口处的交通产生较大的干扰，延误车辆通行，因此需要对车辆(特别是左转车辆)进行合理的控制和管理。如路况允许，可设置左转车辆港湾或左转车道；若路况限制且无法避免时，为减少对道路的影响则需要设置信号灯管制——即左转车辆只能在固定的时间段内通行，也可以在尺寸允许的情况下，在系统出入口车道上设置专用于左转车道的滞留区域。

③为避免系统出入口处车辆在进入道路时，因信号灯或者停车标志而出现排队等候的现象，防止车辆短时间内在停车场坡道或停车场内部造成拥挤，停车场出入口应开设在交通流量较低的街道，并与附近的交叉口保持一定的距离。

④确定出入口位置的原则是"高效 + 快捷"。高效即保持地下停车系统良好运营和周转，正常情况下，高峰期车辆拥挤或排队等负面效应降到最低。快捷即通过出入口的设置和内部交通的组织，能让使用者能够顺利地到达和驶离，系统内部和外部连接流畅、有序。

(2)确定出入口位置的具体要求

①系统的出入口严禁在高速路和快速路上设置，而城市主干道上原则上也不宜设置出入口，其应布置在流量较小的城市次干道或者支路上，并保持与人行天桥、过街地道、桥梁、隧道及其他引道 50m 以上的距离，与道路交叉口 80m 以上的距离；出入口距离城市道路规划红线不应小于 7.5m，并在距离出入口边线内 2m 处视点的 120°范围内至边线外 7.5m 以上不应有遮挡视线的障碍物。

②在某些特定环境下或有特殊需要时，系统入口可设置在机动车较大的路段上。

③系统出入口应尽量结合地下停车单元设置，也可在合适的位置设置后，再与地下匝道与停车单元相连。

④在系统服务范围内，主要交通吸引源，如大型购物中心、娱乐设施等，要保证入口数量充足、位置合理。

⑤如停车场内部道路设定为单向行驶的环道，为便于设施内外交通衔接，车辆出入口宜采用进口、出口分开设置的方法。如内部道路设定为双向车道，则采用右进右出的交通组织。

⑥在没有设置信号灯管制或增设左转车道的情况下，禁止驶出车辆随意左转截断道路

车流。

⑦停车场出入口必须易于识别，因此需要设置醒目标志或建筑符号。

⑧当出入口附近有大型公建、纪念性建筑或历史性建筑时，考虑系统出入口与周围环境的协调性，可以将两者统一考虑，将建筑物作为系统出入口的底景，或者使建筑物能起到提示系统位置的作用。

⑨车辆出入口前应留出足够的空地用于车辆等候、回转，配备停车诱导信息标志。入口应设置专门的隔离设施，形成港湾式候车排队区，以避免影响道路通行。

3. 出入口连接段设计

停车场的出入口主要由出入口连接段及出入口坡道两部分组成，另外还包括收费站、值班调度等附属设施以及在出入口处各设置的标示牌和信号灯等交通管制设施。其设计内容包括：连接段交通分析、交通组织方式、车道设计及交通管制控制措施。

(1)连接段交通分析

出入口连接段设施是地下停车场系统的出入口与城市道路在同一平面上相交所产生的区域，类似于城市道路的交叉口，是交通矛盾突出的区域，并随着停车场等级的增加，车辆进出数量也会增加，其与道路交叉产生的矛盾就越大。因此，需要对该区域进行交通分析并制定相应管制措施，为连接段的交通组织奠定基础。

(2)连接段交通组织的方法

一般停车场出入口与道路的交叉通常呈不同角度的"T"字形，由于地下停车场系统采用右进右出的停取车方式，因此出入口转角通常是右转，并需要设定一定的转弯半径，以保障车辆的顺利进出。当地下停车场等级较低时，进出系统的车流量不大，仅通过转弯半径的设置就能满足车辆进出的要求。但当停车场等级较高，要求出入口的通行能力较大时，仅靠转弯半径不能满足交通流量的输送，则需要设置交通岛或者信号灯管理等措施，来保证出入口的通行能力，或者增设交通岛，开辟停车场右转专用车道。具体措施如下：

①实行交通管制。在出入口连接段设置交通信号灯或进行人工指引，将发生冲突的车流从通行时间上错开。

②组织渠化交通。在出入口连接处合理布置绿化隔离带、交通岛、交通标志，或者增设变速车道和转弯车道引导各方向车流沿规定的路线互不干扰地行驶，从空间上减少车辆的干扰。

③设置等待区域。由于我国大多数城市存在机动车和非机动车混行的现状，进入地下停车系统的车辆容易与行人和非机动车产生交叉甚至于摩擦，引起路段交通和出入口的堵塞，因此在这种情况下，可通过设置候车排队区或者辅助道路，进行缓冲，以保证系统出入口的顺利通行。

利用机动车与非机动车绿化隔离带形成港湾式候车排队区，在系统出入口车流量较大时可以暂时等待然后右转进入停车系统(图5-4)。还可以利用道路转角形成的候车排队区，根据道路条件允许程度，设置单排、双排或者多排车辆排队区(图5-5)。其中候车排队区的长度L，有渐变段长度L_1及减速段长度L_2共同组成，其中L_1长度设置按照表5-3要求设置，L_2长度可按照表5-4要求设置。

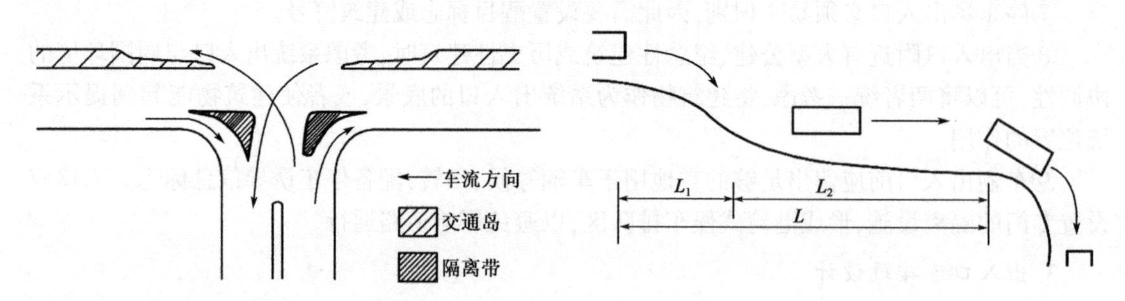

图 5-4　车辆排队区示意　　　图 5-5　车辆排队区示意

最小渐变段长度 L_1　　　表 5-3

车速(km/h)	100	80	60	40	30	20
L_1(m)	80	60	40	20	10	10

减 速 段 长 度 L_2　　　表 5-4

路别		主干路						次干路(支路)				
计算车速(km/h)		100	80	60	50	40	30	80	60	50	40	30
平均车速(km/h)		80	60	50	40	30	20	60	50	40	30	20
L_2(m)	减至 40km/h	70	30	20	—	—	—	25	10	—	—	—
	减至 20km/h	90	50	30	20	10	—	40	20	15	10	—
	减至停车	100	60	40	30	20	10	45	30	20	15	10

(3)连接段车道设计

地下停车场系统的出入口车道与普通的机动车道相比有其自身的特点,主要表现在以下四个方面:

①车辆在地下停车系统出入口车道上处于低速或者超低速行驶状态,会对周边交通产生影响。

②地下停车场系统出入口车道上行驶车辆类型单一,以小型车为主。

③地下停车场系统出入口比一般城市道路短,但视线角度小、坡道急、车道窄。

④城市地下停车场系统出入口车道处于地下和地上的"咽喉"连接区,光线对比强烈,易造成驾驶者眼部短暂不适,进而容易产生碰擦。

(4)出入口坡道设计

地下停车场系统出入口坡道由平坡段和降坡段两部分组成,其中平坡段的最小长度通常取两个车长即 10m。若系统等级较高,出入口车道上的车流量较大,则应根据实际情况调整其长度取值。

降坡段的坡度直接关系到车辆进出系统的方便程度及安全程度,也影响着降坡段的长度。坡道的纵向坡度应综合考虑车辆的爬坡能力、行车安全、废气发生量、场地大小等多种因素。小型汽车最大爬坡能力的技术参数为 18°～24°,但考虑到安全性问题,不能以最大爬坡能力作为确定车道纵坡的依据。另外,车辆爬坡的角度越大,燃料消耗量就越大,废气的排出量也越大；坡度过小固然安全，但又会造成车道长度的增加。因此，综合各种因素确定一个适当的纵向坡度是很必要的。同时，应区别直线型坡道和曲线型坡道，上行（出口）坡道和下行（入口）坡道，采取不同的坡度。

直线型坡道允许的最大纵坡，日本规定为17%，其他国家的规定有10%、12%、14%、15%和16%等，但经常采用的并不是最大纵坡。例如，日本常用12%～15%，德国常用10%～15%等。曲线型坡道的纵坡应小于直线型坡道的纵坡，一般不超过14%。从国外经验和国内实际情况出发，建议地下停车场系统出入口直线型坡道坡度取10%～15%，曲线型坡道坡度取8%～12%，若车辆的性能优良，可取其上限值。

当坡道纵坡大于10%时，在坡道与地面、地下平地连接处，必须设置缓坡段，以防止车辆的前端或后端擦地，其坡度为坡道正常坡度的一半。缓坡段的长度与车长及车身距地的最小尺寸有关，一般为4～8m，日本的规定为大于6m，而我国《汽车库建筑设计规范》中规定：坡道直线缓坡段水平长度不应小于3.6m，曲线缓坡段水平长度不应小于2.4m。

如果需要沿坡道方向设置纵向排水沟，则坡道应该有1%～2%的坡度。对于曲线型坡道，为了行车安全也应该设置坡度，坡度一般在2%～6%之间。另外，坡道各坡段的地面构造都应采取防滑措施（寒冷地区考虑冰雪措施），同时考虑坡道地下段光线的过渡措施。

降坡段的长度取决于坡道升降的高度和所确定的纵向坡度。在大城市中心区内，降坡度长度的设置容易受到基地条件的限制，若必须缩短长度，可适当减少升降高度（如降低层高或减少覆土厚度等），或在允许最大纵坡范围内适当加大坡度。降坡段的长度由几个部分共同组成，如图5-6所示。

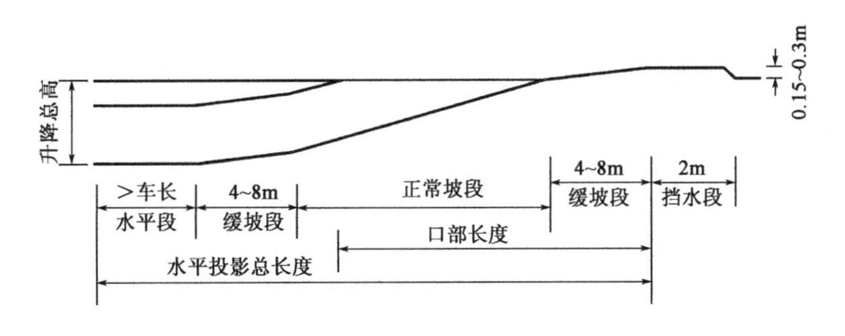

图5-6　降坡段长度示意图

（5）出入口附属设施设计

系统出入口附属设施包括门卫室、收费站、值班调度室等，其中，收费站的设置取决于地下停车场系统选用的收费控制系统，并且直接影响到系统出入口的服务效率，因而在出入口设计中是极为重要的一项内容。

如今，可供选用的停车收费控制系统主要包括：①付费箱、付费显示；②票证、钱柜、计时器；③投币/刷卡拦臂入口；④计时器、拦臂；⑤票证分发机、收费记录、钥匙卡；⑥票证分发机、收费计算机、拦臂入口；⑦电子码表、多车位码表；⑧车辆自动识别、驾照识别等。选用任何一种收费控制系统时需考虑其所适用的程度。例如，⑦中的两种收费控制系统，适用于各种规模和等级的地下停车系；而⑧中的两种收费控制系统虽然实现了高智能化的电子管理，能提供快速、精确的收费方式，但安装和维护的费用较高，较适用于等级较高的（二级以上）地下停车场系统。

由于地下停车系统通常采用右进右出的停取车方式，为了保证车辆能方便快捷地通过出入口，将与车辆有关的管理服务用房设置在车辆左侧更加合理。管理服务用房设置的具体位置根据系统出入口设置的不同而定。

由于地下停车场系统在排水、防灾等方面的不利条件，有些服务设施如修车位、洗车间等不宜放置在地下，可设置在系统出入口附近地面上，作为单体建筑进行设计，或结合系统出入口连接段的排队候车区共同设置。另外，为降低造价和提高地下停车场系统的利用率，系统内管理服务用房的面积一般不宜太大，有时也可结合地面设置，但调度室、控制室、防灾中心等一类用房必须放在地下。而且对于等级较高且智能化程度要求较高的系统，这类用房更需要放在地下，并保证其设施的完备。

二、地下停车场内部交通通道设计

系统内部通道主要指组织系统内部交通流线的各种通道。内部通道设计的主要内容包括：内部交通流线组织、通道位置选择、通道长度确定以及通道横断面设计。

1. 内部交通流线组织

停车单元内部车辆的行驶轨迹：入口—车道—停车位—出口。停车单元内部通道承担着将驶入的车辆顺畅、有效地引导到停车位的任务，另外还包括供管理者和步行者使用等多种功能。因此，通道空间是否设计合理，涉及停车单元内交通是否顺畅、单元内空间是否得到有效利用等问题。如果通道设计合理，则车辆进出方便，在单元内行驶顺畅，安全也得到保障，否则很容易引发安全事故和管理问题，最终导致使用效率降低，建设成本提高。

停车场内部通道的布置应以路线便捷、进出车位方便安全为原则，尽量避免交叉与逆行，通道布置尽量统一、简单和易于理解，当单元规模较大时，可设置环形车道。

对于坡道式多层停车单元，各层之间的交通流线组织由连接各层的坡道的设置方式决定，如直线坡道、倾斜楼板、曲线整圆坡道和曲线半圆坡道等不同的组织方式，如图5-7所示。

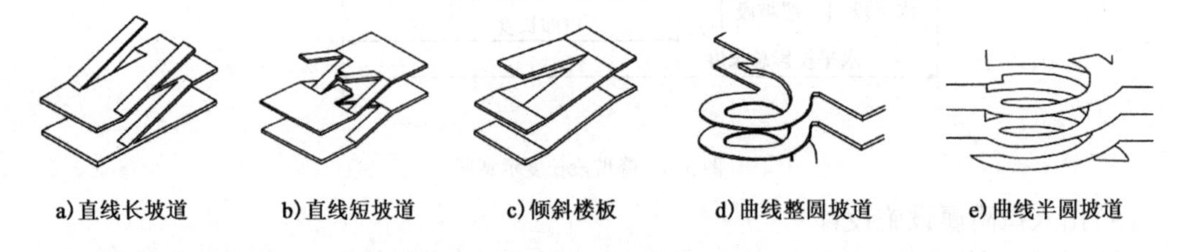

图5-7　多层停车坡道类型示意图

2. 通道位置选择

地下停车场系统内部通道一般设置在以下区域范围内：

(1)大城市中心区内各级道路下，其中以在次干路和支路下敷设为主，一般不穿越建筑物地下部分；当区域内有步行街时，通常在步行街下设置地下通道，并沿步行街两侧布置地下停车单元。

(2)利用建筑物与道路之间的间隔，或者建筑物之间的空隙敷设地下通道，连接各建筑物附建式地下停车库。

(3)利用城市绿地和水体下敷设地下通道。

对于新建的城市中心区,以地下空间整体开发为契机,在规划各阶段,地下停车场系统尽量与其他地下设施相连通,如地铁站、地下商业、地下步行系统、地下综合体等。这样,不仅能更好地满足区域内大量的停车需求,缓解地块地面交通压力,而且提高了地下停车场系统的利用率。

3. 通道长度确定

地下停车场系统规划旨在:利用地下停车单元之间的连通来实现停车共享。从停车者时间价值的角度来说,停车共享的效益表现为停车者使用地下停车场系统后带给其总出行时间的节约,即使用地下停车场系统的总时间应该小于车辆在地面寻找停车位的总时间。

如果系统内部通道过长,会导致停车者使用系统的总时间延长,或停车者在地下设施的步行距离超过其可承受的范围,从而使地下停车设施的吸引力下降,最终导致地下停车场系统的使用率降低。因此从使用者的角度来说,希望获得的时间价值越高越好;从经营者的角度来说,则希望提高系统的使用率,这要求系统内部的通道长度越短越好。

4. 通道横断面设计

通道横断面设计主要包括通道坡度、通道宽度与半径、平曲线及缓和曲线、通道弯道超高、通道加宽及通道横断面设计等。

(1)通道坡度

一般通道的最大坡度不应大于15%,有行人通行时,坡度不应大于10%。采用倾斜楼板的停车单元,最大坡度为6%。表5-5为不同条件下停车单元内部坡度最大值。

停车单元内部坡度最大值　　表5-5

条件类型	坡度
不允许行人通行的车行坡道	15%
允许行人通行的车行坡道	10%
地面连续倾斜(倾斜楼板式)	6%
停车位的斜坡	2%
用于排水的横向坡度	1%~2%(直),2%~6%(曲)

(2)通道宽度与半径

直线单车道最小宽度为3.0m;直线双车道若设置分隔,则最小宽度为5.5m;双车道之间若用障碍物分隔车流,则每车道最小宽度为3.0m;曲线单车道最小宽度为4.2m。表5-6所示为停车单元内部通道的最小宽度。

停车单元内部通道最小宽度(m)　　表5-6

<table>
<tr><th rowspan="2">通道类型</th><th rowspan="2">直线单车道</th><th rowspan="2">直线双车道</th><th rowspan="2">曲线单车道</th><th colspan="2">曲线双车道</th></tr>
<tr><th>里圈</th><th>外圈</th></tr>
<tr><td>最小宽度</td><td>3.0~3.5</td><td>5.5~6.5</td><td>4.2~4.8</td><td>4.2~4.8</td><td>3.6~4.2</td></tr>
</table>

图5-8为停车单元内部转弯处车道示意图,其中,图5-8a)为单向通行的最小转弯半径,图5-8b)为双向通行最小转弯半径。

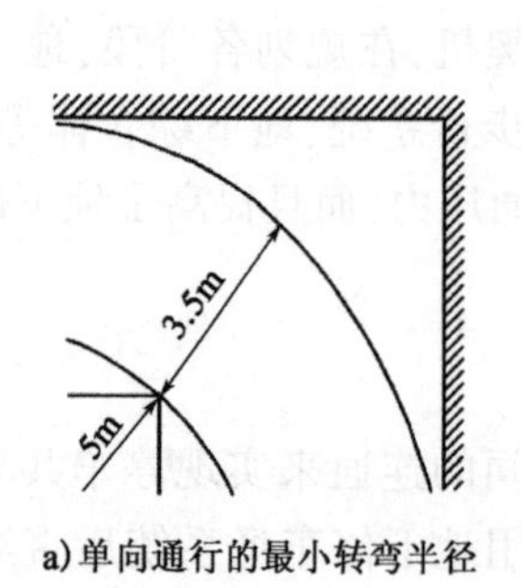

a)单向通行的最小转弯半径

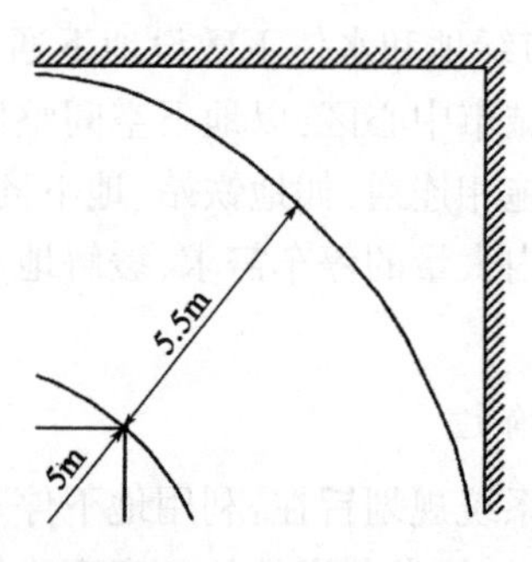

b)双向通行最小转弯半径

图5-8 停车单元内部转弯处车道示意

考虑车辆在多层停车单元各楼层之间行驶的反复转弯运动,螺旋车道的半径必须保持最小尺寸,以节省空间和缩短行车距离。单车道螺旋坡道的最大外侧半径可以取9.5m,若条件允许,可取10.5~11.5m。螺旋双车道的坡道曲面,外侧车道宽度不必与内侧车道相等,外车道半径的限制可略微放宽,以便让驾驶员在转弯时的角度较为平缓,因而行车道的有效宽度可以略小,如表5-7所示。

螺旋坡道双车道最小宽度(m)　　表5-7

距离段	外车道外侧石内侧半径	内车道至外侧石内侧半径	内车道宽	外车道宽	界侧石宽	中间侧石宽	最大超高
宽度	13.7	9.8	3.7	3.4	0.3	0.6	0.03/0.3

(3)平曲线及缓和曲线

平曲线是指通道中非直线段部分,在直线与曲线段相接处为缓和曲线。由于地下停车单元内部车辆行驶速度较低,一般为40km/h,缓和曲线也可以用直线代替,直线缓和段一端与圆曲线相切,另一端与直线相接处予以圆顺。地下停车单元内部通道最小曲线半径为7m。

(4)通道弯道超高

行驶在弯道上的车辆受到离心力的作用,这个作用力与速度的平方成正比,与曲率半径成反比。离心率必须由车胎的横向摩擦力和坡道面的超高所产生的力来平衡。坡道超高不能过大,因为驾驶员要想避开坡道路面的内侧边缘会感到困难。坡道最大转弯处的超高应大约为每米坡道抬高0.04m,当接近直线部分或存车楼道时,则略微减少。设置超高与不设置超高时,圆曲线半径的变化情况如表5-8所示。

圆 曲 线 半 径　　表5-8

计算车速(km/h)	80	60	50	40	30	20
不设超高最小半径(m)	1000	600	400	300	150	70
设超高推荐半径(m)	400	300	200	150	85	40
设超高最小半径(m)	250	150	100	70	40	20

(5)通道加宽

在曲线段,车辆行驶道路的宽度要比直线段大,因此曲线段必须加宽。按照公路建设标准,当曲线半径等于或小于250m时,应在曲线的内侧加宽,且加宽值不变。地下停车单元通道设计应按照城市道路曲线加宽取值，如表 5-9 所示。

曲线通道加宽值(m)　　　　表 5-9

曲线半径	200 < R≤250	150 < R≤200	100 < R≤150	40 < R≤100	20 < R≤40	15 < R≤20
加宽值	0.28	0.30	0.32	0.35	0.40	0.70

(6)通道横断面设计

系统内部通道横断面设计主要包括车道宽度、通道高度和通道内各车道之间分隔形式。不同车道数的通道横断面设置形式，如图 5-9 所示。

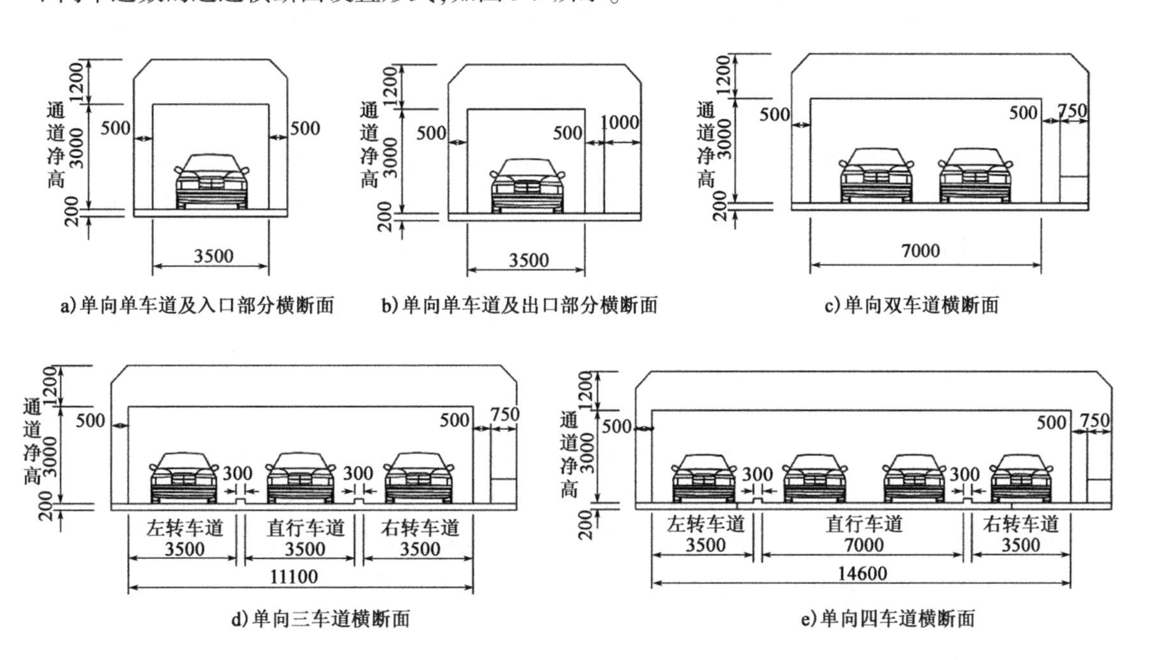

图 5-9　停车单元车道横断面(尺寸单位：mm)

图 5-9a)为单向车道及入口部分横断面示意图。当系统内部通道上只有一个方向的车流且车流量不大时，可设置单车道，不设置停车带。直线单车道的宽度(小型车专用道)为 3.0 ~ 3.5m，曲线单车道宽度为 3.8 ~4.8m，通道高度为 2.2 ~3m，道路两侧路肩宽度为 0.5m。

图 5-9b)为单向车道及出口部分横断面示意图。直线单车道的宽度(小型车专用道)为 3.0 ~3.5m，曲线单车道宽度为 3.8 ~4.8m，通道高度 2.2 ~3m，道路两侧路肩宽度为 0.5m，为保证紧急情况下车辆通行，设置宽度为 1.5m 的停车带。

图 5-9c)为单向双车道横断面示意图。当系统内部通道上的单向车流量较大时，可设置双车道。直线双车道的宽度为 5.5 ~7m，曲线双车道的宽度为 7.0 ~9.0m，通道高度为 2.2 ~ 3m，道路两侧路肩宽度为 0.5m，管理用通道宽度为 0.75m。

图 5-9d)、e)所示为单向三车道、四车道横断面示意图。当系统内部通道上单向车流发生左、右转弯进出各个停车单元时，为避免转弯车流对直行车流的影响，可设置三车道、四车道，分别为左转专用车道、直行车道和右转专用车道，车道之间可设置分隔墩(用于临时分隔车道)或道牙(宽度 >0.3m，高度 >0.15m)，道路两侧路肩宽度为 0.5m，管理用通道宽度为 0.75m。

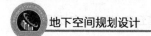

当通道埋深较深时,可将其横断面做成拱形。各种形式的通道,其上部预留空间高度应满足结构构件高度和布置管线的要求,下部可预留空间用于排水。通道每 80 ~ 150m 应设置通风竖井,竖井可在通道顶部或侧部开口,其长度不宜大于 10m。

三、地下停车场防灾规划

地下停车场系统内部环境维护及防灾是系统正常运作的基本保障,是系统规划设计过程中不可或缺的重要环节。防灾措施的研究必须结合系统组成要素设计进行综合考虑。针对地下停车设施不同于地面的"特殊性",本节着重从系统内部环境质量、防火灾以及防灾交通事故这三方面进行分析。

1. 地下停车场系统内部环境

由于地下停车场系统与自然光线和空气基本隔绝,因此,为了保持良好的内部环境,主要依靠人工管理和控制。环境质量标准包括四个方面:空气环境、光环境、声环境和心理环境。与地面建筑相比,地下停车设施在这几个方面都有一定的特殊性。

(1)地下停车场与地上停车场的各项对比

对于城市中心区来说,由于受建设用地的限制较小,地下停车场的停车能力大于地上停车场的停车能力。但地下停车场不同于地上停车场,具有其特殊性,同时也存在着一定的局限性。

停车场最大的环境污染源是机动车辆的排放物,即 CO、CO_2、SO_2 等。从多处地下停车场环境状况的监测结果来看,几乎所有有害气体的浓度均满足工作卫生条件容许的标准,但有些涉及停车设施出、入口点测量的浓度(主要指 CO)比其他点的测量值略高。在地下停车场中,CO 的浓度主要受机动车使用方式的影响,浓度的平均值随着机动车周转量而变化。研究结果表明,在地下停车场中要获得舒适的环境,决定性因素是利用通风系统。

除了清晨时分,地下停车场内的温度一般均高于外部空气温度,午夜,外部空气温度下降时温度差特别显著。由于地下停车场的封闭条件,来自机动车的余热容易积蓄,因此,地下停车场的温度是稳定的,地下停车场中一般不需要冷却和采暖设备。地下停车场中主要的能量消耗来源于通风设备。地下停车场需要具有 10 次/h 以上换气能力的通风设备,以便保持较舒适的内部环境。由于有效的通风设备需要较大的空间来发挥作用,因此,地下停车场内的机房面积需要比地上停车场的大,地下停车场的机房面积平均值大约为地上停车场的 7 倍。

地下停车场比地上停车场更加需要防火设备。由于地下停车场发生火灾时,消防人员难以进入,且机动车燃烧会放出大量烟雾,因此需设置必要的消防设备包括泡沫喷头、室内消火栓、灭火器和自动火灾报警器等。地下停车场不仅在建设与装备上需要高的初始投资,而且相比地上停车场,需要更高的运行费用,地下停车场的平均年总能量消耗是地上停车场的 2.8 倍。

(2)内部环境质量标准

由于地下停车场系统中人员较少,人在其中活动和停留的时间不长,故对环境质量的要求不像其他地下建筑那样高,重点需要解决好空气环境质量问题以及光环境。

衡量和评价地下停车设施空气环境质量有两类标准,即舒适度和清洁度,每一类中又包括若干具体内容，如温度，湿度以及 CO、CO_2 浓度，含尘度等。对于地下停车场系统，保证适当的温度和不超过标准的 CO 浓度，是衡量空气环境质量的两个主要内容。

对于地下停车系统内的温度，停车空间要求不低于 5℃，其他区域如服务、管理部分可按照常规的温度标准（18～20℃）。由于系统内部环境具有恒温性，一般不需要设置供暖设施。但针对寒冷和严寒地区，由于通风换气次数较多，有可能受外界冷空气的影响导致温度下降，这种情况下可考虑设供暖系统，或在系统出入口设置暖风幕等。当不设供暖系统时，局部有人员工作的房间也可依靠电热器和除湿机来保持室内的温度和湿度。

进入系统的小型车多以汽油为燃料，车辆在系统内启动、行驶和上、下坡道时，都要排出废气，其中对人体有害的气体主要是 CO，因此 CO 在空气中的浓度必须严加控制。我国相关标准规定：当人员活动时间在 10～20min 之间时，室内空气中 CO 的最高容许浓度为 $200mg/m^3$，30min 以内时为 $100mg/m^3$，60min 以内时为 $50mg/m^3$，长时间有人活动的区域，最高容许浓度为 $30mg/m^3$。这些数据可作为地下停车场系统内部空气清洁度的标准。

为了使地下停车系统内的有害气体浓度不超过容许值，主要手段是加强通风，以排除和稀释有害气体。根据经验值可按每小时换 6～10 次计算通风量，停车空间以外的区域可视其废气浓度采取不同的换气次数。

在地下停车场系统的使用过程中，对光环境没有特别高的要求，只要能达到一定的照度，且光线均匀，避免眩光即可。为了节省能源，针对系统中各个部分的使用要求应该有不同的照度标准，如表 5-10 所示。

地下停车场系统照度标准（lx）　　表 5-10

照度范围			适用地点
低	中	高	
300	500	700	进、出口坡道
30	50	70	停车空间、卫生间
70	100	150	行车通道、设备用房
150	200	300	服务、管理用房

2. 地下停车场系统内部防火

地下停车场系统内部火灾造成的危害和人员疏散的难度都比在地面上要大得多。不仅消防人员进入灭火很困难，而且由于系统中的车辆可以有多个方向的往来，因此灾害发生后迷失方向的可能性大大增加，内部混乱的程度更为严重。地下停车场系统的等级越高、规模越大，危险性就越大。为了保障人员的安全，并尽可能地减少车辆的损失，内部防火和安全疏散问题在系统设计中占有十分重要的位置。除了考虑各个停车单元的内部人员与车辆疏散外，当系统内部通道达到一定长度时，还需考虑通道内的人员疏散问题。

（1）停车单元内部防火疏散

①防火分区与防烟分区

地下停车场系统内各个停车单元的耐火等级均为一级。停车单元内不应设置修理车间，喷漆间、充电间、乙炔间和甲、乙类物品储存室，停车单元之间的防火间距至少应在 10m 左右。当停车单元外墙设置为防火墙时，防火间距可以适当减小，但不应小于 6m。当某个停车单元的规模较大,停放车辆较多时,宜采用分组停放的方式,每组停放数量不宜超过 50 辆,组与组之间的通道宽度不应小于 6m。

停车单元内应设置防火墙划分防火分区,防火分区最大允许建筑面积为 $2000m^2$,当设有自动灭火系统时。防火分区的最大允许建筑面积可以为 $4000m^2$,各个停车单元的连接坡道两侧应用防火墙与停车区隔开。当停车单元和连接通道上均设有自动灭火系统时,可不受此限。对于系统来说,系统的出入口坡道也应采取相应措施(如设置防火卷帘)将其与停车单元隔开。

另外,停车单元中按规范要求需要设防烟分区,其面积为防火分区的一半,排烟量为正常排风量的 3 倍,而且每个防烟分区都要有单独的排烟系统。人员疏散用的防烟楼梯前室需保持室内超压阻止烟进入。在对烟进行阻隔时不可忽视在停车单元各层之间加以隔断,并在常规通风系统的管道中采取隔烟措施。

②人员出入口及安全疏散

地下停车场系统内各个停车单元内部一般设有相应的电梯或直通楼梯(位于停车单元的边缘并在主要停车地点的方向上)供人员进出使用。电梯的设计标准为:一部电梯对应至多 250 辆车,两部电梯对应至多 500 辆车,三到四部电梯对应至多 1000 辆车。

地下停车场系统内的人员安全出口和车辆疏散出口必须分开设置。停车单元内人员安全出口的设置需要结合各个停车单元及防火分区的面积共同考虑。当单个停车单元的面积不足一个防火分区时,按照一个防火分区看待,至少设置两个人员安全出口;当单个停车单元面积大于一个防火分区时,按实际情况划分为几个防火分区,每个防火分区都要满足至少设置两个人员安全出口的要求;但当单元内同一时间的人数不超过 25 人或单元内泊位数少于 100 辆车,可仅设一个安全出口。

人员安全出口设置的位置应使在该防火分区内任一点处的人员到达它的距离不超过 45m,有自动喷淋灭火设施时可增至 60m。各个停车单元至少应该有一个人员安全出口直接通向室外空地,以在紧急情况(如地震)时使用。

另外,为了方便停车者就近到达目的地,针对每个停车单元上方的建筑物、公共绿地、广场等都设置若干个人员出口,因此,系统总的人员出入口个数可能多于安全疏散所需要的数量,当在地面上设置单独的人员出入口,还应注意出口与周围环境和建筑物的协调与统一。

单元内的电梯井、管道井、电缆井和楼梯间都应分开设置。疏散楼梯应设置封闭楼梯间,前室的门应采用乙级防火门,楼梯宽度不应小于 1.1m。

③车辆紧急疏散

停车单元内部车辆紧急疏散口的设置个数应结合停车单元的规模来确定。

大于 1000 个停车位的停车单元至少应设置一个紧急疏散出口,以保证该停车单元的总出入口不少于 2 个(包括车辆平时出口在内)。当车辆平时用的出口在发生灾害而无法使用时,能使用紧急疏散出口对车辆进行疏散,以减少财产损失。当相邻的三个停车单元的总停车位数达到 1000 辆时,可为三个停车单元设置一个共用的车辆紧急疏散出口。

对于停车位数大于 1000 辆的坡道式多层停车单元,采用错层或斜楼板式且车道为双车道时,只需在其首层设置单独的车辆紧急疏散出口,其他楼层可共同设置一条紧急疏散坡道。某些设置紧急疏散坡道困难的停车单元,也可采用垂直升降梯作为紧急疏散出口,停车位数小于1000 辆的停车单元可设置 1 台垂直升降梯,大于 1000 辆则最好设置 2 台垂直升降梯。

车辆紧急疏散单坡道的宽度不应小于 4m,双坡道宽度不宜小于 7m。两个车辆疏散口之间的间距不应小于 10m,两个车辆坡道毗邻设置时应采用防火隔墙隔开。车道应满足一次出车(无需调头倒车)的要求,车辆之间的间距应满足各项参数的规定。

(2)系统内部通道防火疏散

地下停车场系统的内部通道同其他地下工程一样,其防火等级为一级。对于地下停车场系统来说,人员的活动主要集中在各停车单元内部。出于安全的考虑,系统内部通道上一般禁止人员随意活动。但考虑到发生灾害时人员的安全疏散,当系统内部通道达到一定长度时,也必须设置相应数量的人员疏散出口,以保证人员能及时远离危险。

图 5-10 为不同连接方式的系统停车单元内部防火疏散示意图。图 5-10a)的停车单元通过系统内部主要通道与次要通道相连;图 5-10b)停车单元之间由通道直接相连。假设每个停车单元划分为一个防火分区,则当系统内部(次要)通道较短时,通道全部包括在停车单元的防火疏散距离之内,即通道同停车单元可以看作是一个防火分区,这种情况下通道上不需要再另外设置人员安全出口。

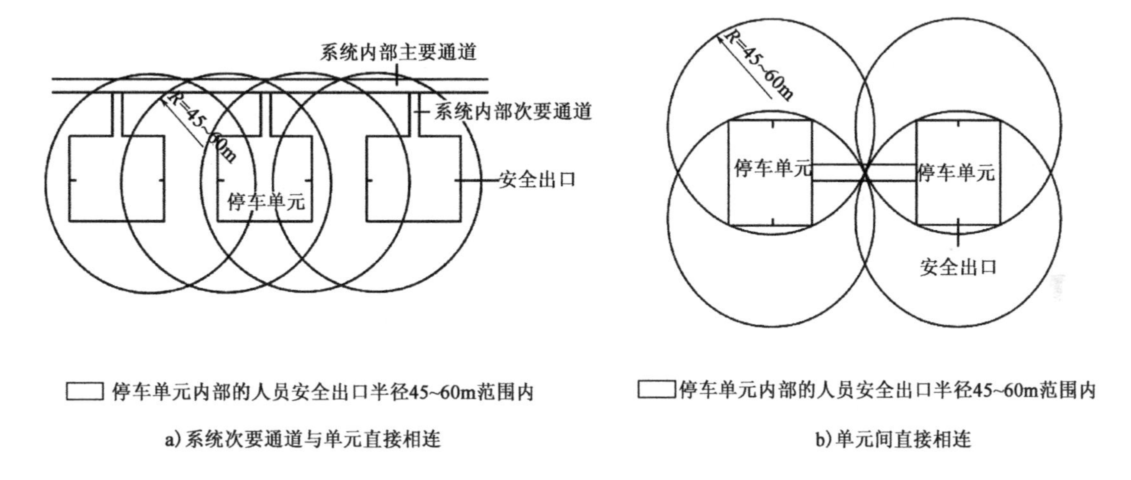

图 5-10　停车单元内部防火疏散示意图

当系统内部(次要)通道较长时,在停车单元内部人员安全出口半径 45m(设置自动喷淋灭火设施时增至 60m)之间的通道可看作是"安全"的,即发生火灾时该范围内的人员可以及时疏散,远离危险。但当系统内部通道上未设置人员安全出口时,必然会有一部分系统内部通道处在"不安全"区域。当内部通道上的某处设置一个人员安全出口,则该安全出口半径 R 范围内的通道均进入"安全"区域。同理可推,针对以上两种连接方式的系统,当系统内部通道较长时,如果在系统内部通道上按一定距离设置一系列安全出口,则可以完全保证系统内部通道的安全性,即满足通道上人员安全疏散的需要。

系统内部通道人员安全出口的设置间距 $H=2R$。R 的值即安全疏散距离,一般取 45 ~ 60m(如停车单元内部的安全疏散距离),但考虑到系统内部通道主要供机动车通行且限制人员在通道内随意活动,因此人员数量较少,R 的取值可适当放大。参考地下隧道的防火疏散,

R 取 100m(设置自动喷淋灭火设施时增至 200m)较为合适。系统内部通道每 200m 应设置一个紧急避难处,每 400m 必须设置一个直通地面的人员出入口。

如果设置直通地面的人员出入口有困难,可以结合通道设置人员避难走廊,其位置与通道平行,宽度不小于 1.2m(单侧设置),走廊每 100m(设置自动喷淋灭火设施时增至 200m),通道设置 1 道门。系统内部通道中设置的安全出口、门、楼梯和避难走廊的最小净宽应符合表 5-11 的规定。

安全出入口、门楼梯、避难走廊最小宽度(m) 表 5-11

名　称	安全出口、门、楼梯宽度	避 难 走 廊	
		单侧设置	双侧设置
系统内部通道	1.0	1.2	1.5

通道内设置消火栓的最大间距为 100m,消火栓的最小用水量为 10L/s,水枪最小充实水柱为 10m。通道内除设置平时用于维护空气质量,降低 CO 浓度所使用的通风设施外,还应设置紧急事故机械通风系统以及相应的监控报警系统。

3. 地下停车系统内部防交通事故

地下停车场系统内车辆行驶和人员往来频繁,因此不论对车辆还是人员都存在交通安全问题,应采取措施防止交通事故的发生。因此保障人员安全的措施有:

(1)车辆安全行驶,保证驾驶员安全;

(2)人员经常行走的路线应尽可能与车行线分开,特别应避免与车行频繁的车行线交叉;

(3)当人行道与车行线在一起时,应当为人员设置专用的人行道,即在车行线一侧(通常沿车辆的尾部)划出 1m 左右的人行线;

(4)当人员步行流量较大时,人行道也可以与拓宽的车行道结合设置;

(5)人行道与车行线交叉时,应在地面上画出明显的人行横道标志。

保障车辆行驶安全的措施有:

(1)入口处应有显示地下停车场系统相关实时数据的信号设备,并设立引导或制止车辆进入的标志(文字或箭头)并保证夜间照明;

(2)应设置坡道净空高度提示牌或设置限高挡,以避免大、中型车辆误入坡道,或车上装载的物件过高,而在进入封闭坡道时发生碰撞;

(3)坡道内的照明应考虑室内外空间的过渡而有相应的变化;

(4)出口坡道外应有警告及信号装置,使外部车辆和行人注意躲避;

(5)在出入口处、坡道中和停车单元内,应设置限制车速的标志,车辆在系统内的车速以 5km/h 为宜,一般不超过 10km/h,还应有引导行车方向和转弯的标志以及上、下坡道的标志;

(6)地面上要用明显颜色划分出行车线、停车线和车位轮廓线,并在柱和墙上写出车位编号;

(7)宜采用后退停车、前进出车的停车方式,车位后端应设车轮挡,与端线的距离为汽车后悬尺寸减 0.20m,高度为 0.15 ~0.20m。

第五节　案例分析

一、交通发展策略

小窑湾地区是大连市“一核、两城、三湾”所确定的城市副中心之一，小窑湾的城市区位，功能定位与产业集聚十分优越。对于目标建成国际CBD的小窑湾商务区来说，未来必定会吸引相当规模的人口前来就业和居住（图5-11）。大量的人流和车流，将会给小窑湾未来的交通组织和运行带来压力。在依靠地面的交通系统基础上，应大力推进地下交通。

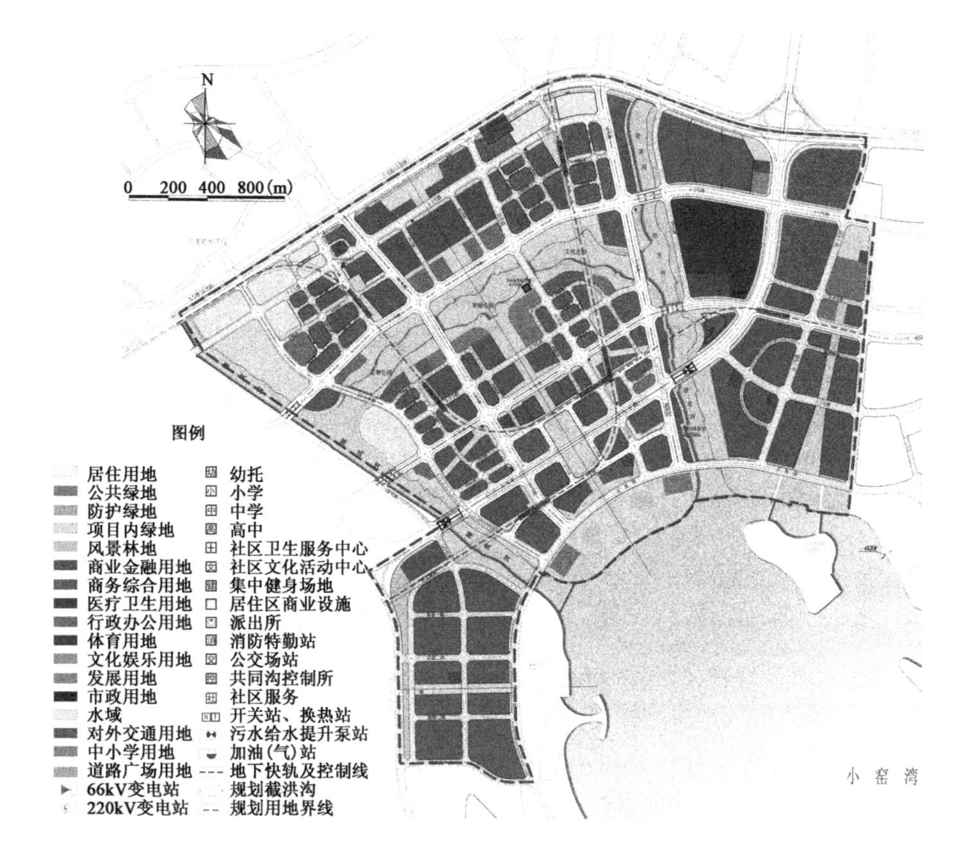

图5-11　大连小窑湾用地布局规划

对于目标建成国际CBD的小窑湾商务区来说，未来必定会吸引相当规模的人口前来就业和居住。大量的人流和车流，将会给小窑湾地区未来的交通组织和运行带来压力。在依靠地面的交通系统的基础上，应大力推进地下交通，尤其是地下公共交通的建设。因此其采取的策略有以下几条：

1. 强化轨道交通的作用

作为城市综合交通体系中的重要组成部分，轨道交通对于城市发展具有巨大的推动作用。

一方面,轨道交通可以提高城市交通运行效率、增加城市交通供给量,缓解目前大城市日益拥堵的交通矛盾。另一方面,可以引导城市按照既定的城市规划意图发展,尤其是支持卫星城及大型新区的建设。和传统的交通方式相比,轨道交通具有明显的优势,如运量大、速度高、干扰小、运行稳定、清洁低碳。通过轨道交通进行地下化建设,还可以减少对土地资源的占用,提高城市集约化水平。轨道交通对于交通高峰时段的上下班及商务出行的优势尤其明显,对于文化体育场所的大规模突发客流也有较大的吸引力。

2. 多种渠道解决停车问题

小窑湾中央商务区开发强度大、停车需求大,如何解决其静态交通问题,是本次规划着重考虑的问题,主要有以下几个策略。

(1)停车外围化、边缘化

小窑湾中央商务区停车,采用区域外围停车公交换乘交通系统,外围停车公交换乘交通是今后高效、安全、舒适的现代化交通系统中的一个重要组成部分。CBD外围公交换乘停车场规划有助于提高“驻车—换乘”这一新兴出行方式的便捷和舒适程度,因而也可吸引大量原来使用私人交通方式出行的居民,降低了CBD区域路网的交通流量,有利于城市中心商业核心区静态交通问题的解决。

(2)停车集约化、共享化

在人流车流大的CBD地区建立步行系统,实行人车分流,是解决交通堵塞问题的有效措施。CBD地区内建筑物密集、交通拥挤、土地利用强度很大。在这种情况下,如果能够建立一个完整、独立的高架行人走廊或地下步行系统,则既可以使行人交通系统与机动车交通系统在空间上相分离,实现城市交通立体化,也大大节约用地,缓解中心区土地资源紧张状况,同时也给行人创造了一个更方便,安全的步行环境。在停车需求强度高,停车资源匮乏的地块、道路两侧、绿化带,可采用立体机械化的停车方式。在重要停车需求区域,集中建设地下环廊,实现不同地块、不同功能区间之间的资源互补和设施共享。

(3)完善换乘设施

在公共交通枢纽如重要轨道站点,公交站场等周边区域,通过地下设施的建设,形成地下综合立体换乘系统。促进公共交通与私人交通,地上与地下之间的无缝换乘,减少私家车的出行频率和出行距离,减少空气污染和噪声干扰。

(4)增强地下停车比率

根据地块所处的区位,开发功能,合理确定自身停车需求以及吸引的短暂车流和人流量,正确估算过境交通对区域内的停车影响。同时结合小窑湾城市定位和区域职能,宜适当提高配建停车的地下化率。

3. 注重步行系统建设

除了通过对道路的专门化设计,建立自成系统的专用道路网络,实现行人和车辆的平面分流和内外分流之外,还可通过构建地下人行过街通道,地下步行街等地下人行设施,在立体空间,不同层面上建立道路系统来实现人车分流的目的。

通过地下人行系统的建设,进一步梳理小窑湾商务区内的各种交通流线,分化、引导人行与车行交通,使其各行其路,互不干扰,从而建构宏观层面上的人车分流体系。人车分流系统的建立，可以有效缓解小窑湾未来的交通压力，进一步增强城市交通运行效率，提高公共出行安全，避免车辆对行人的不利影响，提高汽车集中区域的安全性，如图5-12所示。

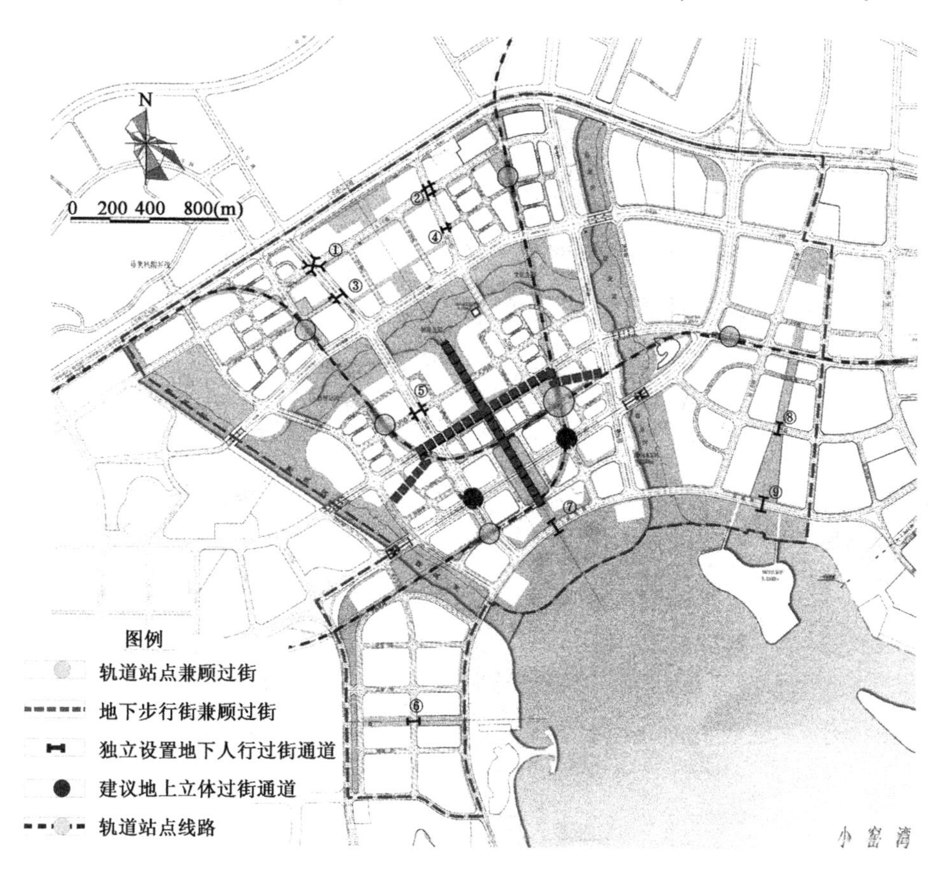

图5-12　大连小窑湾地下人行交通规划图

4. 停车策略

(1)策略一：中心区域限行限停

在满足自身停车需求的前提下，控制小窑湾商务区中心区域的停车供给量，减少机动车进入中心区域的次数，减轻中心区域的交通压力，同时在外围区域设置大型公共停车设施，吸引车辆到外围停靠。

(2)策略二：停车共享化

利用道路、公共绿地和地块内用地建设地下停车环廊，形成区域内地下停车设施的共享。在地下设施专用车道，利用该车道出入各建筑物地下停车场。根据区域或街坊内不同功能建筑地下空间，在不同时间段进行地下停车场的使用共享，主要根据地面建筑在不同时间段的功能，确定区域内如何集中使用地下停车场。商业用地下停车与居住用地下停车可采用错时共享停车如图5-13所示。

(3)策略三：强化公共交通

通过调整地下停车量的配给和布局，减少小汽车的出行频率，促进规划范围内的公共交通发展,改善地面交通状况,提升小窑湾综合环境品质。对该区域进行停车分区,并提出停车发展策略,如表5-12所示。

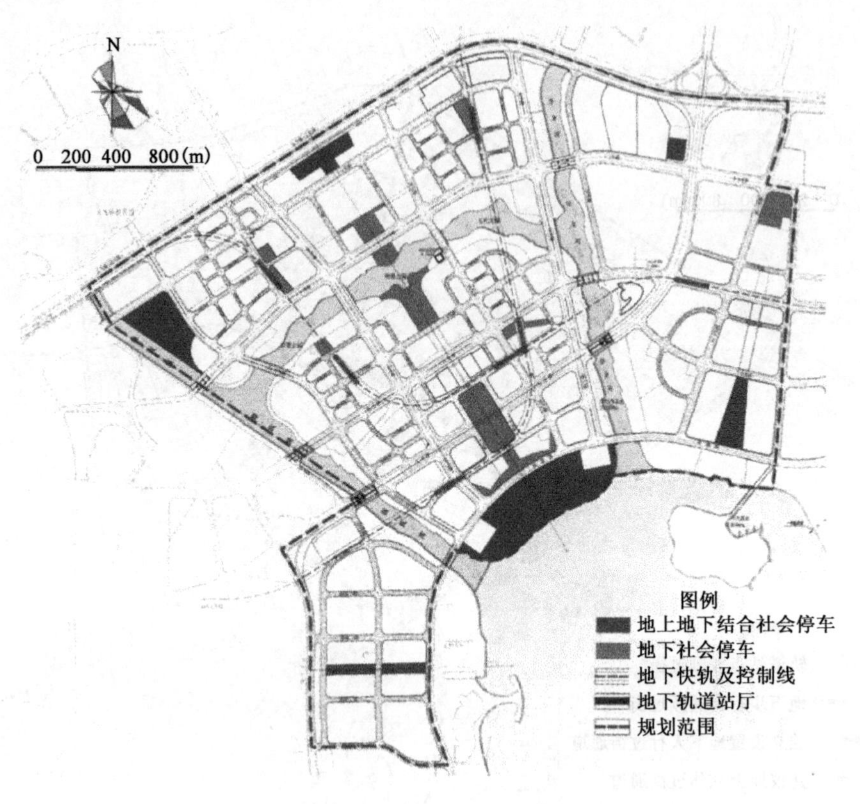

图5-13　大连小窑湾地下社会停车场规划图

大连小窑湾CBD区域停车分区发展策略一览表　表5-12

区　域	综合交通发展策略	停车策略	停车下地策略
核心轴线区域	该区域是商务区的中心区域,大量商业商务设施密集,建筑开发强度高,交通流量比较大,环境要求比较高。因此通过限制停车设施的供给减小汽车的使用,同时应积极发展公共交通	保障内部停车需求,严格控制对外停车供给,减少个性化交通的出行	提高配建停车设施下地率,严格控制地下社会停车供给量
重点区域	该区域范围主要是轨道交通20～200m步行影响范围。由于有大运量的轨道交通覆盖,应积极引导居民利用公共交通出行,适度发展停车设施的供给以促进公共交通优先发展	适度发展停车设施的供给	停车设施适度下地
两翼片区	该区域位于规划范围边缘区域,公共交通的覆盖较弱,适宜当发展小汽车交通,适当扩大停车设施供给,同时加强公交接驳的设置,同中心区域的主要枢纽做好衔接	强化停车设施供给,吸引车辆停驻	配建停车设施适度下地,加强地下社会停车供给量

注:表中区域划分以小窑湾核心区域为例。

二、停车需求计算

大连小窑湾 CBD 核心区作为大连新的城市副中心，以行政办公、商务贸易、金融会展、文化娱乐、商业功能为主，居住和旅游服务功能为辅，该土地使用性质将给小窑湾 CBD 核心区带来大量的停车需求，并且不同使用性质的不同停车特征也给中央商务区内部带来不同的停车需求。然而停车位的配建并非越多越好，特别是在中央商务区，停车需求的满足不能靠单纯建设停车库来解决，而应该通过研究土地使用性质、不同的停车需求、不同使用者的停车目的及停车管理政策来综合规划布局停车设施，如图 5-14 所示。在发达国家机动车发展的早中期曾经历了停车位的过量供给所带来的城市中心区交通堵塞，目前大部分发达国家对 CBD 地区普遍采取了限制停车的政策。更进一步考虑大连小窑湾 CBD 内部及周边路网容量无法支撑大量机动车的通行要求，因此建议采取以轨道交通为重点，以公共交通为主的交通出行结构（图 5-15），从与路网容量的一致性来讲，对停车位考虑一定的限制是必要的。

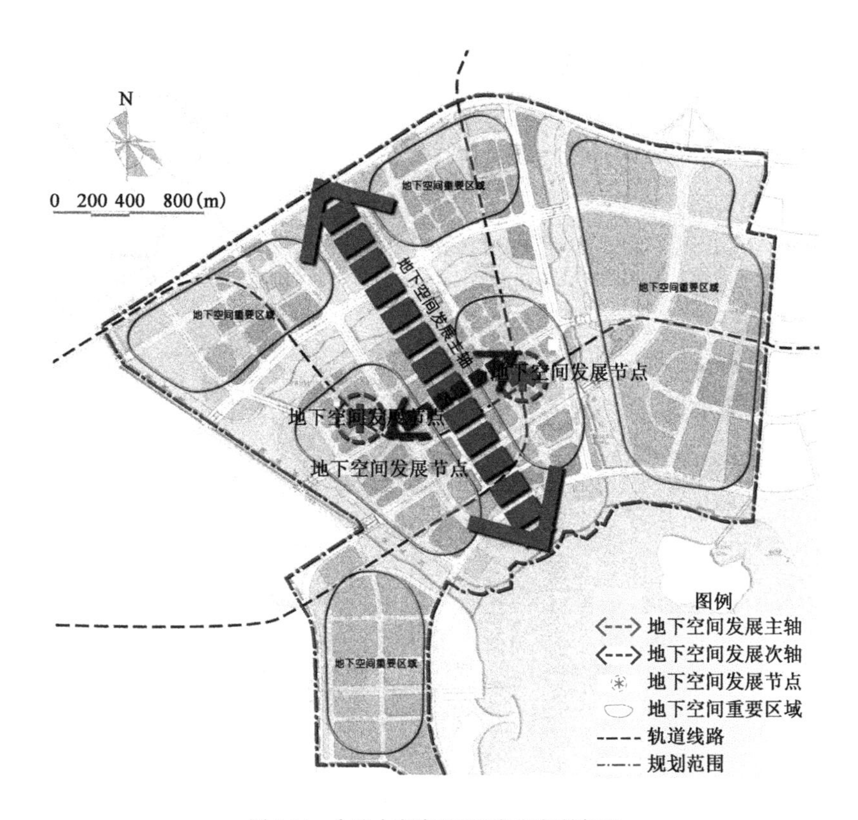

图 5-14　大连小窑湾地下空间规划结构图

1. 停车需求

(1)配建停车位控制标准及计算

配建停车是为了解决基本停车需求而规定的单体建筑物，场地、成片开发用地所必须保证的公共设施用地，停车配建标准直接反映了建筑，场地的配建停车状况。由于城市的经济发展水平、城市布局形态和汽车保有量情况不同，停车配建标准也各有不同，如图 5-16 所示。

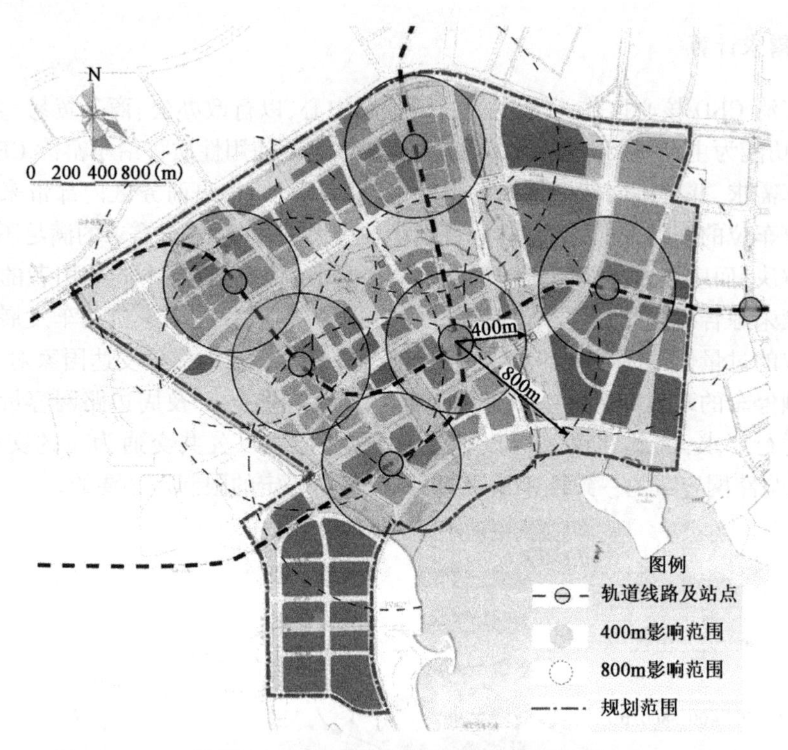

图 5-15　大连小窑湾地下轨道站点影响范围图

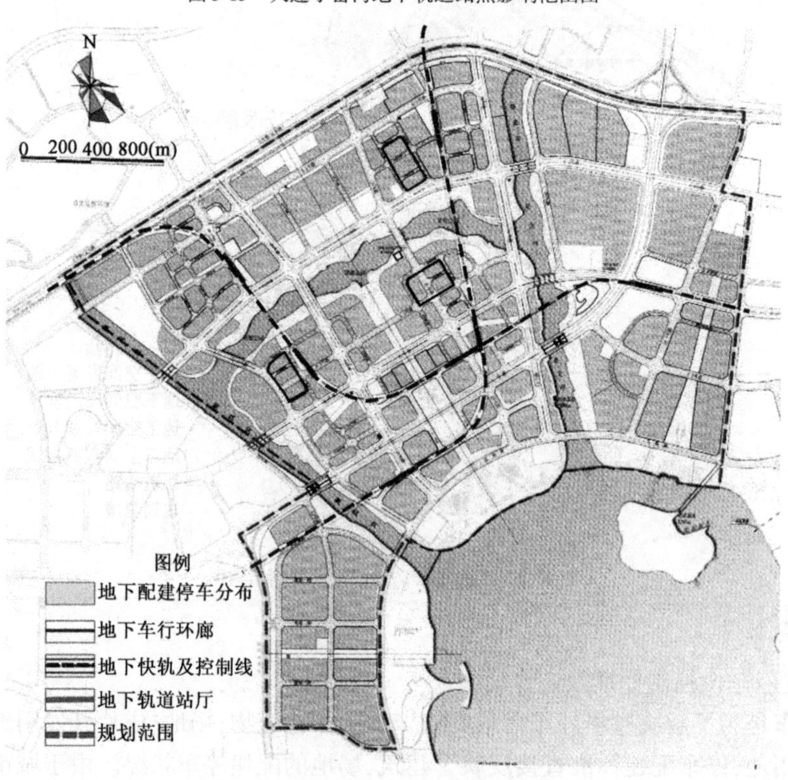

图 5-16　大连小窑湾地下配建停车场规划图

根据国内外城市 CBD 的经验，停车标准需要针对不同的土地使用特征采用不同的配建标准。例如办公用地可以分为行政办公和商务办公，这两种办公用地有不同的土地使用特征。同时要考虑地块的区位特点，按照一般情况，根据地块的相对位置关系，分为核心轴线区域、重点区域和两翼区域（图 5-17）。考虑到核心商务区内公共交通将承担大部分的交通出行，而公共交通出行和小汽车出行之间是竞争关系，从鼓励选择公共交通出行的角度考虑，依据地块周边公共交通供给强度，将地块划分为公共交通发达区域、公共交通一般区域和公共交通边缘区域，如图 5-18 所示。

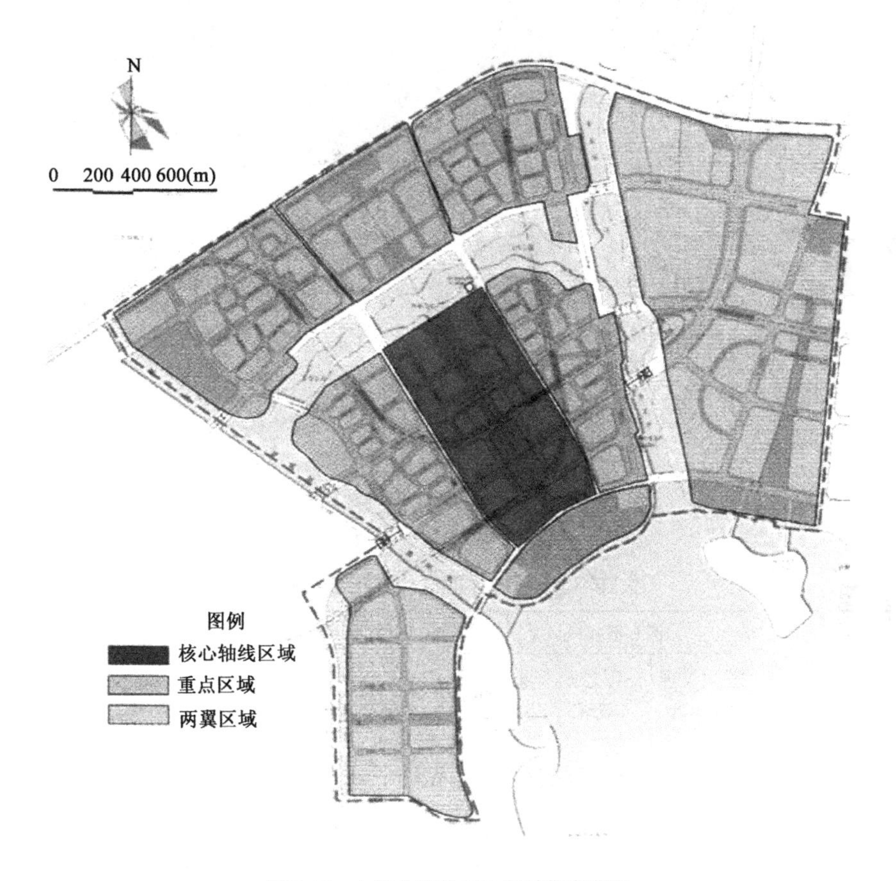

图 5-17　大连小窑湾 CBD 区域停车分图

从地块地理区位条件，地块公共供给强度条件、地块土地使用特征三个方面出发，参照公安部、住房和城乡建设部颁布的《停车场建设和管理暂行规定》《停车场规划设计规则（试行）》及《大连小窑湾国际商务中心核心综合交通规划》基础上，对小窑湾核心商务区停车配建指标进行调整，建议配件标准按表 5-13 进行控制。

综合整个区块的交通组织模式和地块周边的出行特点以及公共交通供给强度，小窑湾核心区确立了限制停车位的主策略，采用公共交通为主，与交通组织结构相匹配。根据确定的地块开发性质和建设规模，以建设的配建指标为依据，计算得到各地块所需要的停车泊位配建数，经计算，小窑湾核心区域配建停车泊位数约为 60200 个。

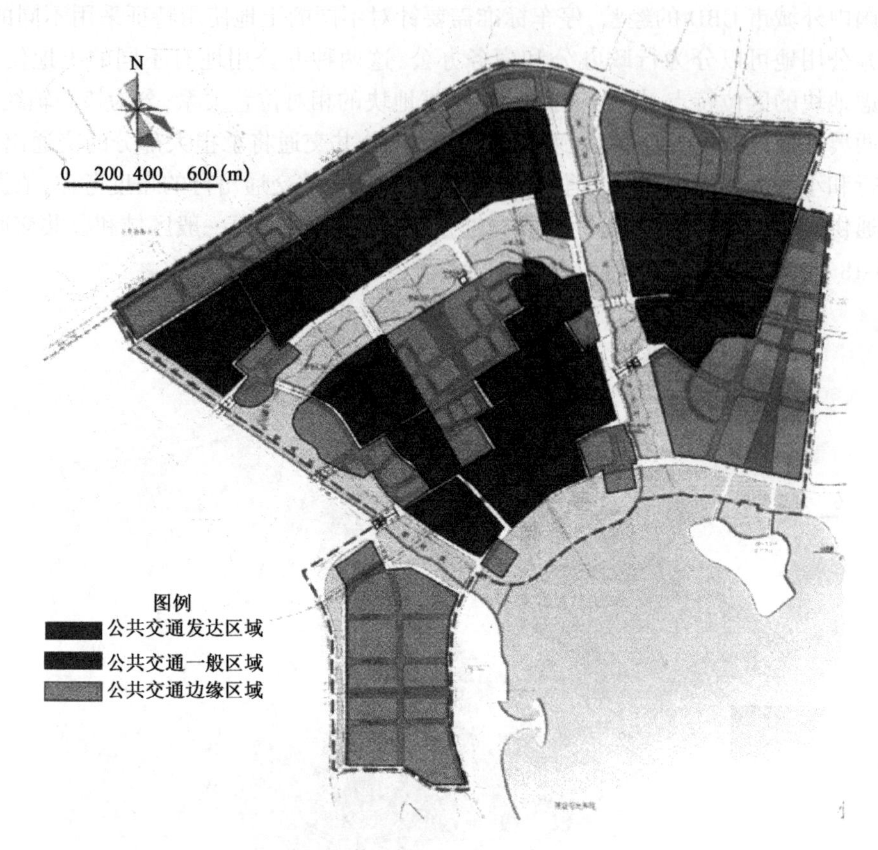

图 5-18 大连小窑湾 CBD 区域公共交图

大连小窑湾 CBD 区域停车配建指标表 表 5-13

功能类型	单位	核心轴线区域			重点区域			两翼区域		
		公共交通发达区	公共交通一般区	公共交通边缘区	公共交通发达区	公共交通一般区	公共交通边缘区	公共交通发达区	公共交通一般区	公共交通边缘区
行政办公	泊位/100m^{2}建筑面积	0.8	0.85	0.9	0.95	1.0	1.05	1.1	1.15	1.2
属性	泊位/户	1.0	1.1	1.2	1.3	1.4	1.5	1.6	1.7	1.9

注:以上数据指标以行政办公、居住用地内配建停车指标为例。

(2)社会停车泊位的计算

在深圳中心区的交通规划中,社会停车位按非居住配建的15%~20%保留。上海市在停车配建研究中提出:社会停车需要解决停车需求的20%~30%。在美国,也规定市政社会停车位按配建的15%~20%保留。大连小窑湾核心商务区的社会停车配建标准应遵循既满足需要又防止供应过量的原则。参考国内外一些城市的经验,依据大连金州区的实际情况,考虑到未来小窑湾核心区轨道交通以及公交的发达,建议小窑湾核心区的社会停车占非居住配建的比例为15%。小窑湾核心商务区的非居住配建约为55000个,因此公共停车位总数应为8300个。

2. 地下停车量测算

(1)地下社会停车量

地下社会停车是指面向社会公共开放使用的停车设施,根据产权归属性质的不同,地下社会停车又分为两种。一种是在绿地、广场、道路、停车场等开放的共用地下社会停车场,一种是在权属地块地下建设的、对公众开放使用的地下停车场。

地下社会停车场规模的确定,应综合考虑规划区内的公共停车需求及现有规划中的地上停车配置量,结合前面算出的社会停车总量,按75%计算,地下社会停车泊位约为6220个。

(2)地下配建停车量

综合考虑小窑湾国际商务的各种特征,通过仔细研究土地使用性质,不同的停车需求,不同使用者的停车目的及停车管理政策来综合规划布局地下停车设施。

借鉴同类城市相似地块配建指标停车地下化率,结合停车规划策略,将小窑湾核心轴线区域配建地下停车场,重点区域配建停车地下化率80%以上,两翼区域配建停车地下化率70%以上,结合各类用地性质及各地块容积率,给出配建停车地下化率下限值,如表5-14所示。

小窑湾核心区配建停车地下化率 表5-14

功能类型	核心轴线区域地下停车化率(下限)			重点区域地下停车化率(下限)			两翼区域地下停车化率(下限)		
	容积率≤2	容积率>2且<4	容积率≥4	容积率≤2	容积率>2且<4	容积率≥4	容积率≤2	容积率>2且<4	容积率≥4
行政办公	100%	100%	100%	90%	95%	100%	80%	85%	95%
居住	100%	100%	100%	85%	90%	95%	80%	85%	90%

注:以上数据指标以行政办公、居住用地内配建停车地下化率指标为例。

根据给出配建停车地下场指标,结合各地块总停车量,计算各地块地下停车泊位。经计算地下配建停车总泊位为53250个。

三、总结

通过制定合理交通发展策略,提出停车发展策略,预测停车需求,计算地下停车泊位,为小窑湾国际商务区未来的地下停车发展提供参考。CBD核心区域地下停车预测方法较为精确地预测地下停车需求,有利于城市CBD核心区域停车问题的解决。

第六章　城市地下商业街规划设计

第一节　地下商业街的起源与定义

一、地下商业街的起源

地下商业街最初源自1910年法国建筑师欧仁·艾纳尔(Eugene Henard)所提出的多层次街道设想。现代地下商业街是由地下通道所演变而成,商业与地下通道的结合成为地下商业街雏形的主要动因。在发展初期地下商业街主要形态是在地下通道两侧开设商店,经过几十年的变迁,从内容到形式上都有了很大发展和变化,实际上已成为地下城市综合体。

随着城市不断快速发展,影响地下商业街形成的原因较多,如城市立体化交通枢纽形成、城市更新中地面商业转换、城市发展与土地供给需求、地铁工程建设等。地下商业街不仅担负着缓解城市地面商业空间资源紧张与完善地下步行交通系统的双重责任,在特定的城市环境下,也起到了抵御恶劣气候,保障城市功能正常运转与保护地面历史风貌等诸多方面的作用。

二、地下商业街的定义

目前,我国尚无相关法规对地下商业街做出明确定义。维基百科中对地下商业街的定义为“设置于地下并设有供不特定民众通行通道的商业街”,强调地下商业街的商业与交通功能。

《大英百科全书》中将“地下商业街”解释为“在车站、广场或建筑物地下所施工的建筑物,以店铺、饮食店为中心,旁边围设办公室或仓库,店铺、饮食店等均面临人行步道”。

欧美国家则一般称地下商业街为“Underground Street”、“Underground Arcade”或是“Underground Shopping Center”,更多的是对商贸功能的强调,对于地下商业街的位置则不再局限于道路等通道和公共设施用地之下。

日本劳动省对“地下商业街”的定义是:“在建筑物的地下室部分和其他地下空间中设置商店、事务所或其他类似设施,即把为群众自由通行的地下步行通道与商店等设施结为一个整体。除此类的地下商业街外,还包括延长形态的商店,不论布置的疏密和规模的大小”。

我国台湾有学者将其诠释为“地下商业街是指位于公共使用之道路、公园、广场等公共设施用地之地下建筑物。供地下步道使用,由与地下步道形成一体的商店、事务所、公共地下停车场及其他类似用途使用单元等构成。专为站务营运管理所使用、可移动及临时性者,不在地下商业街范围”。

地下建筑专家童林旭则在《地下建筑学》一书中指出:“修建在大城市繁华的商业街下或客流集散量较大的车站广场下,由大量商店、人行通道和广场等组成的综合性地下建筑,称为地下商业街。”

通过上述地下商业街定义,可以认为,地下商业街是既拥有地下步行通道的功能,又具有多种商业功能的地下商业综合设施,它往往与地面交通设施相连,承担城市人流的组织疏散功能,又连接着商场、购物中心,是购物空间的一部分。

第二节　地下商业街规划布局原则

一、遵循上位规划原则

城市规划是一项系统性、科学性、政策性和区域性很强的工作。城市规划有效解决城市空间不足、发挥城市效益及潜能,完善城市资源有效配置,整合城市空间资源而发展城市地下空间,推动地下商业街的快速发展。

地下商业街规划是城市建设中的一个重要环节,需要利用现有资源条件,创造符合城市整体发展需求。地下商业街规划是对城市规划的补充,地下商业街要做到合理规划,除了要注意地下空间的规划设计,还应充分考虑地上建筑环境的地域特点。将周围环境纳入全局考虑范围,从整体上考虑建筑、街道、标识、小品等设计要素。

保护和改善城市生态环境,加强城市绿化建设和市政环境建设,保护城市传统建筑、历史文化遗产、地方特色和自然景观,人与环境是相互依存的有机整体,保持人与自然相互协调,既是当代人类的共同责任,也是城市规划设计工作的基本原则,地下商业街规划必须合理地利用可能的资源空间,达到城市经济发展和环境建设的有机结合。

二、遵守人性化设计原则

地下商业街规划,既要符合人的认识规律,也要符合人的经历体验,创造出让人感到舒适和愉悦的心理环境,重视空间的舒适性、可识别性与尺度的适宜性。地下商业街的环境尽可能地营造成与地面空间环境一样舒适,通过公共空间布置绿化、轻质装饰,营造热闹的氛围来使人忘记身处地下的不良心理感觉,使人感到舒适愉悦。

人性化的地下商业街规划需要从环境对人心理、生理的影响入手,依据人们在地下商业街的需求层次,来塑造良好的空间环境。人性化的设计手法,有助于提高地下街的规划品质。人性化设计分为满足人的生理需求、行为心理需求和情感需求三个层面。满足人的生理需求必须从引入自然光线和创造健康的环境进行设计;满足人的行为心理需求必须从和谐的空间创造、适宜的比例尺度进行景观设计;通过文脉创造具有活力的空间环境,以满足人的情感需求。

三、坚持生态可持续性原则

生态可持续性在地下商业街规划的运用,可以体现在对施工材料的选择、对原有特色建筑的保留以及可再生能源的利用。实现地下商业街规划要结合现有自然环境,尽量降低对周围环境的影响,强调生态可持续理念,因地制宜,尊重场地的自然共生,创造具有生态层面意义的可持续发展景观。

四、实现空间连续性原则

地下商业街规划中需同时考虑视觉空间和时空的连续性。空间上的视觉体现主要通过建筑本身及其周围的种植设计、规划设计风格、功能和色彩设计等的延续性方面来表现。地下商业街的开发是城市建设的延续，存在着一定的连续性。地下商业街规划应塑造表现力、吸引力、有节奏、有韵律、有意境的公共空间环境，从而创造出能够表达城市美感、优雅舒适的地下购物环境。

五、体现地域特征原则

具有历史价值和文化价值的旧建筑，是宝贵的人文环境资源，体现了历史特色和地方性差异，保护这些资源不受破坏，并对周围的环境进行控制，以延续传统文化特征，是规划师和建筑师的责任。地下商业步行街规划要重视地域文化、城市文脉的延续，地方文化特色的保留，发扬与自然气候有关的地方建筑特色，保留和突出地方的人文城市特色和文化特色。步行空间的规划需要吸收这些特点，在各种建筑、设施小品中，采用地方材料，融入地方建筑符号，充分尊重传统文化习俗，使不同时代的建筑之间交融对话，才能继承历史文化，延续城市风貌。

尤其在城市老城区建设过程中，保护历史文化遗产、城市传统风貌、地方特色和自然景观成为老城区开发的先决条件。地下商业街依托于老城区开发及改造时，要求开发商在对传统历史风貌，地方特色的标志性建筑保护的前提下，对商业环境进行优化设计。做到既保证了原有特色又增加了许多的时尚元素及方便性。对老建筑风格的合理延续，可以使城市建设规划中新老建筑风格和谐统一于一个整体。例如南京地铁3号线打造《红楼梦》主题“人文地铁”，有9个车站设计布置了《红楼梦》文化艺术墙，内容包括“太虚幻境”“元春省亲”“品茗”“金陵十二钗”“除夕夜宴”“湘云眠芍”“黛玉葬花”“大观园”“菊花诗社”9个具有代表性的经典场景，市民在乘地铁时可“再读红楼”（图6-1）。

图6-1　南京地铁三号线地下空间以红楼文化为主题的设计

第三节　地下商业街分类

一、街区型地下商业街

位于城市的主要干道底部,结合地铁工程的建设,成为城市主要干道上下联系的步行空间,地下商业街的建设往往平行于城市主要干道,规模与地面大致相同,呈现中间通道,两侧商业的布局模式。街区型地下商业街是现在常见的地下商业空间发展形式,其特点是集休闲、购物、娱乐为一体的综合性商业街。地下商业街的规划注重入口空间、街道空间、游憩空间、展示空间、附属空间设计。

从整体上看,地下商业街在整个城市商业中所占的比重很小,但从地下商业建筑所在的区域局部看,由于商业集聚,地下商业街对城市商业起着不小的丰富和补充作用。比如北京、上海等一线城市,在城市再开发建设后,城市地上空间有限、土地价格昂贵,地上往往建设办公楼、银行等建筑物,中小型的商店逐渐从地上转移到地下,地下街商业化进程随之加快。同时地下商业街对于广大消费者具有很强的吸引力,因为那里方便、舒适,特别是不受气候条件的影响,雨天或雪天顾客会更多。

地下商业街商业化始于日本,1963 年大阪建成梅田地下商业街,接着又建成当时全国最长的地下商业街——虹地下商业街,其总面积近 4 万 m^2,内有 4 个广场、三四百家商店和许多餐馆、酒吧、咖啡店,商店出售各种商品,从日常生活用品到高级装饰品,从现代电器到名贵古董等,凡是地上有的地下大体俱全。同时该地下商业街直接与周边地下停车场相连接,停车换乘非常方便。国内较早的有代表性的地下商业街有广州流行前线名店、南京新街口地下商业街、长沙金满地下商业街等。国内外地下商业街的开发都是依托于相对成熟的城市大环境,组成相互依存的地下综合体。

二、广场型地下商业街

通常布置在城市中心商圈或重要地段的广场处,借助于垂直通道及地面下沉广场或地铁衔接。这种规模较大,商业往往不在通道两侧,而采用大堂式布局模式。

广场是城市中心区活力塑造的核心区。在地面空间,不论是购物休闲或是工作办事,广场总是能够成为人们记忆路线和空间的基准点。当行人的主要活动空间发展到地下空间时,这些与地下空间出入口结合的下沉广场,也成为这种更加复杂空间系统的最好路标和指示牌。那些被人们所使用着的各具风格的下沉广场变成一个个"记忆节点",把地上和地下两层步行系统牢牢的镶嵌在一起,从而改善地下空间不易被识别的情况。同时,下沉广场能给设计师们留出更多的创作空间,通过改善地下空间出入口的环境,减少地下空间给人带来的不舒适心理感受。此外,小规模下沉广场的尺度,也同时隔绝了地面车行交通等,其他噪声和减少景观干扰给使用者带来的不舒适感。它们所形成的半私密和半公共的空间,成为购物时段人们休憩闲聊的最佳场所。因此,这种吸引人们频繁光顾的特点,又再一次加深了行人对地点的印象,从而成为更有效的"记忆节点",进而形成感性路标系统。

美国纽约曼哈顿地区的洛克菲勒中心是位于第五大街上的一组商业建筑群。在建筑层数和建筑密度都很高的地段，通过楼间小型花园和下沉式广场的设置，使地面环境得到一定的改善，同时也连通了近200个地下商店和地下通道，成为地下空间的“记忆节点”。

长堀地下商业街是日本在20世纪90年代建造的少数地下商业街之一，地下共4层，是迄今日本规模最大的地下商业街。长堀地下商业街虽然在功能、内容上与传统地下商业街并无大差异，但特别加强了建筑艺术质量。在宽11m的公共地下步道上方设置了8个天窗，呈波浪形连接在一起，长达260m，将太阳光引入地下空间，在地面和地下都形成独特的景观，形成“记忆节点”。

三、跨街区型地下商业街

它是街区型地下商业街扩大规模所衍生的形态。它将几个街区的地下商业街连为一体，形成了城市区域形态的地下步行系统。一般通过组团式或网格式空间的形式表现出来。

跨街区型地下商业街的设计不仅仅是一个装饰美化的过程，而是对地下商业街整个系统及各要素之间统筹规划的过程。对于跨街区的地下商业空间的开发，应先深入了解几个区域地下空间的特征，及地面建筑的特性以及使用者在这样特定环境中的心理特质，在此基础上进行深入的研究分析，不仅在环境控制上，使跨街区地下商业空间达到美观以及舒适的标准，还有更重要的是，通过新的设计思路，将几个街区的地下商业街合理连接，为将要实施的地下商业项目提供理论依据。在将来城市的发展过程中，地下商业空间将成为地下公共空间中应用最广泛的一种空间形态，未来还会有更多的功能类型在地下空间中得以实现，也会有越来越多的问题需要我们再进行深入探究。

四、复合型地下商业街

复合型地下商业街是将城市活动中多种不同的功能空间进行有机的组合（商业、办公、居住、旅馆、展览、餐饮、会议、文娱），通过几个街区的一组或几组建筑来完成，并与城市交通协调。同时，在不同功能之间建立一种空间依存、价值互补的能动关系，从而形成一个功能复合、高效的地下商业街。复合型地下商业街具有空间形态的多样化、空间功能的复合化、空间运动的立体化、空间边界的模糊化等特征。

北京中关村中心区是国内较典型的复合型地下商业街，其广泛吸收了美国城市中心区、法国拉德芳斯广场、日本新宿等城市中心区建设和改造的经验，在地下空间开发、地下综合管廊设置、地下交通体系、步行系统、大面积屋顶花园、大规模城市中心绿地和景观建设中（图6-2），对当今城市建设和城市改造具有示范意义。

中关村西区规划总占地面积51.44公顷，位于中关村科技园区的核心区。规划范围东起城市主干道白颐路，西至海淀区原政府大院西墙彩和坊路，北起北四环路，南至海淀镇南街；东与中国科学院科学城隔路相望，北近清华、北大两所知名学府，西接颐和园及西山风景名胜；四环路快速干道、城市主干道白颐路、苏州街及海淀镇南街环绕四周；地铁4号线从南向北、10号线从东向西从这里通过。其东距首都国际机场25km，南行10km可达北京西客站。该地区为北京市区内8个市级商业中心之一。

图 6-2　中关村商务中心区地下空间开发利用建设完后的效果图

为规范中关村西区的开发建设,市政府对中关村西区实行土地一级开发。由土地一级开发主体负责中关村西区前期立项和规划设计,并对中关村西区的土地进行统一拆迁安置,在统一规划的基础上,对西区的土地进行整理和基础设施、公共配套设施、公共绿地、园林景观的建设,根据市场需求和市政府确定的产业政策,进行土地招商。这种开发模式保证了中关村西区地下空间开发利用的大型化和综合化(图 6-3)。

图 6-3　中关村西区各地块平面布置图

第四节　地下商业街规划及布局

住房和城乡建设部颁布的《城市地下空间开发利用管理规定》第三条为“城市地下空间的开发利用应贯彻统一规划、综合开发、合理利用、依法管理的原则,坚持社会效益、经济效益和环境效益相结合,考虑防灾和人民防空等需要”。

地下商业街的开发遵循城市地下空间开发的相关规定,以解决城市问题,增强城市活力为目的,因此,城市地下商业街的规划与地面规划密不可分,地下商业街规划设计阶段(表 6-1)是城市总体规划的有机组成部分,地下商业街的特殊性决定了城市地下空间规划的独特性。

地下商业街规划设计各阶段的内容　　表 6-1

<table>
<tr><th colspan="2">阶　段</th><th>工　作　内　容</th></tr>
<tr><td colspan="2">地下商业街政策制定</td><td>提供核心决策群城市设计专业意见、地下商业街新资讯及开发的可行性研究</td></tr>
<tr><td colspan="2">地下商业街前期工作</td><td>将所提创意进行评估与具象化、参与地下商业街的共同决策</td></tr>
<tr><td rowspan="2">地下商业街设计工作</td><td>城市设计</td><td>城市设计导则及图面制作、地下商业街与相关整合范围的初步及详细设计、各项图面绘制</td></tr>
<tr><td>工程设计</td><td>组织反馈意见沟通上位规划、其他相关计划单位协调、后续设计工作沟通</td></tr>
<tr><td colspan="2">地下商业街工程期</td><td>城市设计工作范围的整合界面的相关问题处理、设计变更图面绘制</td></tr>
<tr><td colspan="2">地下商业街开始营运</td><td>非城市设计主要工作,可参与协调与顾问的工作</td></tr>
</table>

一、地下商业街设计类型

1. 通道式

通道式是指在城市地下人行道、地铁站之间形成的与地面连通的空间。地下商业街是这类空间的典型。通道式地下空间有明确的交通空间,商业空间分列通道一侧或两侧,通道明显,导向性强。内部人流容易组织,方向性强,人流通行不受干扰,有利于防灾。当通道式地下空间流线过长时,主次通道必须进行良好的交通组织,以保证人流的通达,满足疏散和安全的需要。在强调走道短捷、方向明确的同时应避免内部空间的单调和呆板。设计要求在满足功能使用的前提下,力求内部空间形式的多样化。

2. 广场大厅式

广场大厅式的地下建筑围绕一个与地面相通的下沉式庭院或天井布置,并朝向庭院天井开设大面积的玻璃门窗以摄取光线。在通过天井获取自然采光的同时,也可通过在庭院中栽植植物,使人与自然界保持联系,减轻恐惧感等不良心理反应。同时,植物花草的植入也可以为地下建筑提供宜人的空气环境。

3. 混合式

混合式可以结合大厅、通道和入口进行设计,整个地下商业综合体布置于平面几何中心,地下商业街中庭平面形式宜采用矩形、圆形和方形,如采用三角形则会产生动感空间,具体设计根据实际地形而定。

二、地下商业街的规模分类

按规模分类,以建筑面积的大小和其中商店数量的多少,可以将地下商业街分为大型、中型、小型三种类型。小型商业街一般是指建筑面积在 3000m^2 以下,商店小于 50 个的地下商业街区;中型商业是面积在 3000 ~ 10000m^2,商店 30 ~ 100 个的商业街区;大型商业街是指面积大于 10000m^2,商店数在 100 个以上的商业街区。

三、地下商业街布局

1. 平面布局

地下商业街设计中各种功能通过平面和竖向的组合在地下形成特殊的空间形态。地下商业街的布局根据自设条件的不同,如地理位置、交通情况、管理方式和开发模式等的不同,在空间布局上有多种不同的组合方式。

从安全、结构和施工方面考虑,地下商业街的布置应该越简洁越好,空间在功能组成、内部空间形式等方面也应该简洁、明确。与轨道交通车站、停车场等布置在同一层的方法会使得内部的交通组织变得复杂,从空间使用角度分析不利于空间交通的组织。因此地下商业街通过地下通道与交通枢纽连接是比较合理的。

平面布局主要体现在各个功能的分区设计,在空间上主要体现的是商铺、餐厅、娱乐等功能区域以及地下轨道交通车站、疏散通道和地下停车场等的布局。地下商业街平面布局是研究地下商业空间与轨道交通、地下停车场、疏散通道之间的关系,如图6-4所示。

地下商业街设计中,注重"流动"与"连通"。将不同的功能空间串联成一个有机的整体,改善步行者的空间连续感,也便于商业设施与地铁、轻轨等城市交通系统的直接衔接,保证空间环境与城市交通空间的连续性和安全性。地下商业街的步行通道已经不仅仅是简单的购物通道,已经渐渐变成重要的公共活动空间。

地下空间环境的特殊性使得在进行平面布局时应该尽量保持空间的简洁、完整,为人提供明确的交通流线,缓解人在地下空间中产生的恐慌感,创造易于感知、易识别的空间环境。因此,地下商业街平面布局应将全部的地下商业空间及其组成部分,集中布置在一个地下建筑物中,车站等交通枢纽设施则与之独立设置,两者之间有地下步行通道相连。这种布置方式在功能分区上比较明确,便于管理。

2. 竖向布局

地下商业街的竖向布局就是分层设置商业空间、轨道交通、地下停车场,然后通过疏散通道将三者联系起来,见图6-5。图中地下商业街的布局采用地下商业与地下停车设计在同一个地下空间中的方式,通过地下步道与车站等交通枢纽连接。通过设置交通核心区、环形机动车道、自动扶梯、楼梯等使地下空间各层联通。地下商业街竖向布局还包括结合地面景观,通过下沉广场、天窗等设计,将地面景观引入到地下一层,同时作为地下商业与地面人行系统的转换。

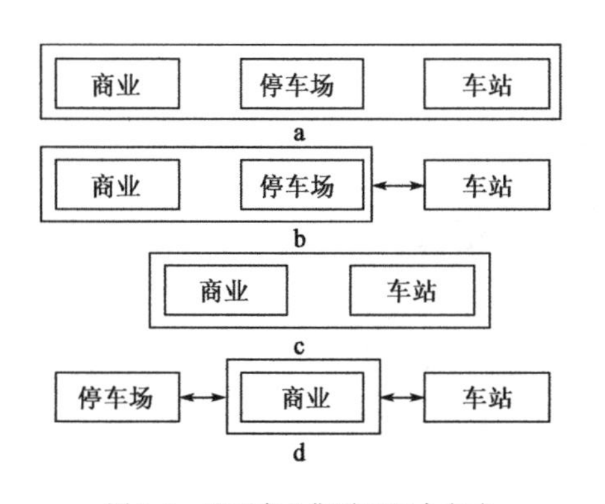

图6-4　地下商业街平面组合方式

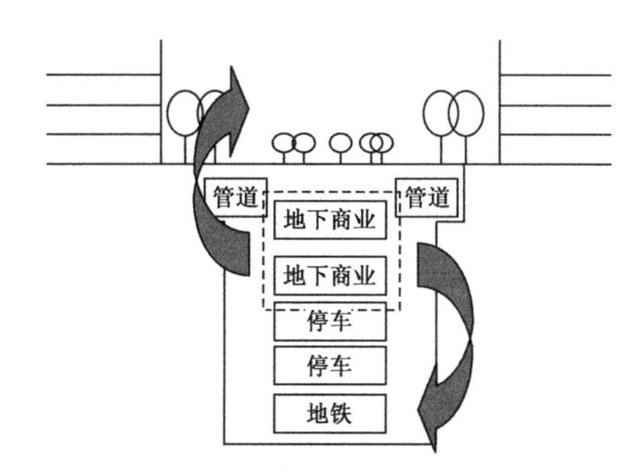

图6-5　地下商业街竖向设计布局示意图

从竖向空间布局来看,整个核心区地下空间是核心区地面空间的支撑系统,为地面空间提供在市政、交通、空间上的支撑。地下商业空间作为其中的一部分,一方面是满足商业的需求,另一方面是延续城市空间和步行交通，为地面大量人流提供一个中转站，在交通上实现人与地下轨道交通车站、地下步行网络、地下停车空间的转换。

第五节 案例分析

一、项目背景

随着南京"跨江发展"战略不断深入，南京市加快跨江通道的建设力度，为浦口的快速崛起创造了前所未有的机遇。构建跨江发展核心承载区，打造现代化浦口新城，对接、呼应河西CBD和南京主城区，共同构成南京市的"跨江新经济带"成为时代对浦口新城发展的新需求。

1. 项目定位

浦口新城位于江北副城西南部滨江地区，东接浦口老镇，北接江浦老城，与主城河西新区隔江相望。南京市浦口新城中央绿轴地下空间规划范围东至京津铁路，南至长江，西至长江二桥连接线，北至珍珠泉风景区，宁合高速江浦段，浦乌路，总面积93km^2。本次规划涉及范围为核心区中央绿轴，规划面积2.4km^2。研究范围因交通系统的连贯性需求，设计范围扩大至约5.4km^2。

2. 规划条件

浦口新城中央绿轴两侧用地主要以商业、办公及文化设施用地为主。规划区域包含两条轨道交通线（轨道4号线及11号线），三个轨道站点（浦珠江路站、浦江站及滨江站）（图6-6）。

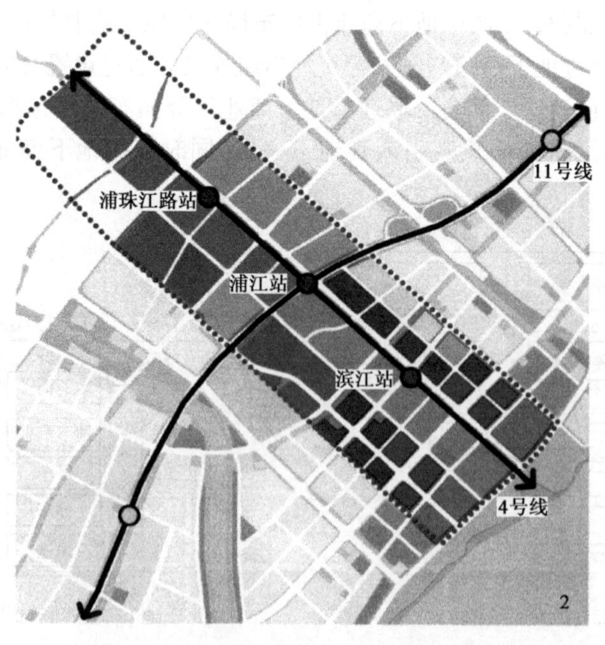

图6-6 规划用地和交通现状条件

3. 主要问题

在现有地面土地利用规划及城市定位的前提下,未来中央绿轴的地下空间开发将主要集中在如何明确地下空间开发的类型、功能和用途,如何确定各类功能的开发规模及空间布局,如何合理整合地下各类设施的空间关系,如何合理制订地下空间的分期开发,弹性预留等方面进行研究。同时如何实现地铁建设效益的最大化及实现交通组织的秩序化也是本次规划的核心内容。

二、设计目标

基于浦口新城全新开发建设的契机及发展定位,有效利用地下空间的开发建设,创造出一个多层次多方位的地下空间开发建设典范,构建一个前所未有的崭新城市。地下空间发展定位延续地面发展脉络,契合地区发展时序和地铁建设安排,将建设以文化、活力、生活为主题的大型综合型地下街区和浦口中心区建设启动示范带,如图 6-7 所示。

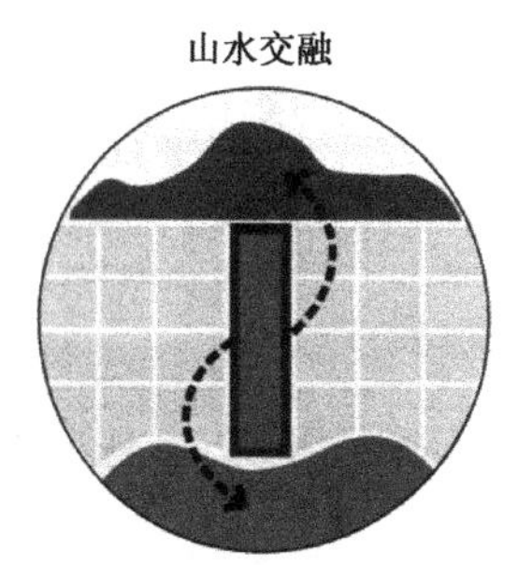
山水交融
依托浦口新城天然的山水资源,中央绿轴将成为其交融联系之纽带,在整个新区中发挥举足轻重的地位

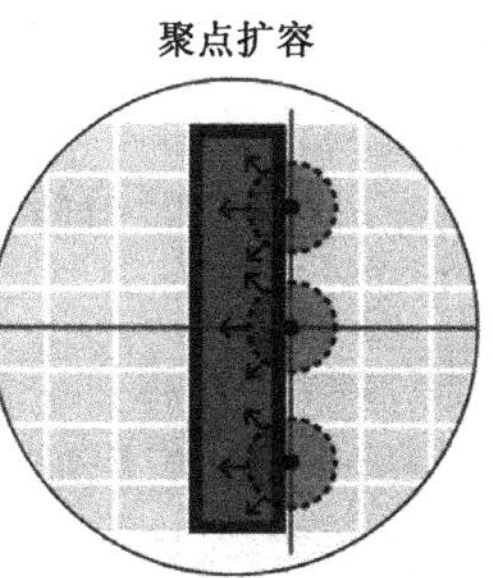
聚点扩容
利用区域轨道交通站点布局,集聚城市功能,同时在绿轴下方扩展城市容量,带动区域活力

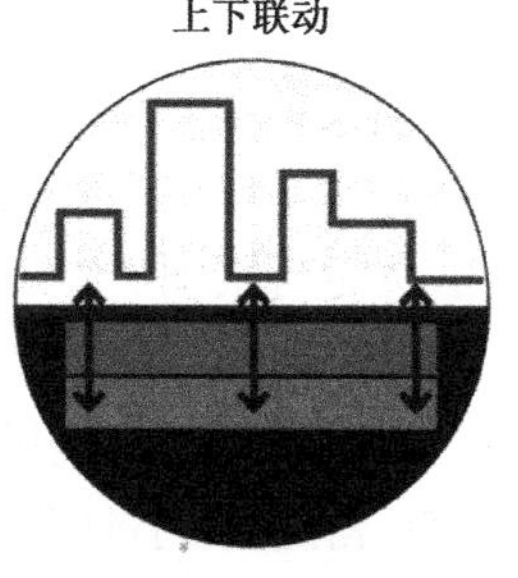
上下联动
打造绿轴下部的地下空间,使其与城市地面功能协调联系,打造上下一体、区域联动的城市格局

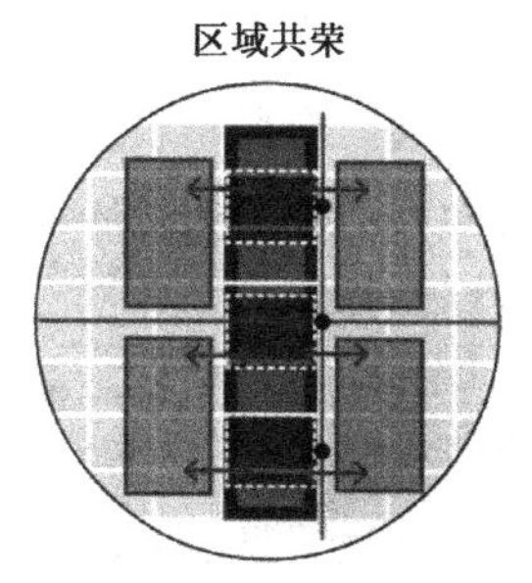
区域共荣
通过绿轴下方功能的导入,联系周边地块,在空间和生态上相互渗透,带动整个区域的繁荣

图 6-7　设计理念构思

规划目标为:支持城市活动、引导经济发展 、体现功能人性化、实现环境生态化。具体目标如下:

(1)统筹区域地下空间和地上空间的发展,实现土地集约利用;

(2)有效利用网络功能,系统化开发地下空间,建立立体多层的交通联系,实现区域的高效运转;

(3)优化交通节点与周围地块的步行联系,有助于提高城市的舒适性和打造魅力的地下空间;

(4)提高城市基础设施服务水平,改善城市整体环境,建设节能、环保的生态型城区;

(5)注重地下空间自身灾害防护,提高地下空间的安全性。

三、核心策略

基于主要问题的分析及规划设计目标,打造符合新城建设需求及城市发展目标的地下综合体,提出以下几个方面规划策略。

1. 策略一:“开发策略——以交通轨道引导地下空间开发”

本次规划结合 TOD(即 transit-oriented development,指以公共交通为导向的开发模式,常被称为公交优先发展模式)理念,轨道交通引入将影响本地区新的城市格局形成,基地内2条轨道交通线路、3个地下停车站的建设,为地区地下空间的开发创造了极好的条件。特别是轨道交通车站带来的地下人流,为地下空间的价值提升赋予了新的机遇。在大量轨道交通带来的地下人流冲击下,地下商业也将获得与地面一层商业同样的首层效应,充分体现其商业价值。因此,对轨道交通车站的临近空间进行开发,是对轨道人流的有效引导,同时也是对地铁赋予地下空间开发价值的有效利用。

2.策略二:"空间策略——立体地解决人流与车流的关系"

本次规划通过在地下空间引入园林式下沉广场的设计,绿化自然引入地下,使地下空间出入口形成生态自然丰富多彩的氛围。结合实际使用优化各层功能及层高,创造5.5~6m的商业空间,4.2m的停车空间,既确保人的空间又减少地下深埋,节约工程造价。下沉广场空间自然采光通风,结合广岛照明新技术应用,创造低碳节能的室内建筑光环境。

3.策略三:"功能策略——地下综合开发,创造连续的商业界面"

地面交通所要求的快速、通达的特点,与商业空间设计所要求的围合、停留的特点有一定的矛盾。在中央绿轴下方打造地下连续商业及娱乐功能,同时与两侧地块地下商业进行联系,可以强化整个区域商业娱乐功能与氛围。

在结合一个轨道站点打造功能复合的地下综合体,南部浦口核心区,打造南京最大的地下商业街区,地下设置完善的生活配套服务,提供便利、舒适、以人为本的地下空间,统筹地下文化、娱乐、餐饮、商业等多功能,营造24小时全天候的活力场所。

4.策略四:"交通策略——立体交通、公交优先、特色环路引导与服务地下空间的开发"

基于以交通站点为主的TOD地下空间开发策略,交通发展策略要与其相适应。以大容量的轨道交通为骨干,普通公交与小汽车为补充,既符合TOD发展模式的理念,又能快速满足不同轨道站点高客流需求的集散。

过境交通通过下穿形式立体交通的形式解决,内部交通通过地下环路系统高效组织,建设以轨道交通为骨架,公交巴士为辅助,同时与自行车立体慢行一体化无缝衔接的立体交通系统。通过地下环路系统,优化地面交通,改善地面环境,共享停车资源,实现交通结构再优化。

5.策略五:"建设策略——突出重点、理顺时序、弹性预留"

该区域地下空间开发规模较大,地下空间应结合区域发展情况,采取分期开发模式,同时,结合区域地面开发时序及轨道建设时序,近期打造重点发展区域,远期预留发展,逐步实施。

对地上地下空间进行统筹考虑与设计,实现地上地下一体化,空间与设施无缝对接,统筹地面基础建设时序,地下空间考虑合理分期开发模式,实现地下有序开发,预留控制公益性公共设施用地,以适应未来可能出现新的城市市政设施需求。

四、空间布局

在规划总体目标和地下综合利用策略的指导下,地下空间布局以地铁站点为依托,将充分考虑与地面绿化景观的结合,建立多层次的立体化交通组织,通过不同功能的公共空间在地下地上立体叠置,使达到地上地下交织通融的空间感受,如图6-8~图6-10所示。

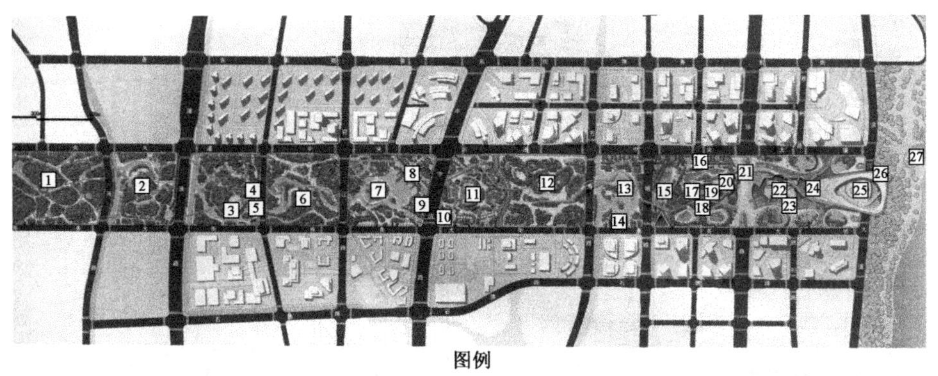

图例

1 林地　2 湿地　3 本土物种科普馆　4 活力风情街　5 听泉走廊　6 流水河滨
7 鸟岛　8 洋池广场　9 临水体闲街　10 公交枢纽　11 运动公园　12 森林
13 音乐喷泉　14 音乐广场　15 活力广场　16 市民生活休闲带　17 儿童乐园　18 时尚中心
19 4D影院　20 文化广场　21 天桥　22 数字街区　23 体验长廊　24 喷泉跌水广场
25 市民展演舞台　26 环形景观坡道　27 滨水广场

图 6-8　地上一层平面

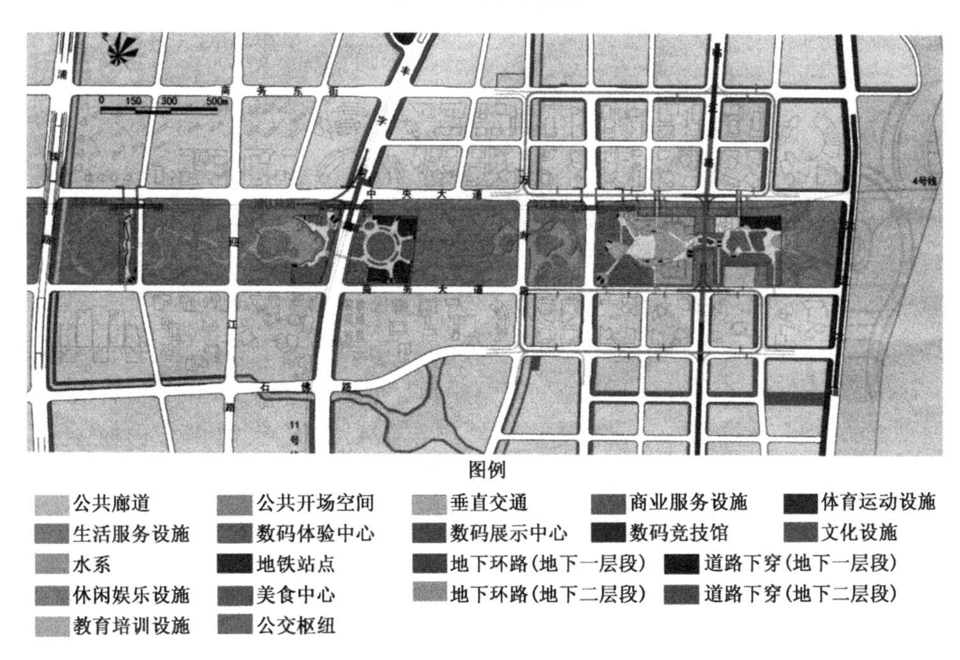

图 6-9　地下一层平面

1. 生活风情街

浦珠路站节点连通医疗服务地块及周边居住区，一条综合商业生活街区贯穿东西。总开发面积约 4 万 m^2。地下层主要承担服务周边居民的零售商业及餐饮功能，面积约 2 万 m^2，地下一层为配建停车。

此区域结合河流设置大型生态公园。公园内尽量少地设置建筑设施，即使设置，也采取减小其视觉体验，为居民提供纯正的自然环境，其间种植当地植物，不仅容易存活，也更好地接地气，避免种植外来物种，防止外来物种对当地生态可能产生的影响，保持生态环境的平衡。

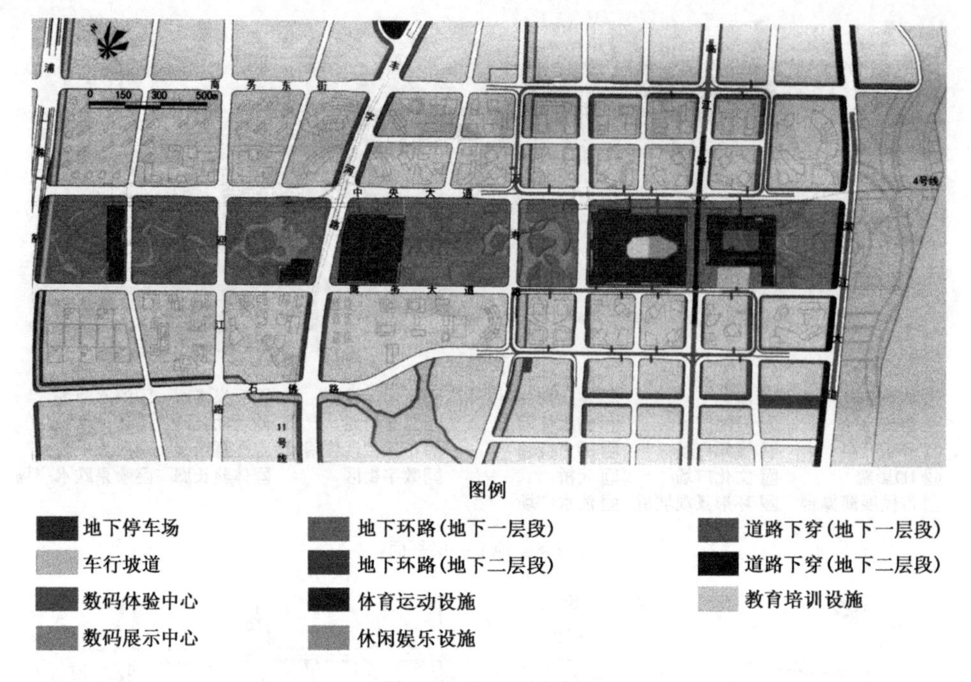

图 6-10 地下二层平面

大型生态公园对提高城市的活力具有极大的意义。不仅像“绿肺”一样为城市提供新鲜的空气,更为市民提供了自由休憩的交通场所,同时为居住在两侧高楼的市民提供了极好的景观。

商业街垂直于浦珠路道路方向设置,有效联系两侧地块。在商业街两个端头,将步行休闲空间放大,形成引人注目的入口广场,这里将成为市民集会休闲场所,同时也很好地衔接了地铁站厅,方便市民由地铁空间进入商业空间。商业步行街空间,结合水文化设置景观小品,进出可触摸到水的滋润,嗅到花的芳香。向上看,可以领略生态公园给予的绿色包容空间,远处是由城市建筑构成的背景,在不同的尺度范围内为市民提供良好的空间体验。

不远的未来,地铁将为这片区域增添活力,综合商业街给人们的出行和生活带来便利,这里将是居民社会活动的中心。

2. 运动活力源

浦江站节点将地面景观水系引至地下层,滨水商业街区依水而建,同时,打造地下运动城,与地面运动公园交相辉映。该节点总开发规模约 20 万 m^2,地下层面积约 12 万 m^2。北部为滨水零售商业及餐饮,南部为地下运动场所及运动零售,西侧布置有公交枢纽,将与轨道站点便捷换乘,地下二层为配建停车。

在物质生活极具丰富的 21 世纪,生活节奏逐步加快,市民更加注重身体素质的提高,设计的最高意义即是满足人类的积极需求。因此,此区域以“运动”为主题,满足市民对于运动的渴望。

结合市民对不同运动类型的喜好,规划设计了赛车场、健身会所。射击馆、溜冰场以及小型球类运动场地,满足市民对运动的需求,也为市民提供了集体活动场所,利于交流,对于构建文明社会、和谐社会起到积极作用。

结合此区域两端地铁站和公交站设计了入口广场，方便市民的自由进入。同时规划设计了极具特色的建筑形式，使此区域具有很强的辨识性，也将成为新的城市名片。

未来，大量的人流汇聚于此，轻松明快的生活节奏将会成为这里的主旋律。传统和现代的运动方式让不同的人群在这里都可以尽情地挥洒汗水，展现活力。同时，一站式的运动配套设施将会带来全新的体验。穿过地下街廊，人们可以直接来到滨水休闲区，运动和自然在这里达到和谐统一。滨水商业和美食城等全方位的业态也将为城市注入新的活力。在这里，浦口将绽放他的灵动的气息和璀璨的生命。

3. 文化风尚汇

滨江站节点作为 CBD 的核心区域，这里将打造成集文化、休闲、商业为一体的大型地下综合街区。该区域总开发面积约 34 万 m^2。其中公共服务设施约为 19 万 m^2，布置有零售商业、4D 电影、主题 KTV、乐活中心、科技展示馆、数码体验馆、数字教育培训、大型书城等复合业态，全方位满足人们商业、购物、休闲、文化的需求。地下二层布置公共停车场，作为商业开发配套设施并补充周边写字楼停车配建上的不足。

在此区域设计了两处极具视觉冲击力的商业综合体，不仅满足功能需求，也为市民提供了新的空间体验。异形的建筑将屋顶和地面结合设计，地面绿化自由的延伸至建筑顶端，市民的活动空间也被引到更高的高度，此处，市民可以俯视整个区域的壮阔景观。另一综合体，规划采用了现代简洁的设计方式，使流线功能更加清晰化，也将市民在建筑之外的活动呈现的淋漓尽致。延续两处建筑轴向的是特意设计的文化广场，规划采用的是弧形空间，象征着圆满和谐，广场空间设计的多样化，有硬质铺地的活动空间，大片草地的休闲空间，大片水域的静谧空间，夜晚，这里将会有音乐喷泉，伴随着音乐，巨大的喷泉冲向天空，将演奏本区域最华丽的乐章，也将是最重要的城市地标，成为市民体验生活的心中灯塔。

滨江文化风尚汇，汇聚着浦口的传统血脉和创新精神，人们在这里可以追溯城市的过去，畅想新城的未来，在这块寸土寸金之地，无论是漫步徜徉，或是驻足聆听，都可以感受到浦口的魅力，城市的灵魂和未来在这里跃动、发扬。与南京主城隔江相望的浦口新城，将在这里舞动出先锋的时尚，散发出卓越的光芒。

五、总结

通过对南京市浦口新城中央绿轴地下空间规划的研究，围绕着五大规划策略——开发策略、空间策略、功能策略、交通策略、建设策略展开分析。规划秉承以轨道交通引导地下空间开发的指导思想，建立立体化交通空间解决人流与车流的关系，同时围绕轨道站点开发地下综合体，创造不同的主题的商业空间。立体交通、公交优先、特色环路，三大交通理念相结合，引导与服务地下空间的开发。最后根据项目实际情况，制定地下空间开发时序，突出重点，预留弹性开发的可能性。

第七章 地下综合管廊规划设计

第一节 地下综合管廊规划概述

一、综合管廊规划概念及意义

1. 城市地下综合管廊规划的概念

地下综合管廊亦称综合管廊，是指在城市道路、厂区等地下建造的一个隧道空间，将电力、通信、燃气、给水、排水、热力等市政公用管线集中敷设在同一个构筑物内，并通过设置专门的投料口、通风口、检修口和监测系统保证其正常营运，实施市政公用管线的“统一规划、统一建设、统一管理”，以做到城市道路地下空间的综合开发利用和市政公用管线的集约化建设和管理，最终形成一种现代化、集约化的城市基础设施。

2. 城市地下综合管廊规划建设的意义

随着我国城市经济、科技和人民生活水平的不断提高，城市的规模将不断扩大，城市基础设施的建设也必将不断增加，因此城市建设活动也逐渐频繁。当前我国城市市政设施均以道路为基础，以架设、地埋的方式在地面、地下布置各种市政管线，如给水、燃气、电力、通信、污水管线。城市道路既要承担繁重的交通负荷，又要在有限的道路红线宽度之内将各种管线合理布局，其地下空间成为大家争相抢夺的重点。据相关资料显示，在杭州某城区 $4km^2$ 的地下埋有 20 ~ 30 家单位 360km 长的管线。由于各类管线隶属于不同机构、部门，其要求及管理模式也各不相同，各自为政。因此管线开发处于无序和粗放的模式，其带来诸多问题。如城市道路不断被挖、无序的争夺地下空间资源、工程施工中的事故不断发生。同时，在城市中架设高压电力走廊等不但占用了大量的土地资源，而且对城市环境也产生了较大的影响。随着城市居民物质生活水平的不断提高，人们对城市的景观及居住、生活环境提出了更高的要求。优美的城市环境是城市现代化建设的基本要求。因此，从各个方面来看，城市基础设施的建设发展迫切需要向地下发展，利用地下的空间。地下综合管廊是解决上述问题的重要方式，它的建设不但避免了由于埋设和维修管线而导致路面反复开挖的麻烦，还可以让管线不接触土壤和地下水，避免了土壤对管线的腐蚀，延长了使用寿命，并为城市的发展预留宝贵的地下空间。

3. 地下综合管廊的优点

(1)减少挖掘道路频率与次数，降低对城市交通和居民生活的干扰；

(2)容易并能在必要时期收容物件，方便扩容；

(3)能在综合管廊内巡视、检查，容易维修管理；

(4)结构安全性高,有利于城市防灾;
(5)管线不接触土壤和地下水,避免酸碱物质的腐蚀,延长了使用寿命;
(6)对城市景观有利,为规划发展需要预留了宝贵的空间;
(7)设施设计、保养、管理容易,安全性高;
(8)与相关单位协调容易,手续简单,不必更换许可证;
(9)由于是长期规划,能确保道路完整。

二、国内外发展现状

1. 国外发展现状

地下综合管廊于19世纪发源于欧洲,最早的综合管廊出现于第一次工业革命后的法国巴黎,城市化导致人口增加,基础设施严重不足,产生一系列的城市问题,城市环境恶化、瘟疫爆发。为改善城市环境,巴黎开始了以下水道为主体的城市基础设施建设运动。巴黎综合管廊内设有给水管道、通信管道、压缩空气管道、交通信号电缆等(图7-1)。

英国伦敦于1861年开始修建宽12英尺(约3.66m)、高7.6英尺(约2.32m)的半圆形综合管廊,其容纳的管线除燃气管、给水管及污水管外,尚设有通往用户的管线,包括电力及通信电缆。综合管廊主体及附属设施均为政府所有,综合管廊管道空间出租给各管线单位(图7-2)。

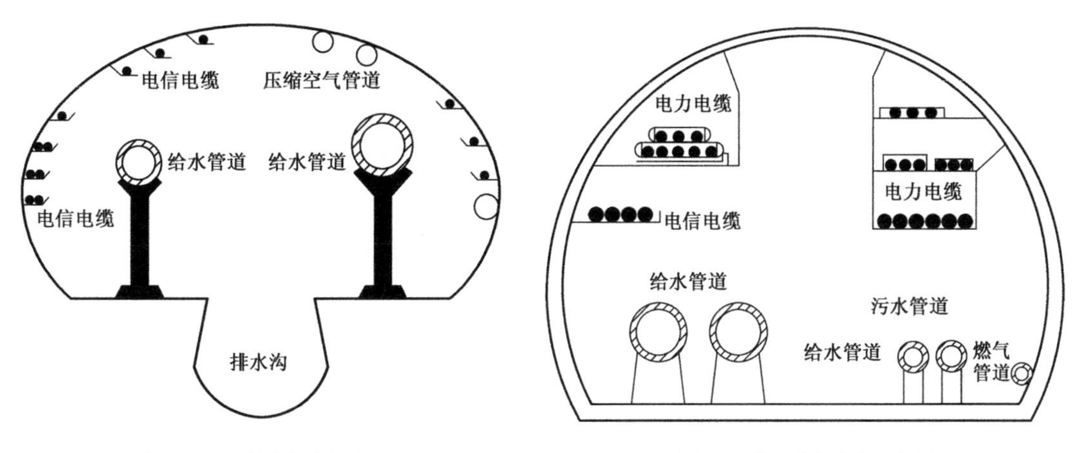

图7-1　巴黎综合管廊示意图　　　　图7-2　伦敦综合管廊示意图

德国早在1890年即开始兴建综合管廊,在汉堡的一条街道建造综合管廊,并将出入口设置在两侧人行道的地下与路旁建筑物直接相连。该综合管廊长度约455m,在当时获得较高评价(图7-3)。

自1953年以来,西班牙首都马德里兴建大量综合管廊,综合管廊的建造使城市道路路面被挖掘的次数减少,坍塌及交通干扰现象基本消除,同时拥有综合管廊的道路使用寿命比一般道路要长,其效益明显。

俄罗斯的地下综合管廊也相当发达,莫斯科地下有130km的综合管廊,除煤气管外,各种管线均有。其特点是大部分的综合管廊为预制拼装结构,分为单仓与双仓两种,图7-4、图7-5分别为莫斯科单、双仓综合管廊示意图。

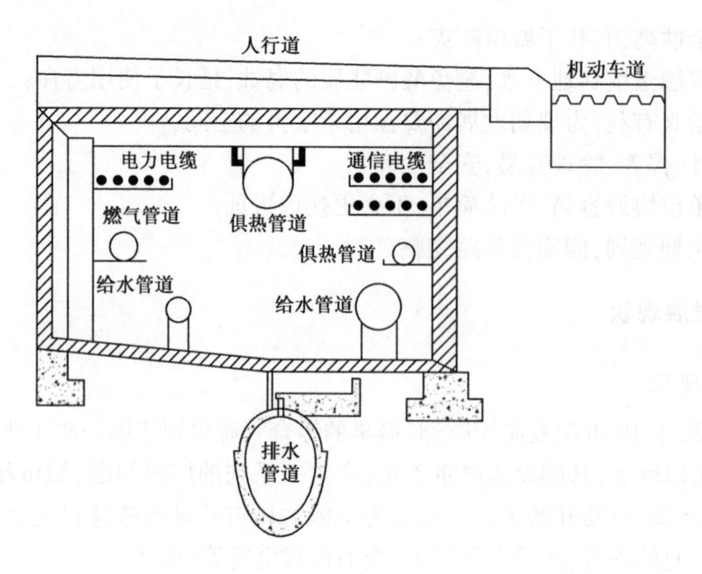

图7-3　汉堡综合管廊示意图

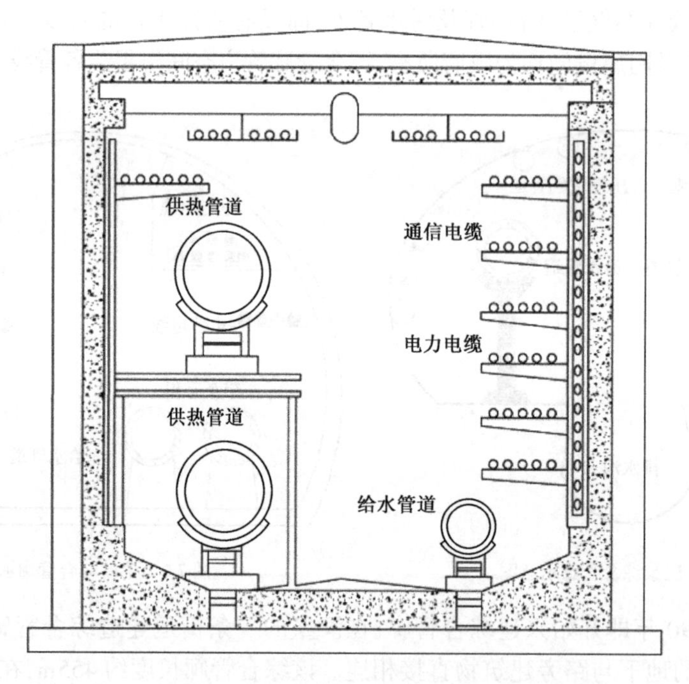

图7-4　莫斯科单仓综合管廊示意图

日本国土狭小,城市用地紧张,因而更加注重地下空间的综合利用,1958 年日本东京开始兴建综合管廊,1964 年日本实施《综合管廊建设特别措施法》,成为道路的附属设施(道路的一部分),日本全国正式进入了综合管廊全面建设阶段。到 1981 年末,日本全国综合管廊总长度约 156.6km。截止 2015 年底,日本近 80 个城市已经修建了总长度超过 2057 公里的地下综合管廊,较为典型的项目有东京临海副都心地下综合管廊,该综合管廊总长度 16km,工程建设历时 7 年,耗资 3 500 亿日元,是目前世界上规模最大、最充分利用地下空间并将各种基础设施融为一体的建设项目。该项目为一条距地下 10m、宽 19.2m、高 5.2m 的地下管道井，把上水管、中水管、下水管、煤气管、电力电缆、通信电缆、通信光缆、空调冷热管、垃圾收集等 9 种城市基础设施管道科学、合理分布其中，有效利用了地下空间，美化了城市环境，避免了乱拉线、乱挖路现象，方便了管道检修，使城市功能更加完善。该综合管廊内中水管是将污水处理后再进行回用，有效节约了水资源；空调冷热管分别提供 7～15℃和 50～80℃的水，使制冷、制热实现了区域化；垃圾收集管采取吸尘式，以 90～100km/h 的速度将各种垃圾通过管道送到垃圾处理厂。为了防止地震对综合管廊的破坏，采用了先进的管道变形调节技术和橡胶防震系统。对新的城市规划区域来说，该综合管廊已成为现代都市基础设施建设的理想模式，如图 7-6 所示。

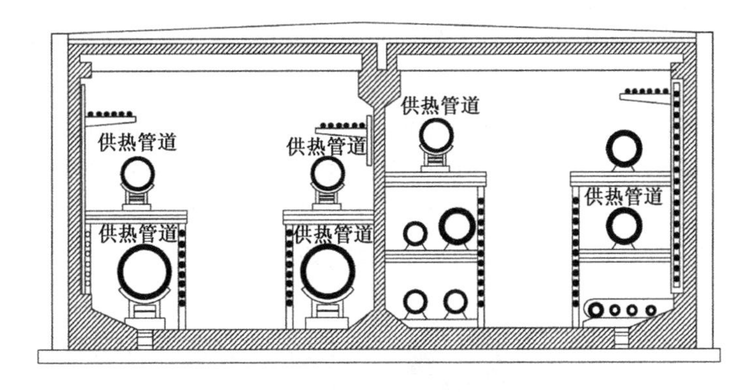

图 7-5　莫斯科双仓综合管廊示意图

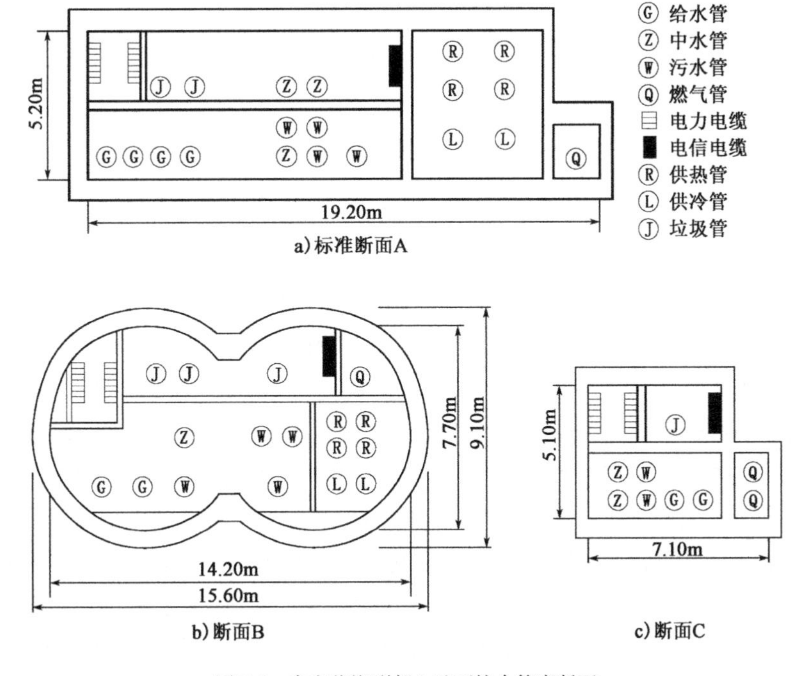

图 7-6　东京临海副都心地下综合管廊断面

美国和加拿大虽然国土辽阔，但因城市中心区高度集中，城市公共空间用地矛盾仍十分尖锐。美国纽约市的大型供水系统，完全布置在地下岩层的综合管廊中。加拿大多伦多市和蒙特利尔市，也有十分发达的地下综合管廊系统。

2. 国内发展现状

随着城市建设的不断发展，我国综合管廊建设也在不断发展。1958 年，北京市在天安门广场敷设了一条 1076m 长的综合管廊（图 7-7）。1977 年，配合毛主席纪念堂施工，又敷设了一条长 500m 的综合管廊。此外，大同市自 1979 年开始，在 9 个新建的道路交叉口都敷设了综合管廊。

20 世纪 70 年代，随着我国经济建设的要求，开始借鉴国外先进的建设经验，引入综合管廊。在上海市宝钢建设过程中，采用日本先进的建设理念，建造了长达数 10km 的工业生产专用综合管廊系统。

1994 年年底，国内第一条规模较大、距离较长的综合管廊在上海市浦东新区张杨路初步建成。该综合管廊全长约 11.125km，埋设在道路两侧的人行道下，综合管廊为钢筋混凝土结构，其断面形状为矩形，由燃气室和电力室两部分组成。该综合管廊还配置了相当齐全的安全配套设施，建成了中央计算机数据采集与显示系统，如图 7-8 所示。

图 7-7　北京天安门地下综合管廊

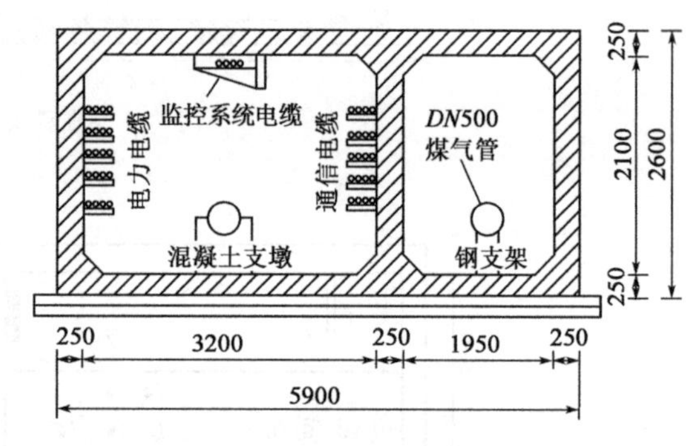

图 7-8　上海浦东新区张扬路综合管廊（尺寸单位：mm）

在新一轮城市建设的热潮中，越来越多的大中城市开始规划并着手建设综合管廊。2002 年，广东省在制定广州大学城规划时，确立了大学城（小谷围岛）综合管廊（市政综合管廊）专业规划。该综合管廊建在小谷围岛中环路中央隔离绿化带的地下，沿中环路呈环状结构布局，全长约 10km，高 2.8m，宽 7m（分隔成 2.5m、3m、1.5m 三个仓）。规划主要布置供电、供水、电信、有线电视五种管线，预留部分管孔以备发展所需，如图 7-9 和图 7-10 所示。

2006 年在中关村（西区）建设了长度 1.48 km 的综合管廊，结合地下环形车道和地下空间综合开发进行建设。采取地下一层为地下交通隧道、地下二层为设备夹层及地下停车场、地下三层为综合管廊，综合管廊分为 5 个独立小室，电力、给水、电信、热力、天然气等管线独立设置在不同的舱室中。各专业管线从主管廊出线进入设备夹层接入各地块规划红线。该种方案地下空间与综合管廊共同开发，减少了建设成本，同时也为后期运营管理带来便利。开创了与大型地下空间设施统一规划设计、同步整合建设的先例，如图 7-11 和图 7-12 所示。

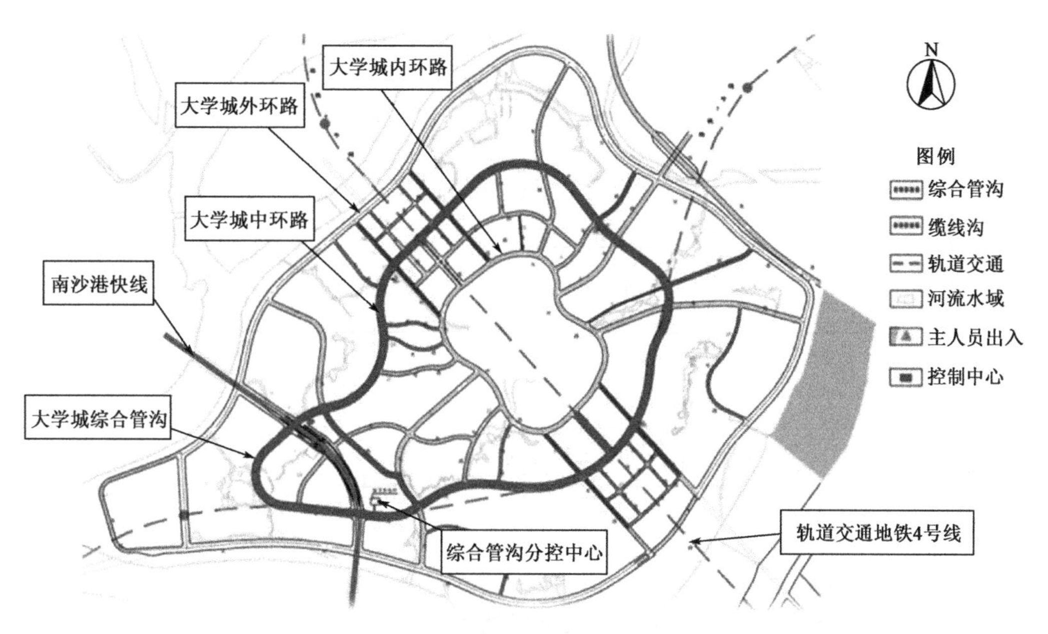

图 7-9　广州大学城综合管廊规划平面图

a)给水管管廊

b)电力线管廊

c)电信线管廊

图 7-10　广州大学城综合管廊舱内图

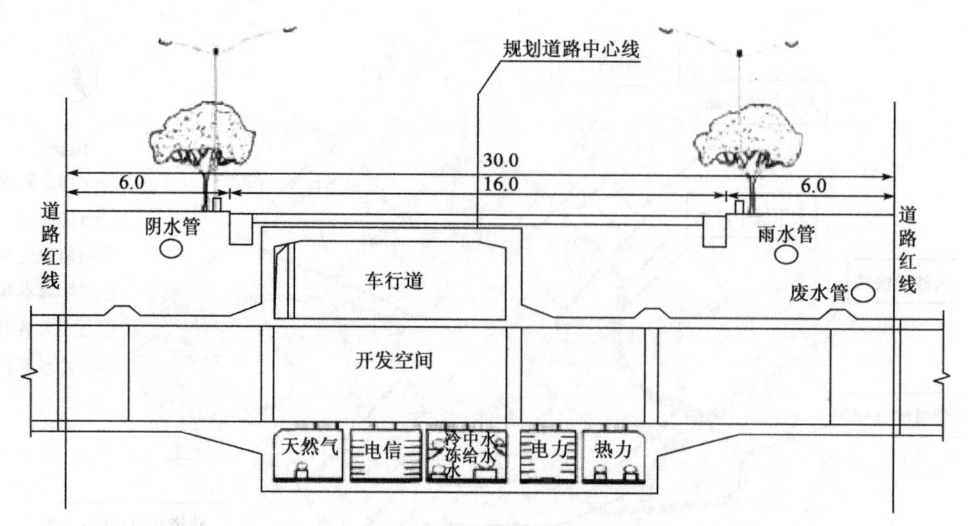

图 7-11　中关村综合管廊断面图(尺寸单位:m)

图 7-12　中关村综合管廊施工现场

2010 年,上海世博会的主题是“城市,让生活更美好”,副主题是“城市多元文化的融合”。为了建设好世博会园区,2004 年启动了“2010 年上海世博会园区地下空间综合开发利用研究”工作,确定了世博会园区地下空间开发的原则:①地面地下协调发展、相互衔接、综合利用;②与园区的总体规划一致,与园外设施协调衔接;③以人为本,展示未来城市生活,体现艺术品位和文化素养;④同时满足世博会与后世博会期间功能需要;⑤符合有关法律和政策要求,强调经济性和技术可行性。

根据《2010 年上海世博会园区地下空间综合开发利用研究报告》,提出在园区内“市政设施地下化”:新建的雨污水泵站、水库、垃圾收集站、雨水调蓄池、变电站及部分燃气调压站等市政设施,采用地下式或半地下式形式,世博园区内所有市政管线入地敷设,在世博园区主要道路下敷设综合管廊。世博园地下市政综合管廊,集成 3 种管线设施,并且在传统的现浇整体式综合管廊的工艺基础上,尝试了世界上较为先进的预制应力综合管廊技术。世博园管廊总长约 6.4km,其中现浇整体式综合管廊长约 6.2km,预制预应力综合管廊长约 200m。根据当时的测算,相对传统现浇工艺,该试点区段工期缩短了 45%,土建成本降低 4%,如图 7-13 和图 7-14 所示。

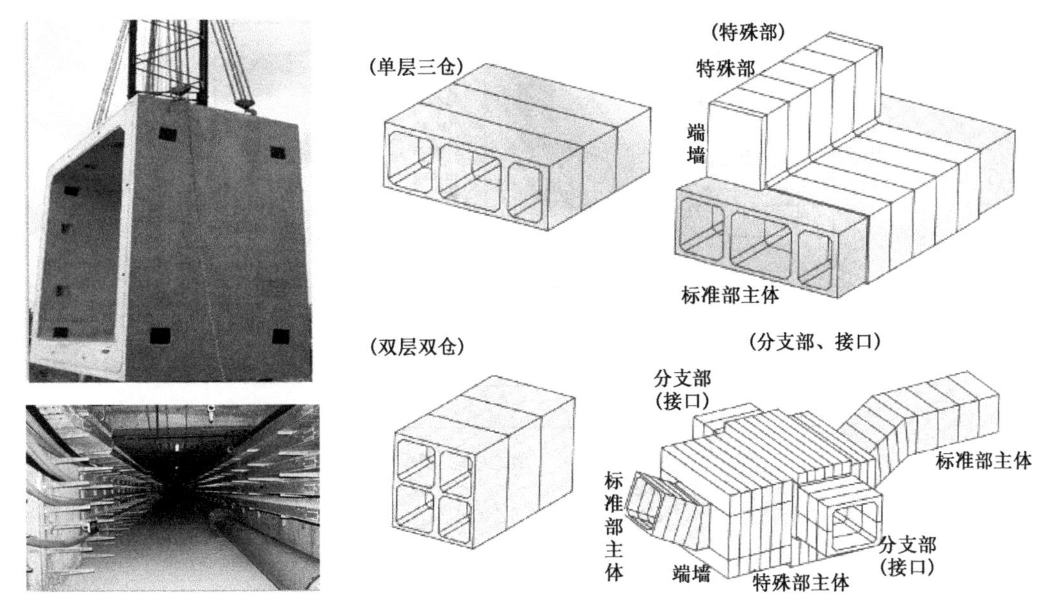

图7-13　世博园地下管线拼装　　图7-14　日本综合管廊预制拼装构件化施工方法

此外，在我国的深圳、佛山、大连、青岛、宁波、厦门、无锡、苏州、武汉等地也开始了综合管廊示范工程的建设。

第二节　地下综合管廊组成及分类

一、城市地下综合管廊的分类

（1）综合管廊根据其收容的管线不同，其性质及结构亦有所不同，大致可以分为干线综合管廊、支线综合管廊、缆线综合管廊三种。

①干线综合管廊

主要收容城市的各种供给主干线，但干线综合管廊不直接为周边用户提供服务，设于道路中央下方，向支线综合管廊提供配送服务，管线为通信、有线电视、电力、燃气、自来水等，也有将雨、污水系统纳入。干线综合管廊的断面通常为圆形或者多格箱形，其内部一般要求设置工作通道及照明、通风设备。特点为结构断面尺寸大、覆土深、系统稳定且输送量大，具有高度的安全性，维修及检测要求高，内部结构紧凑，管理及营运比较简单，如图7-15所示。

②支线综合管廊

主要收容城市中的各种供给支线，为干线综合管廊和终端用户之间联系的通道，设于人行道下，管线为通信、有线电视、电力、燃气、自来水等，结构断面以矩形居多。特点为有效断面较小，施工费用较少，系统稳定性和安全性较高（图7-16）。

③缆线综合管廊

埋设在人行道下，管线有电力、通信、有线电视等，直接供应各终端用户。其特点为空间断面较小，埋深浅，建设施工费用较少，不设通风、监控等设备，在维护及管理上较为简单（图7-17）。

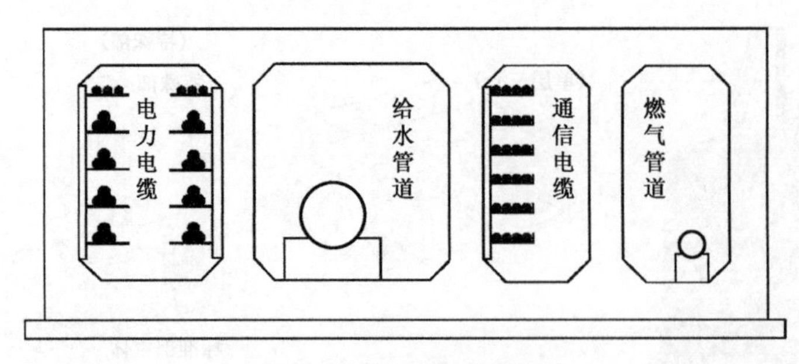

图 7-15　干线综合管廊示意图

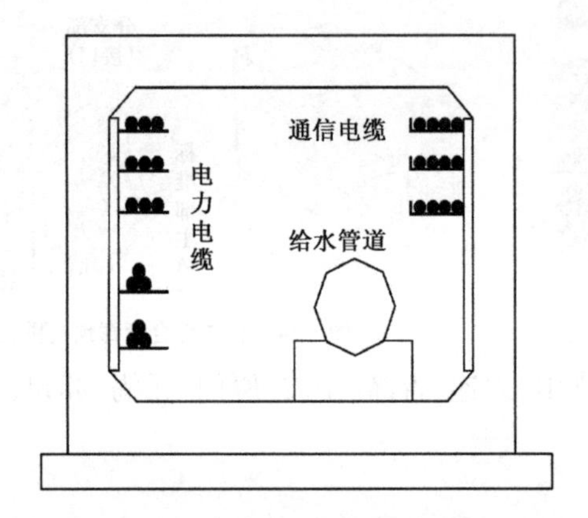

图 7-16　支线综合管廊示意图

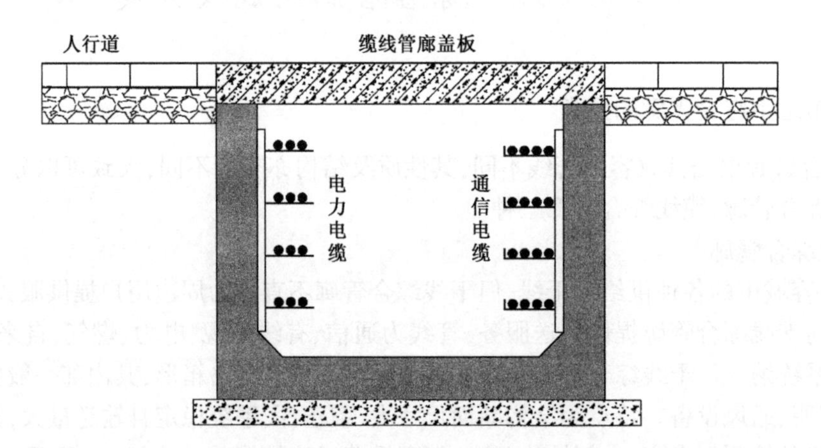

图 7-17　缆线综合管廊示意图

(2)根据施工方法的不同,综合管廊又可分为暗挖法综合管廊、明挖法综合管廊以及预制拼装综合管廊。

①暗挖法综合管廊

采用盾构、矿山法等各种工法进行施工。暗挖法综合管廊的本体造价较高,但其施工过程中对城市交通的影响较小,可以有效地降低综合管廊建设的外部成本,如施工引起的交通延滞成本、拆迁成本等。一般适合于城市中心区或深层地下空间开发中的综合管廊建设。

②明挖法综合管廊

明挖法综合管廊的直接成本相对较低,适合于城市新区的综合管廊建设,或与地铁、新修道路、地下空间开发、管线整体更新等整合建设。明挖法综合管廊一般分布在道路浅层空间。

③预制拼装式综合管廊

将综合管廊的标准段在工厂进行预制加工,而在建设现场现浇综合管廊的接出口、交叉部特殊段,并与预制标准段拼装形成综合管廊本体。预制拼装式综合管廊可以有效地降低综合管廊施工的工期和造价、更好地保证综合管廊的施工质量。预制拼装式综合管廊适合于城市新区或高科技园区类的现代化工业园区等。预制拼装式综合管廊早期以电缆沟为主,近年来断面逐步扩大,已能容纳各类城市管线并适合于各类综合管廊的建设,成为这些特定功能区综合管廊发展的新趋势和方向。

二、地下综合管廊的组成

(1)综合管廊本体

综合管廊的本体是以钢筋混凝土为材料,采用现浇或预制方式建设的地下构筑物,其主要作用是为收容各种城市管线提供物质载体。

(2)管线

综合管廊中收容的各种管线是综合管廊的核心和关键,综合管廊发展的早期,以收容电力、通信、煤气、供水、污水为主,原则上各种城市管线都可以进入综合管廊,如空调管线、垃圾真空运输管线等,但对于雨水管、污水管等各种重力流管线,由于进入综合管廊将增加综合管廊的造价,应慎重对待。

(3)监控系统

包括对综合管廊的湿度、煤气浓度以及人员进入状况等进行监控的系统设备和地面控制中心,是综合管廊防灾的重要设施,监控信号传入综合管廊地面监控中心设备,由监控中心采取相关的措施。

(4)通风系统

为延长管线的使用寿命、保证综合管廊的安全和维护、管线放置施工人员的生命安全及健康,在综合管廊内设有通风系统,一般以机械通风为主。

(5)供电系统

为综合管廊的正常使用、检修、日常维护等所采用的供电系统,用电设备包括通风设备、排水设备、通信及监控设备、照明设备和管线维护和施工的工作电源等,供电系统包括供电线路、光源等,供电系统设备宜采用防潮、防爆类产品。

(6)排水系统

综合管廊内如渗水或进出口位置雨天进水,综合管廊内会存在一定的积水,为此,综合管廊内应装设包括排水沟、积水井和排水泵等组成的排水系统。

(7)通信系统

联系综合管廊内部与地面控制中心的通信设备,含对讲系统、广播系统等,主要采用有线系统。

(8)标示系统

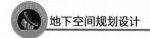

标示系统的主要作用是标示综合管廊内部各种管线的管径、性能以及各种出入口在地面的位置等,标示系统在综合管廊的日常维护、管理中具有非常重要的作用。

(9)地面设施

包括地面控制中心、人员出入口、通风井、材料投入口等地面设施。

三、综合管廊纳入的管线种类

国外进入综合管廊的工程管线有电信电缆、燃气管线、给水管线、供冷供热管线和排水管线等。另外,也有将管道化的生活垃圾输送管道敷设在综合管廊内的。国内进入综合管廊的工程管线有电力电缆、电信电缆、给水管道、燃气管道、供热管道等。

随着城市经济综合实力的提升及对城市环境整治的严格要求,目前在国内许多大中城市都建有不同规模的电力隧道和电缆沟。电力管线从技术和维护角度而言纳入综合管廊已经没有障碍。

电力管线纳入综合管廊需要解决的主要问题是防火防灾、通风降温。在工程中,当电力电缆数量较多时,一般将电力电缆单独设置一个仓位,实际就是分隔成为一个电力专用隧道。通过感温电缆、自然通风辅助机械通风、防火分区及监控系统来保证电力电缆的安全运行。

1. 供水管道

供水管线属于压力流管线,考虑到给水的物理和化学性质,即使给水管道出现意外事故,也不会给其他管线造成大的影响,并且综合管沟内通常设置有积水坑,不会造成管沟内大面积积水。另一方面,供水是关乎民生的重要管线,供水管线对一个城市的正常运行具有重要作用,供水管网输送水过程中,防止水质的污染中毒,要保证水质的安全洁净。给水管纳入综合管沟不会引起成本过度的增长,无重力坡度要求,设置灵活,所以供水管一般纳入综合管沟中。供水管线承受一定的压力,因而一般采用钢管、球墨铸铁管、PE 管等,在施工验收阶段用高于正常工作 2 倍的压力进行试压,以确保管线的安全运行。

2. 通信管线

通信电缆的介质是金属导体,具有弯曲灵活的特点,不会因为管沟纵断面变化而增加成本,也不会影响其敷设位置。因此,通常情况下,电力、通信缆线是可以纳入综合管沟的。目前国内通信管线敷设方式主要采用架空和埋地两种。架空敷设方式造价较低,但影响城市景观,而且安全性能较差,正逐步被埋地敷设方式所替代。通信管线纳入综合管廊需要解决信号干扰等技术问题,但随着光纤通信技术的普及,此类问题的发生可以避免。

3. 燃气管道

燃气属于易燃气体,遇到明火或强烈外力撞击时还具有爆炸的危险,一旦引起火灾,对道路车辆和行人都具有巨大危害。目前我国规范对于燃气管道能否进入综合管廊没有明确规定,在国外的综合管廊中则有燃气管道敷设于综合管廊的工程实例,经过几十年的运行,并没有出现安全方面的事故。将燃气管线纳入综合管沟可以减少外界对其干扰,管道的安装、检修比较方便,安全性也比较高。纳入综合管沟后,燃气管线虽然也会出现故障,但是管沟中先进的监控设备和自动报警设备,可以及时发现问题和找出故障位置,迅速进沟维修,使燃气管线对管沟本身的影响降到最低,并排除安全影响。但在国内,人们仍然对燃气管线进入综合管廊有安全方面的担忧。如在上海市张杨路综合管廊中,燃气管道是采用分仓独用的形式进入综合管廊的,在经济性能方面优越性不明显。针对安全性与经济性的矛盾,通过查阅大量国内外工程资料,确定了张杨路综合管廊不同的分隔敷设方法,即在综合管廊主体部分增设一个小型沟槽,使燃气管道敷设在这个沟槽内。采用这种方法敷设既满足了燃气管道的敷设要求,同时又降低了相关的监控安全措施,节约了工程投资。

4. 排水管道

排水管线分为雨水管线和污水管线两种。在一般情况下两者均为重力流,管线需要按一定坡度埋设,埋深一般较深,势必增加管沟的纵向坡度,加大管沟的投资费用,加大了综合管沟的埋深与横断面尺寸,工程造价高收益低。

综合管廊的敷设一般不设纵坡或纵坡很小,污水管线进入综合管廊的话,综合管廊就必须按一定坡度进行敷设,以满足污水的输送要求。另外污水管材需防止管材渗漏,同时污水管还需设置透气系统和污水检查井,管线接入口较多,若将其纳入综合管廊内,就必须考虑其对综合管廊方案的制约以及相应的结构规模扩大化等问题。

综上所述,能否将污水管线和雨水管线纳入市政综合管廊,需根据该工程的地形条件和具体条件决定:若地形条件有坡度且建设的市政综合管廊有坡度时,满足雨、污水等重力流管线按一定坡度敷设的要求,可以纳入雨、污水等重力流排水管线;若地形较平坦,从经济角度考虑,不宜纳入雨、污水等重力排水管线。

5. 热力管道

在我国北方的大多数城市,由于冬天采暖的需要,普遍采用集中供暖的方法,建有专业的供热管廊。由于供热管道维修比较频繁,因而国外大多数情况下将供热管道集中放置在综合管廊内。但是管道受热时,保温层与管道一同膨胀,增加沟内温度,并对其他管线有影响。因此在技术上需要采用高强度、导热系数小的保温材料,同时增加隔热保护板后可设在综合管沟内。此外还要考虑这类管道的外包尺寸较大,进入综合管廊时要占用相当大的有效空间,对综合管廊工程的造价影响明显。

第三节　地下综合管廊规划布局

一、地下综合管廊规划布局的原则

1. 先规划后建设

早在1933年公布的现代建筑国际会议报告《雅典宪章》就指出:“现代城市的混乱是机械时代无计划和无秩序的发展造成的”,1977年国际建筑师协会第12届大会的报告《马丘比丘宪章》更尖锐地指出:“当前最严重问题之一是我们的环境污染迅速加剧到了空前的具有潜在灾难性的程度。这是无计划的、爆炸性的城市化和地球自然资源乱加开发的直接后果”。随着人口、资源与生态环境矛盾的日益突出,合理的城市规划和可持续发展观逐步被广泛认识和接受,城市规划对城市建设和可持续发展的重要意义日益深入人心。因此,要运用好综合管廊技术,就必须重视规划而且要不断吸收新的工程技术来更新城市规划的观念,使城市功能合理,并降低城市规划的实施成本。新的工程技术对城市规划提出了更高的要求,因此没有一个全面的综合管廊规划,建设综合管廊就是盲目的。

2. 近期发展与长期发展相结合

综合管廊规划是城市规划的一部分,是地下空间开发利用的一个方面。综合管廊规划既要符合市政管线的技术要求,充分发挥市政管线服务城市的功能,又要符合城市规划的总体要求。综合管廊的建设要为城市的长远发展打下良好基础,要经得起城市长远发展的考验。综合管廊可以适应管线的发展变化,但综合管廊本身不能轻易变动,这是综合管廊的最大特点。作为基础性设施,长期规划是综合管廊规划的首要原则,是综合管廊建设的关键。当然,长期规划不是“推倒重来”,而是兼顾城市现状的长期规划。因为城市是一个历史的发展过程,每个城市都有其“固有的”发展轨迹。因此,城市规划不能漠视城市的现状,我们主张“顺势”发展,即在充分尊重现状的基础上发挥技术和规划的作用。要避免“现代化”的简单化和一致化,因此尊重现状就是主张城市的“多样性”。同时,不顾现状的规划将增加实施成本,不符合可持续发展的要求,也违背了规划的目的。由于城市是一个高度复杂的系统以及城市发展的不可预见性,片面追求规划的长期性往往适得其反。长期规划的有效性必须基于正确处理现状与发展、近期发展与长远发展的关系。

3. 综合管廊规划与其他地下设施规划相互协调

综合管廊是城市高度发展的必然产物,一般来说,建设综合管廊的城市都具有一定的规模,且地下设施也比较发达,如地下通道、地铁或其他地下建筑等,可以说,地下是一个复杂而密集的空间,需要在规划上进行统一和全面的考虑。主要是平面布置和高程布置以及与地面或建筑的衔接,如出入口、线路交叉、综合管廊管线与直埋管线的连接等,市政综合管廊规划应尽量考虑到合建的可能性,并兼顾各种地下设施分期施工的相互影响。地下工程是隐形工程,设施多而复杂,与地面工程相比,改建、扩建均有难度,且可利用的空间有限,这就要求对平面布置和高程布置进行综合的规划。一般地说,地下空间可开发的深度能够达到10～20m,甚至更深。但地下2～4m是地下空间开发的经济层,几乎处于同一水平层的各种地下设施经常发生交叉、碰撞,不得不进行改线。为了防止这类矛盾的发生,建议采取地下空间分层开发的办法,且尽可能考虑综合管廊与其他地下设施合建,使城市地下空间开发有序进行。在规划时,要注意查阅复杂多变的地下设施资料,掌握其高程、断面和走向,结合地点、地势和地质土壤性质,研究载体条件进行规划设计,制订出能满足工艺要求的合理的地下空间开发方案。这一过程与开发地上空间相比,其规划和建设更复杂、更艰巨,但这一点人们往往认识不足。

4. 与其他地下设施合建

由于综合管廊投资较大,因此只要有条件,就应该考虑与其他设施合建。合建的形式可以有多种,主要是与道路或地铁合建。与道路合建是最容易实现的一种合建形式,特别适合新建道路。当采取综合管廊与主干道路合建,综合管廊埋深不大,容易实现。与综合管廊合建的市政道路,上面行车下面敷设管线,形成了“立体交通”,既节省了建设成本,又提高了城市空间的利用率。也可考虑与地铁进行合建，但其埋深可能就比较大。合建是否合理可行，这里既有技术上的要求和规划上的考虑，又有经济成本的研究论证。另外，由于城市建设具有阶段性，而合建则要求同步施工，往往不容易统一，因而造成合建综合管廊在分期建设的安排上更为复杂。所以，合建既要考虑规划问题，也要考虑分期建设的问题。

二、地下综合管廊规划布局的形态

综合管廊是城市市政设施，其布局与城市的形态、城市路网关系紧密，其主干综合管廊主要在城市主干道下，最终形成与主干道相对应的综合管沟布局形态。在局部范围内，支干道综合管廊布局应根据该区域的情况进行合理布局。综合管沟形态布局主要有下面几种：

1. 树枝状

综合管廊以树枝状向其服务区延伸，其直径随着管廊向服务区延伸而逐渐变小。树枝状综合管廊总长度短、管路简单、投资少，但当管网某处发生故障时，其以下部分受到影响较大，可靠性相对较差。而且越到管网末端，服务质量下降。该形态常出现在城市局部区域内支干综合管廊中。

2. 环状

环状布置的综合管廊，干管相互连通，形成闭合的环状管网，在环状管网内，任何一条管道都可以由两个方向提供支持，可靠性高，但环状管网路长、耗时较长、投资大。

3. 鱼骨状

鱼骨状布局的综合管廊以干线综合管廊为主要管道，干线管道可成环状，向两侧辐射多支综合管廊。这种布局分级明确，服务质量高，且管网路线短，投资小，相互之间影响较小。但末端支管线路单一，可靠性较小。

三、地下综合管廊规划设计

1. 设计影响要素

(1)综合管廊系统规划应遵循节约用地的原则，确定纳入的管线，统筹安排管线在综合管廊内部的空间位置，协调综合管廊与其他地上、地下工程的关系，管线布置以安全、经济、施工和检查方便为总的原则。

(2)综合管廊系统规划应符合城市总体规划要求，在城镇道路、城市居住区、城市环境、给水工程、排水工程、热力工程、电力工程、燃气工程、信息工程、防洪工程、人防工程等专业规划的基础上，充分调查城市管线地下通道现状，合理确定主要经济指标，科学预测规划需求量，坚持因地制宜、远近兼顾、全面规划、分步实施的原则，确保综合管廊系统规划与城市经济技术水平相适应。

(3)应尽可能地把同性质的管线布置在同一侧；当管线种类较多时，应把电缆、控制、通信线路设在上侧；横穿管沟的管线应尽量走高处，以不妨碍管沟内通行为准；管线之间的上下间距及左右间距应满足规范要求；当断面受限制不可能加大而管线又太多布置不开时，可将小口

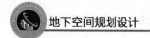

径管线并列布置，中间留出一定的人行通道宽度。

(4)综合管廊系统规划明确管廊的空间位置，纳入综合管廊内的管线应有管线各自对应主管单位批准的专项规划。

(5)做好规划中的管线避让问题。通常情况下先布置管径较大的管线，后布置管径较小的管线。小管径避让大管径，因为小管径管线所占空间位置较小，易于安装，而且造价相对低。金属管避让非金属管，因为金属管较易切割、弯曲，连接附件少的管道避让附件多的管道，这样有利于施工操作和维护及更换管件。

(6)综合管廊的系统规划应明确管廊的最小覆土深度、相邻工程管线和地下构筑物的最小水平净距和最小垂直净距。

(7)综合管廊等级应根据敷设管线的等级和数量分为干线综合管廊、支线综合管廊及电缆沟。

(8)干线综合管廊宜设置在机动车道、道路绿化带下，其覆土深度应根据地下设施竖向综合规划、道路施工、行车荷载、绿化种植及设计冻深等因素综合确定。

(9)支线综合管廊宜设置在道路绿化带、人行道或非机动车道下，其覆土深度应根据地下设施竖向综合规划、道路施工、绿化种植及设计冻深等因素综合确定；电缆沟宜设置在人行道下。

2. 设计要求

(1)总体布局的要求

①综合管廊平面中心线宜与道路中心线平行，不宜从道路一侧转到另一侧。

②综合管廊沿铁路、公路敷设时应与铁路、公路线路平行。

③综合管廊与铁路、公路交叉时宜采用垂直交叉方式布置，受条件限制时，可倾斜交叉布置，其最小交叉角不宜小于60°。

④综合管廊穿越河道时应选择在河床稳定河段，最小覆土深度应按不妨碍河道的整治和管廊安全的原则确定。要求在一至五级航道下面敷设时应在航道设计高程2.0m以下，在其他河道下面敷设时，应在河底设计高程1.0m以下，在灌溉渠道下敷设时，应在渠底设计高程0.5m以下。

⑤埋深大于建(构)筑物基础的综合管廊，其与建(构)筑物之间的最小水平净距离，应符合下式规定：

$$l \geqslant \frac{H - h_e}{\tan\alpha}$$

式中：l——综合管廊外轮廓边线至建(构)筑物基础边水平距离(m)；

H——综合管廊基坑开挖深度(m)；

h_e——建(构)筑物基础底砌置深度(m)；

α——土壤内摩擦角(°)。

⑥干线综合管廊、支线综合管廊与相邻地下构筑物的最小间距应根据地质条件和相邻构筑物性质确定，且不得小于表7-1规定的数值。

⑦综合管廊最小转弯半径应满足综合管廊内各种管线的转弯半径要求。

⑧综合管廊的监控中心与综合管廊之间宜设置直接联络通道，通道的净尺寸应满足管理人员的日常检修要求。

干线综合管廊、支线综合管廊与相邻地下构筑物的最小间距　　表 7-1

施工方法 相邻情况	明挖施工	暗挖施工
综合管廊与地下构筑物水平间距	1.0m	不小于综合管廊外径
综合管廊与地下管线水平间距	1.0m	不小于综合管廊外径
综合管廊与地下管线交叉穿越间距	1.0m	1.0m

⑨干线综合管廊、支线综合管廊应设置人员逃生孔，逃生孔宜同投料口、通风口结合设置。

⑩综合管廊的投料口宜兼顾人员出入功能。投料口最大间距不宜超过400m。投料口净尺寸应满足管线、设备、人员进出的最小允许限界要求。综合管廊的通风口净尺寸应满足通风设备进出的最小允许限界要求，采用自然通风方式的通风口最大间距不宜超过200m。

综合管廊的投料口、通风口、安全孔等露出地面的构筑物应满足城市防洪要求或设置防止地面水倒灌的设施，其外观宜与周围景观相协调。综合管廊的管线分支口，应满足管线预留数量、安装敷设作业空间的要求。管廊同其他方式敷设的管线连接时，需考虑防水和差异沉降的问题。当综合管廊的纵向斜坡超过10%时，应在人员通道部位设防滑地坪或台阶。

(2)综合管廊的断面要求

综合管廊按照容纳管线的种类和数量分为干线综合管廊、支线综合管廊和电缆沟3种类型。综合管廊的标准断面应根据容纳的管线种类、数量、施工方法综合确定(表7-2)。一般情况下，采用明挖现浇施工时，宜采用矩形断面，这样在内部空间使用方面比较高效；采用明挖预制装配施工时，宜采用矩形断面或圆形断面，这样施工的标准化、模块化比较易于实现；采用非开挖施工时，宜采用圆形断面、马蹄形断面，主要是考虑到受力性能好、易于施工。

综合管廊标准断面比较　　表 7-2

施工方式	特　点	断面示意
明挖现浇施工	内部空间使用方面比较高效	
明挖预制装配施工	施工的标准化、模块化，比较易于实现	
暗挖施工	受力性能好、易于施工	

综合管廊标准断面内部净宽和净高应根据容纳管线的种类、数量，管线运输、安装、维护、检修等要求综合确定。一般情况下，干线综合管廊的内部净高不宜小于2.1m，支线综合管廊的内部净高不宜小于1.9m。综合管廊与其他地下构筑物交叉的局部区段，净高一般不应小于1.4m。当不能满足最小净空要求时，可改为排管连接。

(3)人行通道要求

干线综合管廊、支线综合管廊往往是可通行式综合管廊，为了满足检修人员在综合管廊内部通行的要求，根据综合管廊支架单侧或双侧布置的不同，人行通道的最小宽度亦有所区别：当综合管廊内双侧设置支架或管道时，人行通道最小净宽不宜小于1.0m；当综合管廊内单侧设置支架或管道时，人行通道最小净宽不宜小于0.9m。除了满足综合管廊内人行通道宽度要求之外，综合管廊的人行通道的净宽，尚应满足综合管廊内管道、配件、设备运输净宽的要求。

电缆沟情况比较特殊，一般情况下，电缆沟不提供正常的人行通道。当电缆沟需要工作人员安装使用时，其盖板为可开启式，电缆沟内的人行通道的净宽，不宜小于表7-3所列值。

电缆沟人行通道净宽(mm) 表7-3

电缆支架配置方式	电缆沟净深		
	≤600	600~1000	≥1000
两侧支架	300	500	700
单侧支架	300	450	600

(4)电缆支架空间要求

综合管廊内部电缆水平敷设的空间要求如下：

①最上层支架距综合管廊顶板或梁底的净距允许最小值，应满足电缆引接上侧的柜盘时的允许弯曲半径要求，且不宜小于表7-4所列数值再加80~150mm的总和。

②最上层支架距其他设备的净距，不应小于300mm；当无法满足时，应设防护板。

③水平敷设时电缆支架层间距根据电缆的电压等级、类别确定，可参考表7-4中的各项指标。

电(光)缆支架层间垂直距离的允许最小值(mm) 表7-4

<table>
<tr><th colspan="2">电缆电压等级和类型，光缆，敷设特征</th><th>普通支架、吊架(mm)</th><th>桥架(mm)</th></tr>
<tr><td colspan="2">控制电缆</td><td>120</td><td>200</td></tr>
<tr><td rowspan="6">电力电缆明敷</td><td>6kV以下</td><td>150</td><td>250</td></tr>
<tr><td>6~10kV交联聚乙烯</td><td>200</td><td>300</td></tr>
<tr><td>35kV单芯</td><td>250</td><td>300</td></tr>
<tr><td>35kV三芯</td><td rowspan="2">300</td><td rowspan="2">350</td></tr>
<tr><td>110~220kV，每层1根以上</td></tr>
<tr><td>330kV、500kV</td><td>350</td><td>400</td></tr>
<tr><td colspan="2">电缆敷设在槽盒中，光缆</td><td>$h+80$</td><td>$h+100$</td></tr>
</table>

(5)各种管道布局的空间要求

①给水管道

城市市政给水管道根据管材可分为金属管材和非金属管材两大类。

金属管材:主要包括铸铁管和钢管。铸铁管抗腐蚀性能好,锈蚀缓慢,但自重较大,不耐振动,工作压力较钢管低。铸铁管的接口一般分为两种接口——承插式和法兰盘式,这两种接口形式都适用于综合管廊内管道的连接。钢管强度高、耐振动、质量轻、接口连接方便,但易生锈、不耐腐蚀,在综合管廊内敷设维护工作量较大。

非金属管材:非金属管道种类较多,主要有钢筋混凝土管、预应力钢筋混凝土管、复合管。由于钢筋混凝土管和预应力钢筋混凝土管自重大,在综合管廊内部运输不方便,一般情况下不适用于综合管廊内管道敷设。近年来,复合管材制成的管道种类繁多,这些复合管耐久性好、自重轻,多为中小口径,便于在综合管廊内敷设。

②排水管道

钢筋混凝土管是最常用的排水管道,其他常用的管道包括玻璃钢夹砂管、高密度聚乙烯塑胶管、丙烯腈—丁二烯—苯乙烯塑胶管等。

排水管道纳入综合管廊内主要为中小口径的玻璃钢夹砂管、高密度聚乙烯塑胶管、丙烯腈—丁二烯—苯乙烯塑胶管等。

给水和排水管道在综合管廊内敷设的空间要求如图 7-18 和表 7-5 所示。

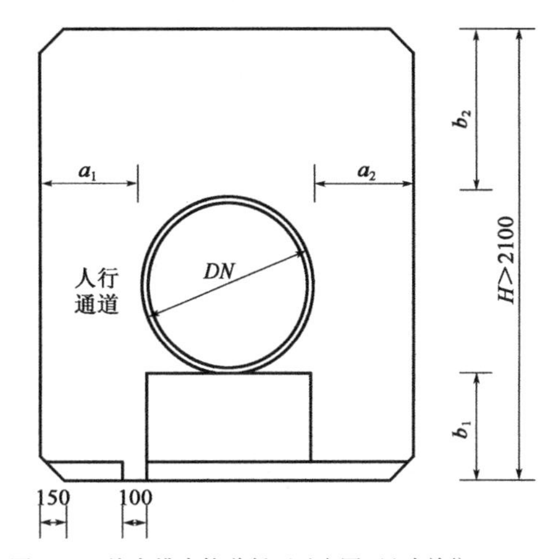

图 7-18　给水排水管道断面示意图(尺寸单位:mm)

给水和排水管道安装净距(mm)　　表 7-5

DN	铸铁管、螺栓连接钢管				焊接钢管			
	a_1	a_2	b_1	b_2	a_1	a_2	b_1	b_2
$DN<400$	850	400	400	$2100-(b_2+DN)$	750	700	700	$2100-(b_2+DN)$
$400\leqslant DN<800$	850	500	500	$2100-(b_2+DN)$	750	500	500	$2100-(b_2+DN)$
$800\leqslant DN<1000$	850	500	500	800	750	500	500	800
$1000\leqslant DN<1500$	850	600	600	800	750	600	600	800
$DN\geqslant1500$	850	700	700	800	750	700	700	800

③燃气管道

当前在我国城镇中低压燃气配输中,常见的材料有聚乙烯管、钢管和铸铁管。各种材质燃气管道的使用,一般结合不同的使用场合选用不同的管材,以达到安全可靠、经济合理等建设和运行的要求。在高压燃气管道建设中,管材广泛采用 X60 低合金钢,并开始采用 X65、X70 等更高强度的材料。X60、X65、X70 材质的低合金钢管强度高、韧性高,焊接性能好,具有高抗氢致裂纹(HIC)及应力腐蚀断裂(SCC)能力。

燃气管道在综合管廊内敷设的空间要求如图 7-19 和表 7-6 所示。

燃气管道安装净距(mm)　　表 7-6

DN	300	400	500	600	750
a_1	600	600	600	600	600
a_2	750	750	750	750	750
b	650	650	650	650	650
B	1650	1750	1850	1950	2100
H	2100	2100	2100	2100	2100

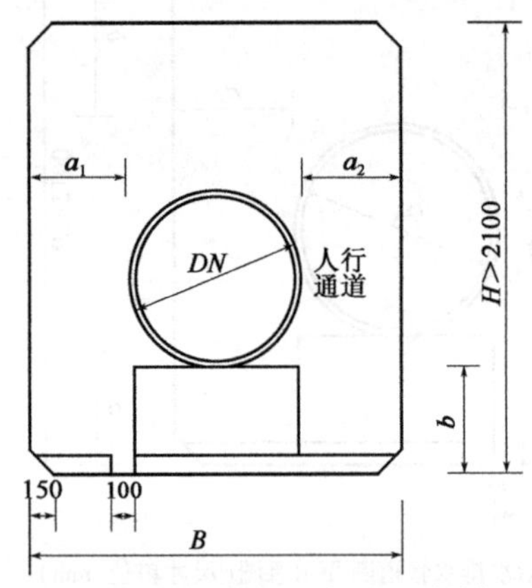

图 7-19　燃气管道断面示意图(尺寸单位:mm)

(6)分支口设计要求

综合管廊分支口是综合管廊和外部管线相互衔接的部位。分支口的设置部位一般根据综合管廊总体规划确定。在和综合管廊横向交叉的路口,应设置分支口。如果道路路网比较稀疏,在综合管廊沿线每隔 150 ~ 200m 设置一处管线分支口。

综合管廊管线分支口类型多样,没有固定的规模和形式。但管线分支口的空间尺寸应满足管线转弯半径的需要。电缆在垂直和水平转向部位、热伸缩部位以及蛇形弧部位的弯曲半径,不宜小于表 7-7 所规定的弯曲半径。

电(光)缆敷设允许的最小弯曲半径　　表 7-7

电(光)缆类型			允许最小转弯半径	
			单芯	三芯
交联聚乙烯绝缘电缆	≥66kV		20D	15D
	≤35kV		12D	10D
油浸纸绝缘电缆	铝包		30D	
	铅包	有铠装	20D	15D
		无铠装	20D	
光缆			20D	

当电缆的直径较小时,可直接在综合管廊壁板预埋电缆预埋件代替分支口,如图 7-20 和图 7-21 所示;当电缆、管道的数量较多时,综合管廊的分支口设计可参照图 7-22,局部放大图见图 7-23 ~ 图 7-25。综合管廊管线出井示意见图 7-26。

(7)投料口设计要求

综合管廊投料口的主要作用是满足管线、管道配件等进出综合管廊,一般情况下宜兼顾人员出入功能。投料口最大间距不宜超过 400m。投料口净尺寸应满足管线、设备、人员进出的最小允许限界要求,如图 7-27 所示。

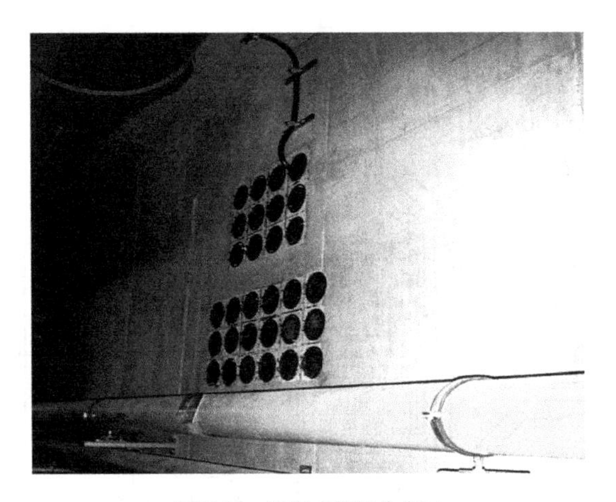

图7-20　预埋式缆线分支口

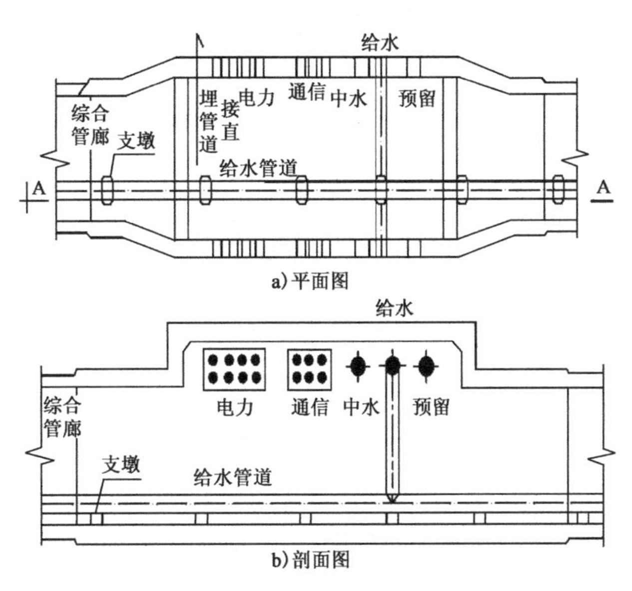

图7-21　预埋式缆线分支口平面、剖面图

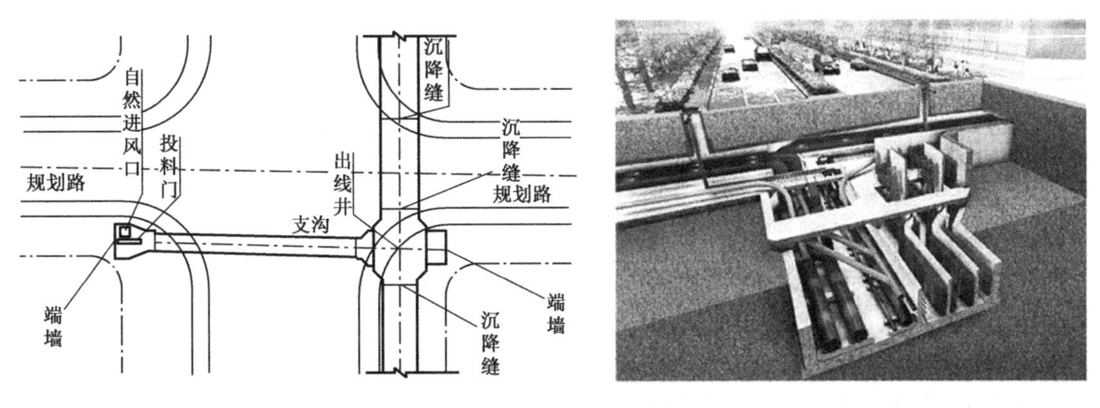

图7-22　分支口平面及示意图

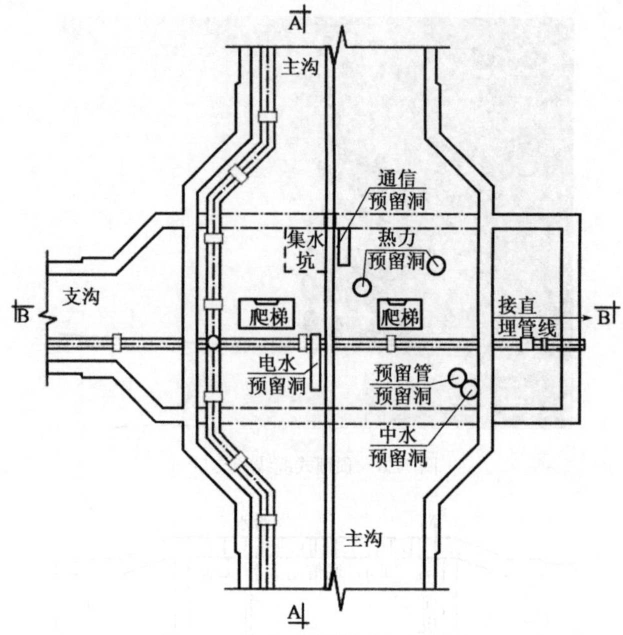

图 7-23　分支口局部放大图平面图

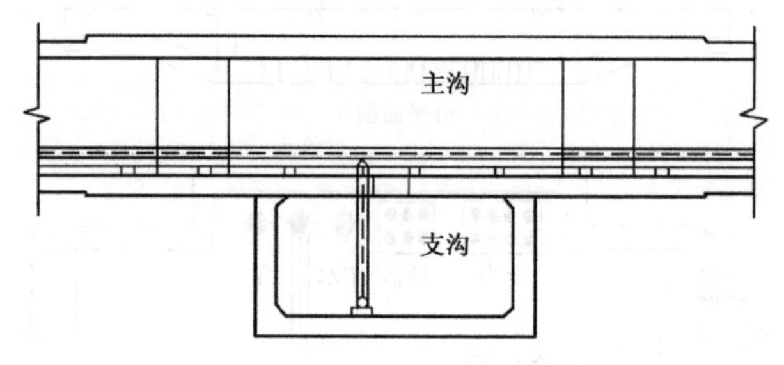

图 7-24　分支口局部放大图 A—A 剖面图

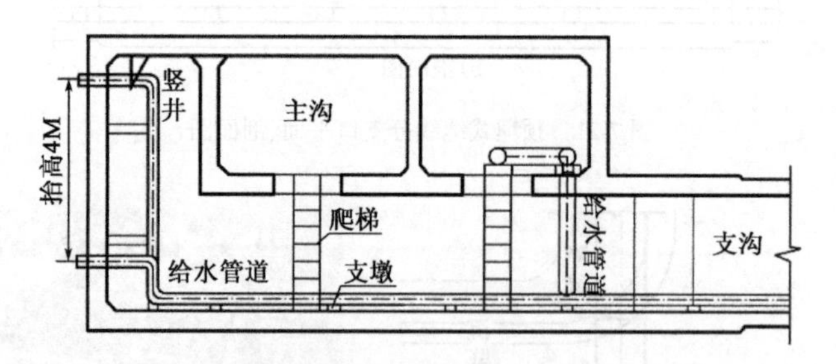

图 7-25　分支口局部放大 B—B 剖面图

(8)通风口设计要求

由于综合管廊属于地下结构,长期埋设在地面以下,综合管廊内部空气不流通,因而需要设置一定的通风设施。综合管廊内外空气的交换通过通风口进行。

通风口净尺寸由通风区段长度、内部空间、风速、空气交换时间决定。

通风口的位置根据道路横断面的不同而不同,可设置在道路的人行道市政设施带、道路两侧绿化带或道路中央绿化分隔带内,如图 7-28 和图 7-29 所示。

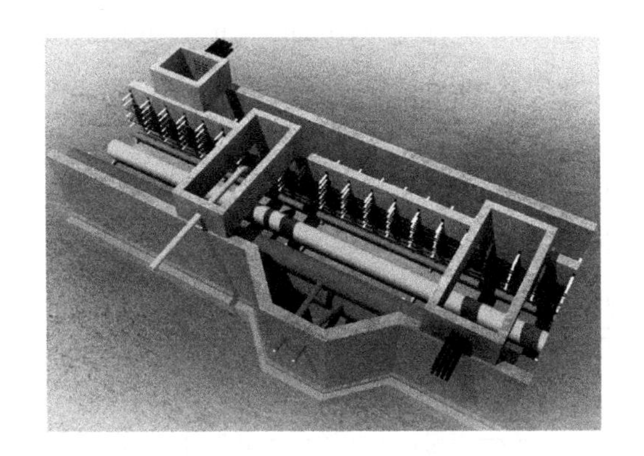

图 7-26　综合管廊管线出井示意图

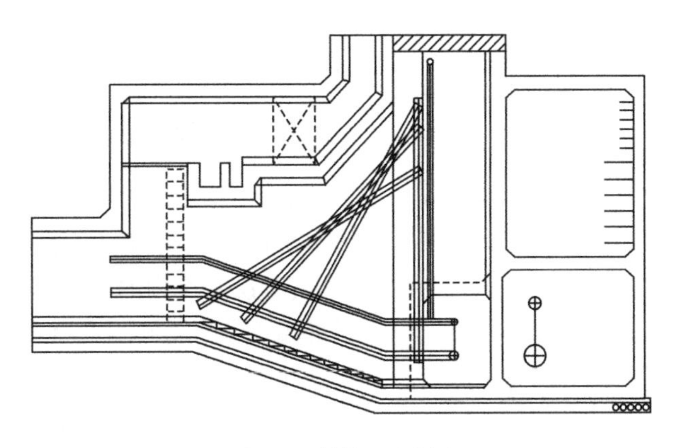

图 7-27　投料口示意图

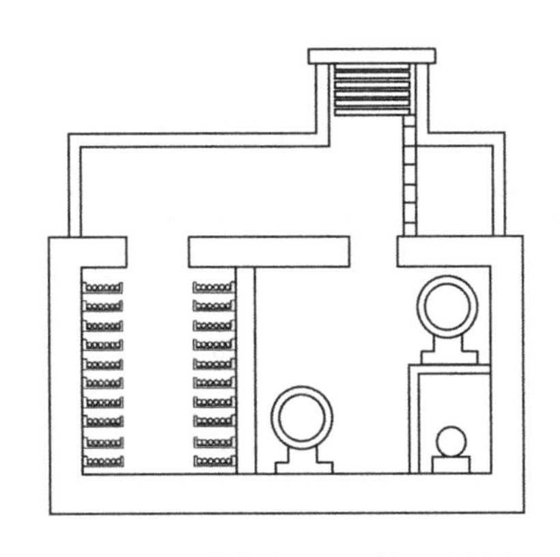

图 7-28　综合管廊通风口剖面示意图

图 7-29　综合管廊通风口示意图

（9）人员出入口设计要求

干线综合管廊、支线综合管廊应设置人员出入口或逃生孔，逃生孔可同投料口、通风口结合设置。一般情况下人员逃生孔不应少于 2 个。采用明挖施工的综合管廊人员逃生孔，间距不宜大于 200m；采用非开挖施工的综合管廊人员逃生孔，间距应根据综合管廊地形条件、埋深、通风、消防等条件综合确定；人员逃生孔盖板应设有在内部使用时易于开启、在外部使用时非专业人员难于开启的安全装置；人员逃生孔内径直径不应小于800mm；人员逃生孔应设置爬梯，如图7-30～图7-32所示。

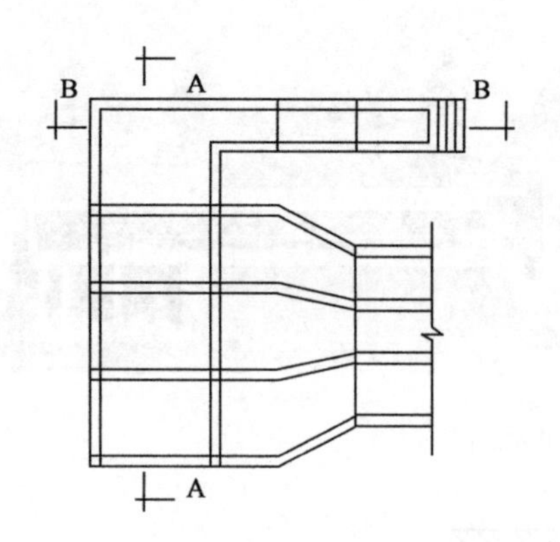

图7-30　综合管廊人员出入口平面图

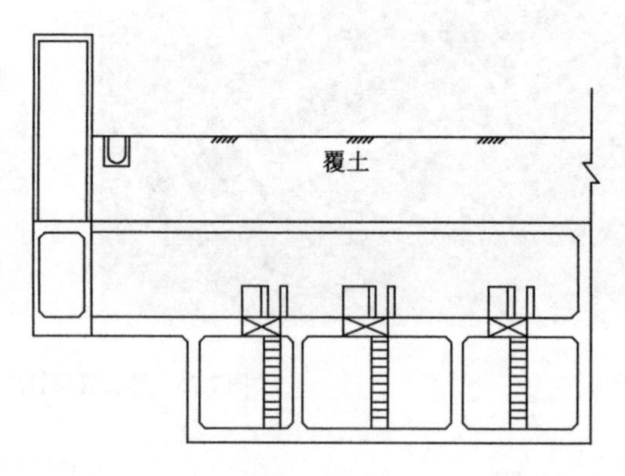

图7-31　综合管廊人员出入口A—A剖面图

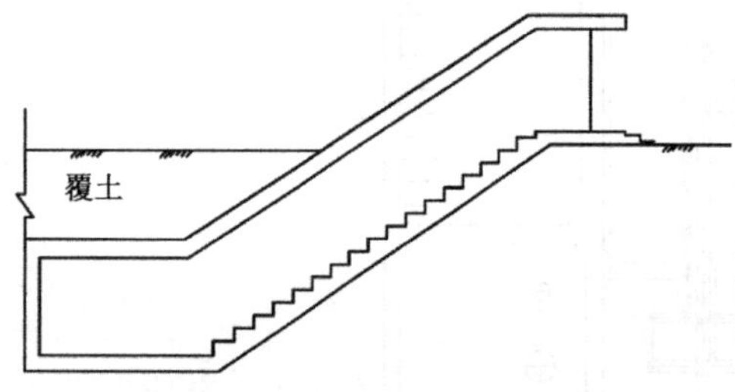

图7-32　综合管廊人员出入口A—A剖面图

四、城市地下综合管廊消防工程设计

综合管廊内存在的主要消防问题首先是电力电缆因电火花、静电、短路、电热效应等引起的火灾；其次管廊内的易泄露可燃物，如燃气、污水管外溢的沼气等可燃气体在封闭的环境里聚集，易造成火灾。综合管廊一般位于地下，火灾发生隐蔽、不易察觉，同时管廊内环境封闭狭小，出入孔少，火灾扑救困难，火灾时烟雾难以散出，增加了消防员的进入难度。

1. 火灾的起因

综合管廊发生火灾的原因如表7-8所示。

综合管廊发生火灾的原因　　表7-8

管线自身损坏	燃气管泄露，燃气集聚
	污水管沼气外溢
	地面沉降、地震使管线受损
	电线短路
引燃	电火花
	维修时明火引燃
	电热效应引发自然

综合管廊中的燃气管、污水管等传输的物质，带有一定的腐蚀性，管道容易损坏泄露，电缆在安装和长期运营中外部保护层会磨损，这是综合管廊发生火灾的内因；明火、摩擦火花、干燥环境引起的静电火花，电缆散热不及时、热量聚集是导致火灾的外因。

1984年11月16日，日本东京都世田谷区的综合管廊发生火灾，烧损98条70mm的通信电缆，导致约9万回路的电话瘫痪，银行的营业停止，严重影响了社会生活。

2. 电缆火灾的特点

由于支架上放置着多束电缆，当其中一根电缆发生火灾时，便会加热、引燃并排放置的其他电缆，随着火势的发展，还将引燃周围的电缆。电缆火灾初期阶段闷烧时间长，一旦成灾沿线流窜，将加大火灾扑救难度。

一般情况下，电缆火灾的发展可分为四个阶段，即预燃阶段、可见烟雾阶段、火焰阶段和剧烈燃烧阶段。

电缆由于接头制作质量不良、接触电阻过大、超负荷及短路引起火灾，都会经过温度缓慢升高到电缆过热、阴燃，直至产生火焰的阶段，这段时间持续较长。综合管廊为无人场所，火灾发生的早期不易被发现，当人们发现着火时，一般都已经过闷烧期并转入剧烈燃烧阶段，这时火灾已很难扑灭。

电缆的绝缘材料一点即燃，着火后燃烧猛烈，并产生大量烟雾。火焰沿着电缆线路迅速蔓延，同时将蔓延方向上的电缆绝缘烧毁，发生短路，在短路沿线形成多个火点，扩大火灾蔓延范围。综合管廊与地面建筑多有连通，火势还能顺着综合管廊迅速蔓延到地上建筑，造成火灾规模扩大。

综合管廊发生火灾后，产生高温烟雾和有毒有害气体，积聚于综合管廊内，对人员和设备都会造成危害。火灾初期和末期以白烟为主，火灾发展后，如通风不良，黑烟会显著增加，能见度极低。在综合管廊中，电缆火焰最高温度可达 800～1000℃，最高温度点的持续时间可达若干分钟。如果火灾时没能关闭电源，带电燃烧时火焰呈现蓝色弧光，温度高达几千摄氏度。由于综合管廊横向隔断，使管廊内高温烟气聚积，不宜散出。电缆着火产生的一氧化碳、二氧化碳、氯化氢等有毒气体，对救援的消防人员危害较大。此外，普通电缆着火产生的氯化氢气体通过缝隙、孔洞会蔓延到电气装置室内，严重降低设备和接线回路的绝缘性，即使将火灾扑灭后，仍会影响设备的安全运行，出现"二次危害"。

由于综合管廊结构的特殊性，发生火灾后给查明火情带来一定的困难。电缆燃烧产生的大量烟雾将导致各通道或洞口相继冒烟，外部观察不能准确判断着火位置。烟雾浓、毒气重，消防人员深入内部侦查防护要求高，需要专用的侦检设备。一些综合管廊结构较为复杂，相互连通，沿途设有各种通道、洞口和横向隔断，给内部侦察带来一定障碍。

综合管廊火灾扑救极为困难，会威胁到消防人员的安全。地下密闭空间充满高温浓烟和一氧化碳、氯化氢等有毒气体，易造成中毒、窒息。综合管廊火灾一方面会造成地面火场指挥员与进入洞内的消防人员联系困难，不能及时掌握火情；另一方面还可能会影响到整个地段（甚至更大范围）的电话通信，使报警受阻，以致无法使用电话报警和调派消防力量。

3. 防火设计重点

（1）防火分区设置

综合管廊设置防火分区，有利于发生火灾时有效阻止火灾蔓延。综合管廊内一般可每隔 100～200m 设置防火墙，形成防火分区。防火墙上设常开式甲级防火门。各类管线穿越防火墙处用不燃材料封堵，缝隙处用无机防火堵料填塞，以防止烟火穿越分区。

（2）综合管廊的灭火设施

建设规模大、收容管线多的重要综合管廊内宜设置适当的灭火设施。综合管廊内常用的灭火设施有灭火器、水喷雾系统等。

①灭火器

综合管廊内均需设置灭火器。综合管廊为相对封闭的无人空间，为防止检修巡视时发生火灾工况，应在每个防火分区的出入孔和通风口集中设置手提式灭火器，以便及时扑灭火灾。灭火器的配置应按《建筑灭火器配置设计规范》的规定执行。

②水喷雾系统

水喷雾系统宜设置在敷设电缆、光缆的综合管廊内，水喷雾系统的设置标准为防护冷却。

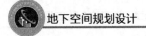

水喷雾系统的布置宜按综合管廊的防火分区分组设置，每组水喷雾系统内设置的喷头数量按将保护区域全覆盖确定，系统水量由室外消防栓或消防泵房供给，每个防火分区内的水喷雾喷头宜同时作用。

水喷雾系统在每组雨淋阀前宜为湿式系统，但工程中也有将管路系统设置为干式系统的，火灾时由室外消防栓及水泵结合器供水，构成临时高压水喷雾系统。一般来说，湿式系统可靠性高，灭火系统响应时间快，但因雨淋阀前的管道内充满压力水，故日常维修保养的要求较高。而干式系统管道内一般无水，其维修保养方便，但灭火系统响应时间相对较长。如要减少响应时间，则水泵结合器与室外消火栓设置数量要相应增加。在长度较长或电缆、光缆敷设较多的综合管廊内宜采用湿式系统。

③其他灭火设备

敷设电缆、光缆的综合管廊，可采用脉冲干粉自动灭火装置。该装置不需要喷头、管网、阀门和缆式线型感温报警系统等繁多的设施，安装简单。

(3)火灾报警系统

由于综合管廊在施工和检修、维护时有人员进出，特别在燃气综合管廊内布置有易燃气体的管道，为确保人身安全和管线运行安全，综合管廊内应设置火灾报警系统。

①系统设置原则

系统应具有高可靠性及稳定性，技术先进、组网灵活、经济合理、容易维护保养，并应具有扩展功能，抗电磁干扰能力强。

火灾自动报警系统作为独立的系统，以通信接口形式与中央计算机建立数据通信，终端上显示火灾报警及消防联动状态。

火灾工况时可由火灾自动报警系统发布火灾模式指令，设备监控系统执行相应的控制程序，启动消防联动设备。紧急情况下可通过应急联动盘直接启动消防联动设备。

系统供电应按一级负荷考虑，并可由弱电系统设置的UPS电源统一供电。

②系统功能

火灾检测功能：综合管廊内的主要管线通常包含电力电缆和通信电缆，而电力电缆的故障又是引起火灾的主要原因，需要按照一类火灾检测标准布置火灾探测器。燃气综合管廊内燃气的泄露状况由可燃气体检测器检测，一般可不设火灾探测器。

可燃气体检测功能：燃气综合管廊设有进排风口、机械通风系统和可燃气体浓度检测等设备，可燃气体检测器可以检测燃气综合管廊内燃气的泄露状况，并进行报警和通风联动。

报警功能：综合管廊分布地域广，给集中式检测带来困难，因此宜采用分段式检测方式。报警信号经区域控制器及传输网络传至控制室，并在终端上显示报警区域。

火灾处理功能：火灾发生时，中央监控系统立即转入火灾处理模式，关闭火灾发生区段及相邻几个区段的防火阀门，隔绝空气后，再启动相应区段的灭火设施。

③系统构成

火灾自动报警系统包括可燃气体泄露探测和火灾探测两个部分，报警系统主要由火灾探测器、可燃气体探测器和火灾自动报警控制器组成。

火灾自动报警系统根据综合管廊规模大小，可分为区域报警系统和集中报警系统。

火灾自动报警控制器：综合管廊内需分隔成若干个防火区段，每一区段均需设置区域火灾报警控制器，并在控制室内设置集中火灾报警主机，其间宜采用光纤通信连接。

火灾探测器：宜选用线型光纤火灾探测器，探测器宜安装在综合管廊的顶部。

可燃气体探测器：在燃气综合管廊内根据管道内输送的可燃气体性质，设置相应的可燃气体探测器。

④防灾通信

为便于综合管廊的管理、巡检、维护、管线敷设施工以及异常报警时的通信联络，综合管廊内宜配备独立的紧急电话系统。

紧急电话系统需在中控室设程控电话交换机和呼叫设备，综合管廊内每个入孔井中和每个防火区段内各设置一台紧急电话机，该电话机可以拨号呼叫中控室或系统内其他电话机。

(4)防烟排烟

综合管廊是封闭地下空间，通常设有通风系统，排除综合管廊内的余热、废气。根据一些已建或在建工程，综合管廊火灾时通常采用密闭或机械排烟措施。

当采用密闭灭火措施时，灭火时应关闭火灾区域的所有通风口、通风机，确认火灾熄灭后，再开启通风设备及通风口对火灾区域进行灾后通风换气。

当采用机械排烟时，启动相应区域的排风机排烟，为消防队员进入综合管廊内灭火提供一定的通风条件。

五、地下综合管廊排水工程设计

1. 综合管廊的集水来源分析

一般情况下，地下综合管廊内主要设置电力、电信、供水等多种市政公用管线。综合管廊内需要排除集水的主要来自以下几个方面：①管廊内部供水管道老化、损坏等情况所造成连接处漏水；②管廊内部检修管道时放空水所带来的余水；③管廊内供水管道发生事故时的漏水；④综合管廊内冲洗所带来的污水；⑤综合管廊结构缝处的漏水、渗水；⑥综合管廊开口处的漏水；⑦综合管廊内部消防时所用的水源。

2. 综合管廊内部的排水设计

(1)综合管廊内部的排水边沟

为了有组织的排除综合管廊内部的集水，通常会在综合管廊底板两侧内单侧设置排水边沟，其断面尺寸通常采用200mm×100mm或100mm×100mm，综合管廊底板人行通道的横向坡度为2%，纵向坡度沿线顺集水井方向坡度采用2‰～5‰。

(2)综合管廊的集水坑

综合管廊内部每200m设置一个防火分区,一般情况下每个防火分区排水由各自防火分区内的排水泵进行排除。集水井设置于每一防火分区的低处,每座集水井内设置潜水排水泵,通过排水管引出沟体后就近排入道路雨水管。

六、地下综合管廊通风设备设计

因综合管廊位于地下,空气流通不畅,再加上管廊内如有散热的管道(如地热管),因而必须设置通风装置以达到换气、散热的目的。综合管廊宜采用自然通风和机械通风相结合的通风方式。综合管廊内需要维持正常通风,当综合管廊内有毒气体浓度超标时,应进行强制通风,以降低有毒气体的浓度。一般通风设备利用综合管廊本身作为通风管,再交错配置强制排气通风口与自然进气通风口。

综合管廊的通风口的通风面积应根据综合管廊的截面尺寸、通风区间经计算确定。换气次数应在每小时2次以上,换气所需时间不宜超过30min。综合管廊的通风口处风速不宜超过5m/s,综合管廊内部风速不宜超过1.5m/s。综合管廊的通风口应加设能防止小动物进入综合管廊内的金属网格,网孔净尺寸不应大于10mm×10mm。综合管廊的机械风机应符合节能环保要求。当综合管廊内空气温度高于40℃,或需进行线路检修时,应开启机械排风机。综合管廊内发生火灾时,排烟防火阀应能够自动关闭。

七、地下综合管廊监控系统设计

燃气管线是否纳入综合管廊,曾经是影响综合管廊推广和普及的重要因素之一,而根据国内外综合管廊建设的成功经验,只要在结构上采取必要的技术措施,并加强综合管廊内部对燃气的监测,纳入燃气管线的综合管廊的安全性是可得到保证的。除此之外,综合管廊的监控系统应保证能准确、及时地探测管廊内火情,监测有害气体、空气质量、温度等,并应及时将信息传递至监控中心。综合管廊的监控系统宜对管廊内的机械风机、排水泵、供电设备、消防设施进行监测和控制。控制方式可采用就地联动控制、远程控制等控制方式。综合管廊内应设置固定式通信系统,电话应与控制中心连通,信号应与通信网络连通。在综合管廊人员出入口或每个防火分区内应设置一个通信点。

八、地下综合管廊应急附属设施设计

干线综合管廊、支线综合管廊应设置人员逃生孔,逃生孔宜同投料口、通风口结合设置,并应符合下列规定:

(1)人员逃生孔不应少于2个并设置爬梯。采用明挖施工的综合管廊人员逃生孔间距不宜大于200m;采用非开挖施工的人员逃生孔间距应根据综合管廊地形条件、埋深、通风、消防等条件综合确定。

(2)人员逃生孔盖板应设有在内部使用时易于开启、在外部使用时非专业人员难以开启的安全装置。

(3)人员逃生孔内径净直径不应小于800mm。

(4)综合管廊的投料口宜兼顾人员出入功能。投料口最大间距不宜超过400m。投料口净尺寸应满足管线、设备、人员进出的最小允许限界要求。综合管廊的通风口净尺寸应满足通风设备进出的最小允许限界要求,采用自然通风方式的通风口最大间距不宜超过200m。

(5)综合管廊的投料口、通风口、安全孔等露出地面的构筑物应满足城市防洪要求或设置防止地面水倒灌的设施。

(6)投料口、通风口、安全孔外观宜与周围景观相协调。

(7)综合管廊的管线分支口,应满足管线预留数量、安装敷设作业空间的要求。相应的管线工作井的土建工程宜同步实施。

第四节　案例分析

一、项目背景

郑东新区CBD副中心,位于郑东新区的龙湖区规划区。龙湖地区规划建设目标为:土地与空间资源配置合理,开发建设组织有序,配套设施完善,景观优美,环境宜人,富有水景特色的未来型城市新区。龙湖地区的功能结构为规划形成"一心、一轴、两环、四片"的功能布局结构。"心"就指的CBD副中心,副中心处于龙湖地区的核心区域,位置独特、环境优美,规划为高端商务中心区,主要安排商务休闲旅游度假及餐饮娱乐等设施。以高层建筑为主,力求打造为国际金融商务中心。

CBD副中心规划面积1.5km^2,总建筑面积约313.5万m^2,就业人口约15万人,居住人口约2.5万人。为与CBD副中心区域的规划定位相吻合,在市政工程管线设计中引入了综合管廊的敷设先进理念。

CBD副中心基础设施规划包含交通工程规划、市政管线规划、竖向系统规划、管线综合规划等。分析国内现代化CBD中心建设的成功经验,开发利用地下空间资源,建设综合管廊以取代传统市政管线的直埋建设模式,是构筑现代化城市基础设施体系的最佳选择。CBD副中心采用了综合管廊与直埋敷设相结合的敷设方式进行了市政管线的规划,同时与道路交通进行了一体化设计。

二、综合管廊规划目标和原则

1.综合管廊规划建设目标

满足城市总体规划的要求,减少道路反复挖掘,符合CBD副中心高强度开发建设的需求,与CBD副中心的发展定位吻合。为满足CBD副中心地下空间有序开发利用的需求,综合管廊纳入的管线应满足岛上各地块的基础设施要求。

2.规划的原则

综合管廊建设应遵循"规划先行、适度超前、因地制宜、统筹兼顾"的原则,充分发挥综合管廊的综合效益。

(1)与城市发展目标相协调的规划原则

基础设施是现代化城市发展的基础,而综合管廊作为现代化城市基础设施的重要组成部分，其规划应与城市现代化的发展目标相协调，并能在一定的期限内支撑、保障城市的发展，促进城市发展目标的实现。

(2)与城市结构形态相协调的规划原则

城市的结构和形态是城市基础设施规划的根本，并决定着市政管线的分布、走向，而综合管廊作为市政管线建设的载体，只有其规划布局与城市协调时，才能达到其建设的目标，促进城市发展目标的实现。综合管廊网络系统与城市结构、形态相协调，主要体现在干、支线综合管廊与城市结构的形态，综合管廊管线容量与结构形态的协调方面。

(3)具有一定弹性的规划原则

综合管廊作为城市地下空间开发利用的重要内容之一，与其他的地下工程一样，具有不可逆转性，即一旦建成，就很难改变。另一方面，作为市政管线铺设的载体，为使市政管线具有一定的发展弹性，使城市具有可持续发展的硬件基础，综合管廊必须保持一定的弹性。由于地下结构的特殊性，规划中主要通过对综合管廊管线的控制和地下空间资源的控制来保证其必要的弹性。

(4)满足城市防灾需求的基础设施规划

市政管线系统不仅对城市平时的发展具有十分重要的作用，在城市发生灾害及突发事件的过程中，其作用更加重要。

与管线的传统直埋建设模式相比，综合管廊的防灾能力具有显著的优势。为最大地发挥综合管廊在城市防灾中的作用，综合管廊网络系统规划应与城市防灾紧密结合，并能满足城市防灾的要求。

(5)满足城市景观要求的规划原则

综合管廊虽然是一种收容市政管线的地下构筑物，但也有许多置于地面的附属设施，如人员出入口、通风口、材料投入口等，在网络系统规划中，这些设施的规划与设计应与城市设计紧密结合，并能融入城市景观系统，满足城市景观的规划要求。

三、综合管廊规划思路

综合管廊规划与其他专项规划一样，需要根据城市总体规划、现状条件、市政管线的专项规划才能进行。综合管廊工程的规划应与地下空间、环境景观等相关城市基础设施衔接、协调。综合管廊规划应与城市工程管线专项规划及管线综合规划相协调。综合管廊规划应符合城市总体规划要求，规划年限应与城市总体规划一致，并应预留远景发展空间。

主要步骤包括：

(1)梳理上位规划、用地规划、道路规划、市政管线规划、市政设施用地规划。

(2)根据现状条件，确认进入综合管廊的管线种类和规模。

(3)确认管廊断面。

(4)确定综合管廊系统。

(5)确定综合管廊的平面布局。

(6)确定综合管廊的竖向布局。

四、综合管廊规划

1. 上位总体规划规划梳理

(1)区域结构与功能分区及用地规划

郑东新区规划引入生态城市、环形城市、共生城市、新陈代谢城市、地域文化城市。先进的城市发展理念,风格独特,亮点突出。郑东新区 CBD 副中心,总建筑用地面积约 50 万 m^2,总建筑面积约 313.5 万 m^2,就业人口约 15 万人,居住人口约 2.5 万人,如图 7-33 和表 7-9 所示。

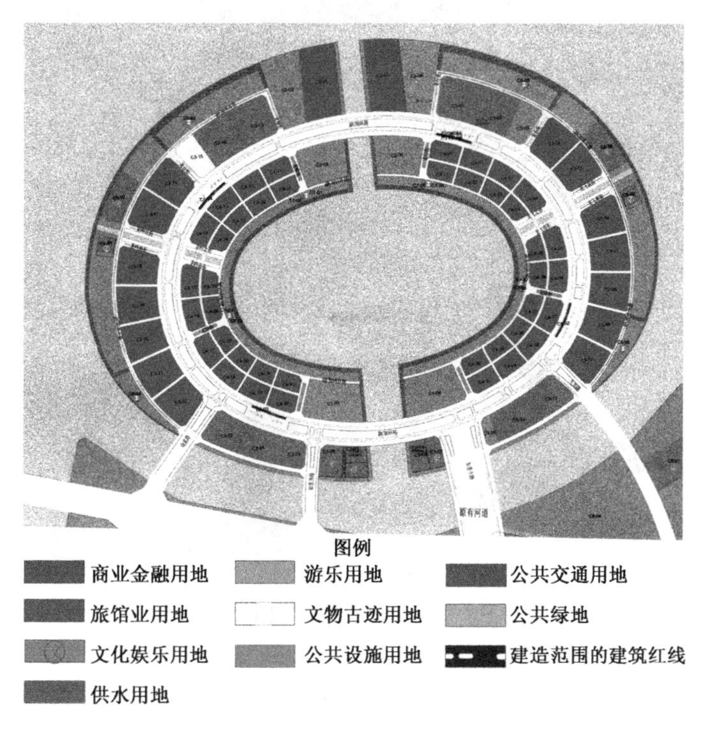

图 7-33　土地利用规划图

湖心地区用地及建筑规划表　　表 7-9

用地性质	用地面积(m^2)	建筑基地面积(m^2)	建筑容量(m^2)	就业人口(人)	住宿人口(人)
商业金融业	324302	204722	2113494	135160	—
旅馆业	90718	45361	725744	6400	25410
文化娱乐	50326	20130	150978	—	—
游乐用地	6663	3332	13326	—	—
文物古迹用地	6663	1999	6663	—	—
公用设施用地	22329	6900	27598	—	—
合计	501001	282444	3037803	141560	25410

(2)道路交通规划

郑东新区 CBD 副中心,规划了地铁、轻轨、快速公交(常规公交、区域干线、地区环线)、

PRT(近期公共自行车、慢行、其他机动车交通、水上交通等道路交通系统)。

CBD 副中心城市规划,为使副中心区域更充满城市空间魅力,交通设计时在保留现有的机动车、公交车等传统交通系统的同时,统筹考虑区域内轻轨、地铁、地面道路、地下道路、地下停车场等交通设施的布置,解决 CBD 副中心内地面道路与地下道路的衔接、副中心区与南部区域的联络以及各种交通方式的换乘关系等问题,构建多层次的新交通系统(图 7-34)。

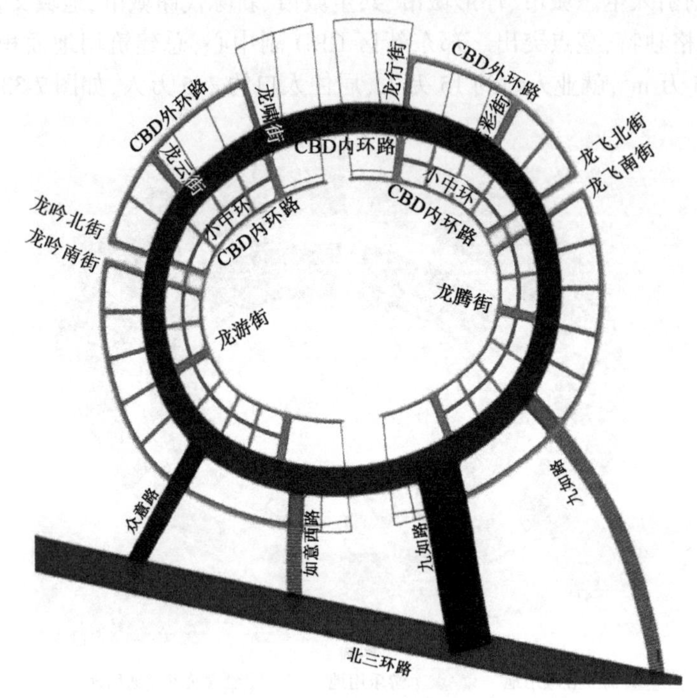

图 7-34　CBD 副中心路网规划图

(3)市政设施用地规划

根据《郑东新区龙湖地区控制性详细规划》和《郑东新区 CBD 副中心交通与市政工程修建性详细规划》,在地块 C1-05 内规划了基础设施 GIS 管理系统和监控中心,在地块 C1-06 和地块 C1-07 内分别规划两座 110kV 变电站,分别规划在地块 C1-01、C1-02、C2-07 和 C2-08 内四座能源站。管廊独立变电所,规划在地块 C1-05 内,在地块 C3-02 地下建筑内,临近中环地下道路一侧。

(4)市政管线规划

根据《郑东新区龙湖地区控制性详细规划》和《郑东新区 CBD 副中心交通与市政工程修建性详细规划》,CBD 副中心设计了先进、高效、完善的配套市政设施,包括给排水及消防系统、能源供给系统、供配电系统、垃圾处理系统和智能化社区系统等,这都为创造一个宜人的、高品质的活动和办公空间提供了极其有利的条件。

给水管:本区域规划最高日用水量 2.8 万 m^3/d,不含消防用水量。规划管线 *DN*200 ~ *DN*500mm 给水管道。

中水管:再生水最高日用水量为 1543m^3/d。用于绿地灌溉和道路洒水。再生水管网水压 0.2 ~0.4Pa。规划管线 *DN*150 ~ *DN*200mm 给水管道。

污水管：最高日规划水量为217万m^3/d，$D600 \sim D800mm$污水管道。

雨水管：设计沿中环中上层、地下道路两侧敷设$B \times H = 600mm \times 800mm$雨水矩形边沟，经过初期雨水弃流处理，雨水经过溢流后排入龙湖。

供电：区域内共设置2座110kV/10kV变电站，27座10kV电源开闭站。高压采用110kV电压等级，中压采用10kV电压等级，低压采用220V/380V电压等级。

通信：通信管道工程规模为30孔，至各建筑引入管线设置为2×3孔。

燃气：由北—环经河道下部引入两路D_e315燃气管道，敷设在内环路和中环路，服务于各地块，设计管径$D_e160 \sim D_e315$。

区域集中供冷、供热，规划集中供冷供热范围一致，供冷供热面积为313.5万m^2，共3个区域能源站，供冷供热半径为500～800m。供热管线为$2 \times DN500mm$。供冷管线为$2 \times DN800mm$。

2. 根据现状条件，确认进入综合管廊的管线种类和规模

根据郑东新区CBD副中心专项规划，道路下主要敷设雨水管、污水管、给水管、再生水管、燃气管、电力电缆和通信管道等，如表7-9所示。根据区域能源专项规划，本区设置了热力管，区域集中供冷管。如图7-35所示，根据规划设计的要求，本区域按近期10年设计管线，按远期20年预留增容空间，同时考虑未来城市的管线需求。综合管廊结构使用年限为100年。

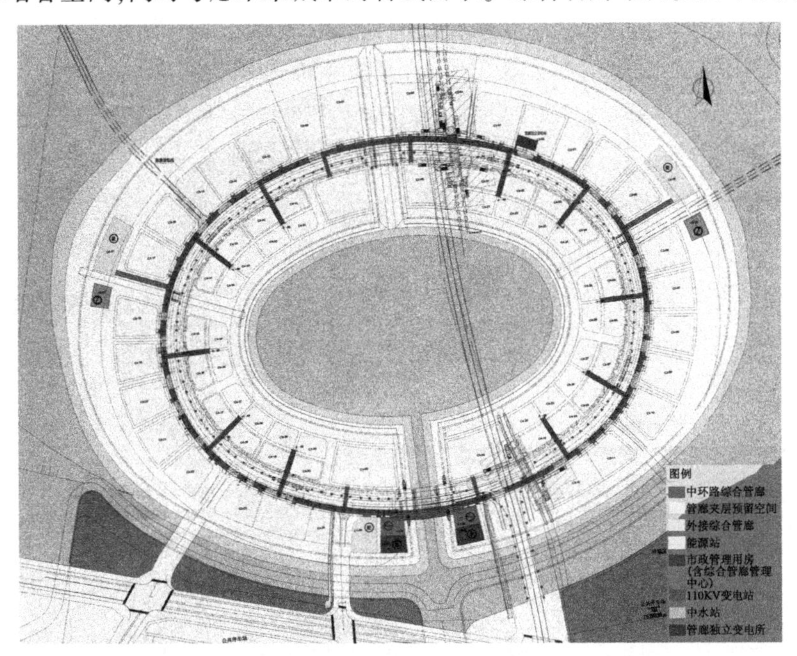

图7-35　综合管廊平面布局图

本项目综合管廊收集的管线种类为：电力电缆（设计14排500mm的托架）、通信管道（设计6排600mm的托架）、给水管道线$DN500$一根、区域集中供冷供热管线$DN800$两根、热力管线$DN500$两根。预留再生水管线$DN300$一根，如表7-10所示。

参考国内外市政综合管廊铺设经验，综合分析道路需铺设的各种市政管线种类，确定本区域除雨水、污水、燃气管线和再生水管线不纳入综合管廊外，其余管线均可纳入综合管廊中。主要原因如下：

在一般情况下,雨水管和污水管均为重力流,管道按一定坡度埋设,埋深一般较大,且对管材的要求也较低。由于雨水管道管径较大,基本可就近排入水体。因此,雨水管不纳入综合管廊。污水管埋设深度随水流方向逐渐加深,且所需要的纵坡很难与综合管廊的纵坡协调,同时还应提高污水管材的等级,以防止污水渗漏。此外,污水管还需设置透气系统和检查井,支线接入也较多,若将其纳入综合管廊内,将相应引起综合管廊造价的倍增及设计实施的不便。

虽然国内外部分综合管廊,有燃气管纳入综合管廊的先例,但需设置独立小室,需要设置可燃气体浓度探测器,需独立设置通风系统等设施,致使造价增加较多,因此本次设计中燃气管选择直埋敷设方式。

3. 确定管廊断面

(1)干线管廊断面

本区域主干管线的设计断面,应根据总体近期规划确定管线容量,远期规划留出管廊预留空间。根据断面设计原则确认管廊的断面,同时考虑与中环地下道路的结构受力及经济匹配要求最终确认。干线综合管廊断面尺寸:宽×高=13.40m×7.15m。

含道路的底板,即综合廊的顶板,内部净尺寸为12.10m×3.20m。干线管廊分四个舱,由内侧至外侧依次为电力舱(净宽2.0m)、水信舱(净宽2.7m)、备用舱(净宽2.60m)、能源舱(净宽4.0m)。结构净高均为3.2m,并预留空间为管线增容之用。为满足通风、电气设备安装及投料口和出支线要求,设置夹层净高2.50m,如图7-36和图7-37所示。

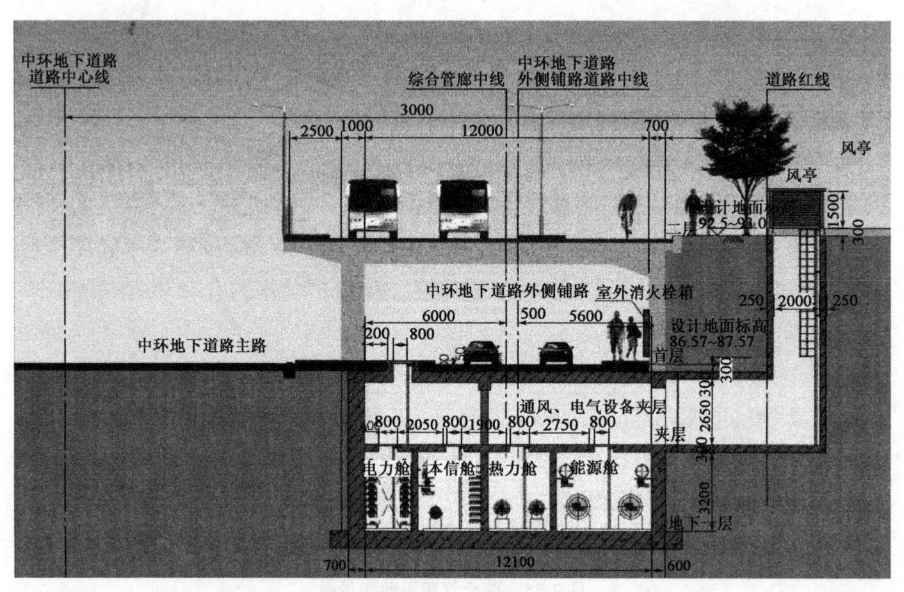

图7-36 干线综合管廊排风口断面图(尺寸单位:mm)

夹层的设置,一方面是考虑支管线的出线空间,另一方面也是通风配电设备的安装空间。第三方面夹层还是人员逃生的通道,净高不能小于2.1m。本次设计考虑空间利用,板下结构净高为2.5m。

(2)连接各地块支线管廊断面

支线管廊是连接至各地块的地下空间。其断面设计与主管廊设计原则一致,是根据支线管廊所服务的建设面积所确认的各种管线,如表7-10所示。

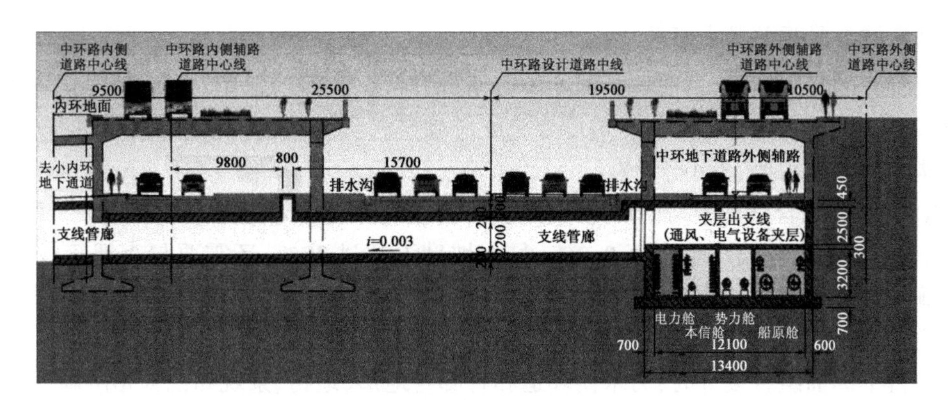

图 7-37　综合管廊与道路的布置图(尺寸单位:mm)

综合管廊纳入种类及规格　表 7-10

管廊形式	110kV 电力电缆	10kV 电力电缆	通信管道	给水管	区域集中供冷供热管
干线管廊	2 排托架	14 排托架预留 2 排	8 排托架预留 1 排	DN500	2 × DN300 ~ 2 × DN800
进入地块支线管廊	—	3 排托架	6 排托架	DN200 ~ DN300	DN200 ~ DN450
连接能源站的支线管廊	2 排托架	—	2 排托架	—	2 × DN800 4 座
连接能源站的支线管廊	2 排托架	—	2 排托架	—	4 × DN800 2 座

4. 确定综合管廊系统

本区域各种管线的敷设是通过综合管廊系统的设计实现的。综合管廊系统就是将市政管线和市政设施站点连接,同时也将各种管线连接到各地块,实现市政管线及基础设施的功能。

综合管廊是道路的附属物。综合管廊与规划道路一致,采用环状网状构架系统,构建区域能源输配网,以提高本地区各种市政管线敷设的灵活性和可靠性。

郑东 CBD 副中心管廊,通过在中环道路下的综合管廊形成环状构架,并由此呈放射状与每个规划组团连接。根据交通影响分析,在组团内设置地下环形车道,车道有连接各个地块的联络车道,也呈放射状,因此管廊的联络线与车道共同布置,上下排布,延伸至每一个区域,以达到集约化理念,优化功能配置,节省投资和用地的目的。

外部市政管线均采用在支线管廊侧壁预留接入口的方式与区内的干线综合管廊连接,将城市的能源输送至区内,同时保证区内能源的安全运行,形成与城市外部能源输配网的联络。

5. 确定综合管廊的平面布置

郑东 CBD 副中心综合管廊,布置在中环主干道下,道路红线宽度 65m,分为主干线和连接地块的内外辅路,综合管廊规划在外侧辅路下。与上部公交道路结构共构,实现地下空间的一体化,节约资源。

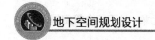

6. 确定综合管廊的竖向布局

综合管廊的竖向布局，一般覆土深度应遵循"满足需要，经济适用"的原则，综合管廊纵断面应基本上与道路纵断面一致。纵坡度变化处应满足各类管线设计要求，纵断面最小坡度需要考虑沟内排水的需要，不小于2‰。

CBD副中心综合管廊应与中环路一体化设计，竖向布置与环道道路坡度一致。在其下部布置，综合管廊的最小坡度不小于0.3%，最大坡度不超过20%，还需要与直埋管线相结合。综合管廊与其他地下构筑物交叉时，需合理设计交叉处的竖向布局。综合管廊纵段面设计时，考虑为道路直埋管线的穿越留有空间。

在进行平纵面组合设计时，力求使环道和管廊与地形、地物、景观和视觉相协调，保证行车安全、舒适，使平纵指标均衡、协调，满足管线的连接、检修、维护、更换的要求，尽量避免出现各种不良线形搭配和组合。

7. 综合管廊特殊部位

综合管廊规划时，还要考虑管廊的特殊分支部，通风口、吊装口、人员进出口等。这些部位需要与周边环境结合。

(1)出支线节点

综合管廊的出线均采取支线管廊形式，进入建筑用地红线，管线通过穿墙套管出线后直接进入各地块的地下空间。在干线管廊与中环地下道路外侧辅路之间设置夹层，夹层中设置支管线、管廊通风、管线吊装、人员检修的空间。避免了综合管廊在支管廊交接处的局部下沉，各设备小室管线采用上出线方式。夹层净高为2.20m。

(2)通风口

综合管廊采用自然进风、机械排风的通风体系。在每一防火分隔中分别布置排风口和进风口。相邻防火分区的进、排风井及风亭合建。进风口和排风口均设不锈钢防水百叶，风亭均设置在地面绿化带绿地中。

(3)投料口

综合管廊内的管线是在主体结构施工完才进行安装的，所以必须预留投料口，同时投料口也要满足以后综合管廊的管线内维修、更换的要求。

为降低造价，便于建设施工以及方便日常运营过程中的统一管理，在CBD副中心中环道路的隔离带地面下设置综合管廊总投料口，对应管廊顶板上设夹层满足各舱进料要求。投料口，包括给水管、供冷供热管的投料口和电力管线的投料口。

投料口设置在道路隔离带下方，这种设计不占用地上空间，在综合管廊设置出线层，同时结合通风、人员疏散一体化设计，管理方便。投料口与地面齐平，采用盖板密封。

(4)人员出入口

人员出入口主要供维修、检修作业人员及抢险时进出，同时人员进出口可兼作自然通风口。综合管廊设两处地下人员出入口，由连接通道与管理中心和管廊独立配电所连通，可供日常管沟的巡检使用。通道满足人员进出的要求，净空满足2.0m。

由于日常维护人员出入口的设置间距为800~1000m，距离相应较大，本次工程中考虑设置一些事故紧急人员出入口。事故紧急人员出入口结合投料口、自然通风口和夹层设置，净空

2.2m。在投料口和夹层内设有爬梯，紧急情况下，人员可以由此出入口进出。

五、总结

郑东新区CBD副中心交通与市政工程综合管廊工程，干线规划管廊全长3253.64m，支管廊1503m。郑东新区CBD副中心干线管廊为两层箱形结构，上层为通风、电气设备夹层及投料口，出支线空间，净高2.3m，下层为管廊层，净高3.2m。支线管廊净高2.2m。干线管廊分4个舱，由内侧至外侧依次为电力舱（净宽2.0m），水信舱（净宽2.7m），备用舱（净宽2.6m），能源舱（净宽4.0m）。工程建设费约4.8亿元。

建设综合管廊，可以防止将来反复挖掘道路。可结合未来开发需求，随时调整设施的容量。通过定期巡视和检查综合管廊，可及时方便地维修管理管线，确保各种功能的正常运行。结构上的安全性高，可为城市防灾做贡献。综合管廊是提升城市基础设施建设和管理水平的有效手段，是城市管线建设的发展方向，能有效集约使用城市地下空间。

第八章 地下空间防灾与安全

第一节 地下空间主要灾害

据统计,地下空间的灾害成因,有设计、设备、安全管理问题,也有自然灾害和人为破坏等。由于地下空间相对比较封闭,发生在其内部的灾害较之地面空间,更具有危险性,防灾和救灾难度也更大。因此,地下空间在规划设计阶段、建设施工阶段以及交付使用后的运行阶段,对其防灾救灾措施和手段的研究与实践,将是地下空间规划设计一个永恒的主题。

一、城市地下空间的主要灾害类别

早在20世纪90年代,就有专家对地下空间可能涉及事故进行了重视程度评价,如表8-1所示。火灾及其次生灾害被誉为最危险的地下空间灾害。

地下空间危险性因素的重视程度评价 表8-1

排序	危险性因素	评分	排序	危险性因素	评分
1	火灾	5.00	15	地基的变形、破坏(内部因素)	2.33
2	爆炸	3.86	16	构筑物的变形、破坏(外部因素)	2.33
3	燃烧扩大蔓延	3.66	17	交通灾害	2.33
4	公共设施供给停止	3.50	18	犯罪	2.33
5	有害物质流出、释放(内部因素)	3.00	19	骚乱	2.30
6	由设施缺陷引起的事故	2.83	20	破裂	2.16
7	大气污染、缺氧	2.83	21	漏水	2.16
8	水灾	2.83	22	震灾	2.00
9	有害物质流出、释放(外部因素)	2.66	23	地下水障碍(外部因素)	2.00
10	地下水障碍(内部因素)	2.50	24	居住环境障碍	1.83
11	构筑物变形、破坏(内部因素)	2.50	25	劳动灾害	1.83
12	基础的变形、破坏(内部因素)	2.50	26	机械故障	1.66
13	地基的变形、破坏(内部因素)	2.50	27	电脑故障	1.50
14	电器故障	2.33	28	铁道、临近工事的振动	1.50

注:表中重视程度评价原则为对各种事故因素按重视的程度,用5分制进行打分,最应重视的为5分,依次为4、3、2、1、0,专家打分汇总后取平均分。

由于在地下空间防灾设计中不可能像表8-1中那样对28种危险性因素都设定相应的防灾规范,因此,需要根据灾害频繁程度和严重程度等对常规灾害进行划分合并、归纳整理,如图8-1所示。其中燃烧扩大蔓延、有害物质释放、设施缺陷以及周围建筑物安全等危险性因素均可视为火灾、爆炸、震灾和水灾这四大主要灾害种类的附属危险性因素。因此，地下空间防灾规划设计主要针对火灾、爆炸、震灾和水灾这四大主要灾害展开。本章将详细介绍火灾、爆炸、震灾和水灾的灾害特点和防灾措施。

1. 地下空间火灾灾害

火灾是地下空间中发生频率最高的灾害，几乎占了地下空间事故总数的1/3。对地下空间而言，火灾不仅会导致设施瘫痪和大量人员伤亡，还可能造成地下结构和地面建筑损毁，其修复耗费巨大，是最不容忽视的地下空间灾害，如图8-2所示。

主要灾害种类：火灾、爆炸、震灾、水灾

主要危险性因素：燃烧扩大蔓延、有害物质释放、设施缺陷、劳动灾害、骚乱、周围建筑物安全、公共设施供给停止、构筑物变形、基础变形破坏、地基变形破坏

图8-1　主要灾害种类和主要危险性因素关系

1903年08月10日，法国巴黎一列满载乘客的地铁在运行中着火，由于扑救不力，疏导不畅，导致84名乘客在地铁火灾中丧生。

1987年11月18日，英国伦敦王十字街地铁站因自动扶梯下的机房内产生电火花，引燃自动扶梯的润滑油，浓烟顺楼梯通道四处蔓延，导致多人被烧、压、窒息而死。据统计，这次火灾使32人丧生，100多人受伤。

图8-2　地下空间火灾现场

1995年10月28日，阿塞拜疆的巴库地铁因地铁机车电路故障，列车三、四节车厢交接处着火，由于驾驶员缺乏经验，把车停在隧道里，给乘客逃生和救援工作带来不利，最终造成558人死亡，267人受伤。

2000年10月26日，我国北京协和医院北配楼地下停车场发生火灾，过火面积达500多平方米，导致30人被困，其中，3人窒息死亡。

2003 年 02 月 18 日,韩国大邱市地铁中央路站,因精神病患者放火引燃座椅上的塑料物质和地板革导致火灾,导致 135 人死亡,137 人受伤,318 人失踪。

2009 年 01 月 13 日,俄罗斯首都莫斯科一正在施工的地下车库内发生火灾,火灾是由电线短路引燃车库中用于打隔断的塑料泡沫板引起,共造成 7 名建筑工人死亡。

2010 年 11 月 05 日,广州天河区华景新城某在建楼盘地下室着火,火势迅速蔓延,消防部门出动 43 辆消防车赶到现场扑救,所幸未造成任何人员伤亡。

2. 地下空间爆炸灾害

我国地下空间的开发利用是从早期大规模构筑以防空袭为主的人防工程开始的。由于地下结构上部覆盖的岩土介质和围岩的稳固保护作用,抗外部爆炸性能优越,但随着地下空间的进一步开发与利用,地下空间正从纯防战争需要,走向平战结合需要,一些地下空间已然成为公共活动场所,如城市地下交通设施及地下商业系统等。这些地下空间一般处于大城市或特大城市的中心地带,人流比较集中,成为了恐怖分子的主要袭击和最容易袭击目标。随着恐怖事件的发生,地下空间内部的爆炸事故日益突出,在地铁、地下商场等地下空间内爆炸所产生的强烈爆炸波冲击作用下,地面和地下各种结构物有可能产生不同形式振动响应和不同程度的破坏,严重的甚至会引起地下和地面建筑倒塌,进而加重灾害的发生和损失,如图 8-3 所示。

图 8-3　地下空间爆炸后

1995 年 07 月 25 日,位于巴黎市中心巴黎圣母院附近的圣米歇尔地铁站内一辆满载旅客的列车驶进站台,在乘客上下车之际,第六节车厢突然爆炸起火,当场造成 4 人死亡,62 人受伤,其中 14 人伤势严重。

2004 年 02 月 06 日,俄罗斯莫斯科地铁遭受自杀式恐怖袭击,一枚炸弹在地铁通道内爆炸并引发大火,造成 40 人死亡,134 人受伤。

2005 年 07 月 07 日,英国伦敦 6 处地铁在早高峰期遭恐怖爆炸袭击,同时在地面上有双层公共汽车也发生爆炸,事发后,伦敦 13 条地铁线全部停运,此次爆炸共造成 56 人死亡,近 30 人失踪,700 多人受伤。

2011 年 04 月 11 日,白俄罗斯首都明斯克发生地铁爆炸事件,爆炸物被身份不明的人士放置在奥克佳布里斯卡娅地铁站内一条长凳下。爆炸发生时,正值下班高峰期,导致 11 人遇难,126 人受伤,其中 22 人伤势严重。

2012 年 10 月 20 日凌晨,日本东京地铁内发生爆炸,造成 14 人受伤,事故原因为一个装有洗涤剂的铝罐爆炸。

3. 地下空间地震灾害

一般认为，地震对地下空间结构的影响很小，地下结构的震害相对于地面结构也较轻，因此人们长期以来都认为地下空间具有良好的抗震性能，如图 8-4 所示。然而 1995 年日本阪神地震中，以地下轨道交通车站、区间隧道为代表的大型地下空间结构首次遭受严重破坏，充分暴露出地下空间结构抗震能力的弱点，随着城市地下空间开发利用和地下结构建设规模的不断加大，地下空间结构的抗震设计及其安全性评价的重要性、迫切性愈来愈明显。这对以往的"地下结构在地震时是安全的"这一传统观点提出了质疑。

图 8-4　地震中隧道破坏

我国大部分地区为地震设防区，根据地震烈度分布资料，在全国 300 多个城市中，有一半地区位于地震基本烈度为 7 度或 7 度以上地震区，23 个百万以上人口的特大城市中，有 70% 属于 7 度或 7 度以上地区。像北京、天津、西安等大城市都位于 8 度的高烈度地震区。因此在地下空间的规划设计及建设中做好防震减灾措施显得极其重要。

4. 地下空间洪水灾害

一个城市发生洪灾后，首先会殃及地下空间。所谓水往低处流，在洪水到来之时，地面建筑尚属安全的情况下，地下空间则会发生局部灌水，乃至波及整个相连通的地下空间，甚至会直达多层地下空间的最深层，如图 8-5 所示。虽然在灌水过程中一般很少造成人员伤亡，但是对于地下的设备和储存物质将会造成严重的损失。

图 8-5　地下空间水灾现场

此外,但由于周围地下水位上升,工程衬砌长期被饱和土所包围,在防水质量不高的部分同样会渗入地下水,早期修建的一些人防工程,就是因为这种原因而报废,严重时甚至会引起结构破坏,造成地面沉陷,影响到邻近地面建筑物的安全。

1992 年 12 月,美国纽约市遭遇强大风暴袭击,导致洪水淹没地铁系统,造成地铁临时停用。

1998 年 05 月,韩国首尔遭受特大暴雨袭击,约 80 万 m^3 水浸入,淹没 11km 内的 11 个地铁站,造成电气设施和通信系统瘫痪。

2001 年 09 月,纳莉台风使得台北捷运系统地下街遭受水灾,由于排水设计不当,使雨水溢流至地下街内部,造成设备损坏,部分地下街停业近 3 个月,造成严重的经济损失。

2006 年 01 月,巴西里约热内卢突降暴雨,造成商场外面的地下排水管道突然大量涌水,大水冲破地下车库铁门,涌入车库,最高水位达 2.2m,致 5 人不幸遇难。

2010 年 5 月,广州特大暴雨,造成 7 人死亡,38 间房屋倒塌,35 个地下车库不同程度被淹,1 409 辆车受淹或受到影响,造成重大损失。

2012 年 10 月,桑迪飓风横扫美国东海岸,造成城市多地积水严重,尤其是地铁、地下通道、地下车库等,造成纽约地铁系统严重破坏,布鲁克林炮台隧道及曼哈顿闹市区的荷兰隧道被迫关闭。

二、城市地下空间灾害的特点

地下空间的内部防灾与地面建筑的防灾,在原则上是基本一致的,但由于地下环境的一些特点使地下空间内部防灾问题更复杂、更困难,因此防灾不当所造成的危害也就更严重。

地下环境的最大特点是封闭性,除有窗的半地下室,一般只能通过少量出入口与外部空间取得联系,给防灾救灾带来许多困难。首先,在封闭的室内空间中,容易使人失去方向感,特别是那些大量进入地下空间但对内部布置情况不太熟悉的人,迷路时有发生。在这种情况下一旦发生灾害,心理上的惊恐程度和行动上的混乱程度要比在地面建筑中严重得多。内部空间越大,布置越复杂,这种危险就越大。其次,在封闭空间中保持正常的空气质量要比有窗空间困难得多,进、排风只能通过少量风口,在机械通风系统发生故障时很难得到自然通风的补救。此外,封闭的环境使物质不容易充分燃烧,在发生火灾后可燃物的发烟量很大,对烟的控制和排除都比较复杂,对内部人员的疏散和外部人员进入救灾都是不利的。

地下环境的另一个特点是处于城市地面高程以下,人从室内向室外的行走方向与在地面多层建筑中正好相反,这就使得从地下空间到地面开敞空间的疏散和避难都要有一个垂直上行的过程,比下行要消耗体力,从而影响疏散速度。同时,自下而上的疏散路线,与内部烟和热气流自然流动的方向一致,因此人员的疏散必须在烟和热气流的扩散速度超过步行速度之前进行完毕,由于这一时间差很短暂,又难以控制,给人员疏散造成很大困难。而且这个特点使地面上的积水容易灌入,难以依靠重力自动排水,容易造成水害。地下空间的机电设备大部分布置在底层,更容易因水浸而损坏,如果地下建筑处在地下水的包围之中,还存在工程渗漏水和地下建筑物上浮的可能。此外,地下结构中的钢筋网及周围的土或岩石对电磁波有一定的屏蔽作用,妨碍使用无线通信,如果有线通信系统和无线通信用的天线在灾害初期即遭破坏,将影响到内部防灾中心的指挥和通信工作。

对于附建于地面建筑的地下室来说，除以上两大特点外，还有一个特殊情况，即与地面建筑上下相连，在空间上相通，这与单建式地下建筑有很大区别，因为单建式地下建筑在覆土后，内部灾害向地面上扩展和蔓延的可能性较小，而地下室则不然，一旦地下发生灾害，对上部建筑物构成很大威胁。在日本对内部灾害事例的调查中，就有相当一部分是灾害起源于地下室，最后酿成整个建筑物受灾的情况。

综上所述地下空间灾害的特点体现在以下几个方面：

(1)封闭性，相对于地面建筑发生的灾害更难防御，也更难救灾；

(2)地下使人感到脱离地面，有隔离感，易迷失方向，给灾害发生时人群疏散造成困难；

(3)位于地面以下，灾害发生时设备毁损、通信不良给救援工作造成困难；

(4)火灾是地下空间的主要灾种，火灾产生的火、热、烟和有害气体的控制和排除，是灾害救助的最大难题，也是造成损失的主要因素；

(5)地下与地上建筑相连、相通，当灾害发生时，对上部建筑将会构成很大威胁。

因此，应当从地下环境的特点出发，按照不同的使用性质和开发规模，采取严格的综合防灾措施，才能保障平时使用的安全，做到防患于未然。

三、城市地下空间灾害的相关性

灾害的发生一般都不是孤立的，自然灾害和人为灾害、原生灾害和次生灾害、地面上部空间灾害和地下空间灾害往往会相互影响，如图8-6所示。如爆炸往往引起火灾、火灾引起爆炸并造成空气污染、施工事故引起火灾和爆炸、水灾破坏地下网线从而影响交通和通信等。它们之间都存在着一定的内在联系，往往都是相伴发生的。由于不同灾害常互为因果或同源发生，形成灾害链和灾害网，不同灾害风险事件之间可以构成灾害风险链，进而形成灾害风险体系。因此，仅考虑单灾种对地下空间安全的影响，不能反映实际，是片面的、不科学的。

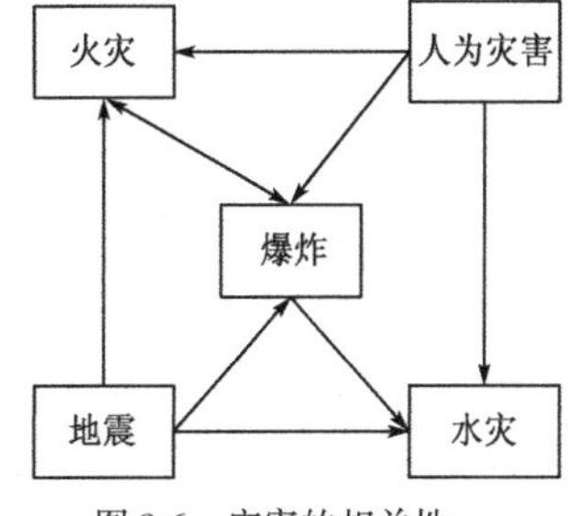

图8-6　灾害的相关性

通常地下空间的灾害都可能诱发次生灾害，以火灾、瓦斯爆炸和水灾为例，地下空间常见的灾害种类、内容以及后续灾害如表8-2所示。火灾、爆炸或者水灾都有可能引起停电、通信不良，从而增加疏散救援的难度。2008年11月15日杭州风情大道地铁1号线施工现场发生的大面积地面坍塌事故，事故发生时共有60名施工人员在地下作业，坍塌导致周边河水倒灌向地铁坑道，水管破裂，基坑内涌入大量河水，并造成停电、设备无法使用，在短时间抢救后，仍有部分人员未能救出基坑，最终导致20多名施工人员死亡。与此同时，地面上十几辆行进中的汽车坠入塌陷处，包括一辆公交大客车。这次地下空间洪水灾害最终诱发了构筑物破坏、停电以及地面上部空间灾害等次生、衍生灾害，造成巨大的经济损失和人员伤亡。

随着自然、社会条件的变化，地下空间应用趋于广泛，地下空间灾害也越来越多地以综合形式出现，一灾多果或多灾一果的现象日益增多。因此，地下空间的防灾减灾措施不能单独针对某一种灾害，而应考虑主要灾害与可能引发的其他灾害之间的关系，采取综合防治措施，增强地下空间的总体防灾能力。

地下空间灾害与次生灾害　　表 8-2

预计灾害	灾害内容	次生灾害
火灾	厨房出火	停电通信不良
	电机、机械设备出火	
	值班室、居室出火	
	外部不注意的出火	
	通信电缆出火	
瓦斯泄露、爆炸	瓦斯泄露引起的爆炸、火灾	停电、通信不良
浸水	集中暴雨	停电
	给排水管破裂	
	暴雨等从出、入口浸水	
	泵停止	

第二节　地下空间防火与安全

一、城市地下空间火灾事故分类

地下空间火灾事故主要分为地铁及地下民用建筑火灾和地下隧道及车库火灾两大类。

1. 地铁及地下民用建筑火灾

地铁和地下商场、地下商业街、仓库等地下民用建筑火灾根据引发火灾的原因不同，可分为：

(1)电器设备故障引发火灾。常由地铁内用电设施故障和内敷电缆短路而引发。

(2)运行设备故障引发火灾。地铁设备多而复杂，又无不与电气设施相联系，若设备质量问题或平时管理维护不善，造成设备故障，则易引发地铁火灾。

(3)违章施工造成火灾。通常由违章电焊、违章动用火源、违章损坏电器或燃气管等引发火灾。

(4)人为事故、恐怖活动破坏引发火灾。

2. 地下隧道及车库火灾

地下隧道及车库火灾根据引发火灾的原因不同，可分为：

(1)隧道内行驶车辆起火、漏油、撞车等引发火灾。

(2)电气设备故障、电路短路、违章使用火源等引发车库内汽车起火、爆炸或火灾。

二、城市地下空间火灾的特点

1. 地下空间火灾的燃烧的特点

地下空间是在地下通过开挖、修筑而成的建筑空间，其火灾的燃烧与地面建筑不同，具有如下特点。

(1)燃烧状况

地下空间火灾的燃烧状况是由外界的通风所决定的,由于出入口数量少,氧气供给不足,地下空间燃烧为不完全燃烧。因此,发生火灾时烟雾很浓,并逐步扩散,从出入口向外排烟。此外,由于要通过地下空间的出入口向地下空间输入新鲜空气,就会出现燃烧中性面,该中性面的位置,在火灾初期时较高,以后逐步降低。

(2)烟气流动状况

地下空间内部烟气流动状况复杂,受地面风向、风速的影响而变化,尤其是对于具有两个以上出入口的地下空间,通常会自然形成排烟口与进风口。当地下空间开口较多时火灾燃烧速度也比较快。

2. 疏散困难

发生火灾时地下空间内人员疏散困难主要表现在以下几个方面:

(1)扑救方式限制。地下建筑由于受到条件限制,出入口较少,疏散步行距离较长,发生火灾时,人员疏散只能通过既有的出入口,而云梯之类的消防救助工具对地下空间的人员疏散无能为力。

(2)单向疏散方式。地面空间火灾时,人员疏散可有双向选择,即到火灾层以下或向上至屋顶便相对安全,但在地下空间发生火灾时,人们只有向上疏散的单向疏散方式,只要逃不出地下建筑物,人员安全就没有保证。

(3)平时的出入口成为喷烟口。火灾时,平时的出入口在没有排烟设备的情况下,将会成为喷烟口。高温浓烟的扩散方向与人员疏散方向一致,而且烟的扩散速度比人群疏散速度快得多,人们较难逃避高温浓烟的危害,因而地下空间火灾危害更大。

(4)人员慌乱因素。因无自然采光,当地下空间发生火灾后,不管是电源失效或消防系统自动切断电源,除少数应急灯广外,整个地下空间筑内全是一团漆黑。在紧急疏散时,人们由于难以辨别方向而容易引起慌乱,加上人们对地下空间的疏散路线也不熟悉,更会因疏散时间的延长而增加危险性和恐惧感。

(5)人员上行困难。在地下空间中进行疏散时,人们必须上楼梯而不是下楼梯。这比地面空间向下疏散要费力,因而减慢了疏散速度。

3. 扑救困难

消防人员在对地下空间火灾进行扑救时,相比对地上空间的扑救更加困难,主要表现在以下几个方面。

(1)消防人员无法直接观察地下空间中起火部位及燃烧情况,给现场组织指挥灭火活动造成困难。

(2)灭火路线少,除了有数的出入口外,别无他路。

(3)出入口又极易成为“烟筒”,消防人员在高温浓烟情况下难以接近着火点。

(4)可用于地下空间的灭火剂比较少,对于人员较多的地下公共建筑,如无一定条件,则毒性较大的灭火剂不宜使用。

(5)地下空间火灾中通信设备相对较差,步话机等设备难以使用,通信联络困难。

(6)照明条件比地面差很多。

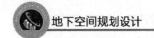

三、城市地下空间防火基本原则

地下空间防火应以预防为主,火灾救援以内部消防自救为主,要求在地下空间防火设计中做到:

1. 设置防火防烟分区及防火隔断装置

为防止火灾的扩大和蔓延,使火灾控制在一定的范围内,地下建筑必须严格划分防火及防烟分区,相对地面建筑要求应更严格,并根据使用性质不同加以区别对待。防烟分区不大于、不跨越防火分区。地下空间必须设置烟气控制系统,设置防烟帘和蓄烟池,有助于控制延期蔓延。排烟口应设在走道、楼梯间及较大的房间内。当地下空间室内外高差大于10m时,应设置防烟楼梯间,在其中安置独立的进风排烟系统。

2. 设置火灾自动报警和自动喷水灭火系统等消防设施

地下空间火灾主要依靠其自身的消防设施控制并扑灭,应全面设置火灾自动报警系统,并利用联动响应的灭火设施和排烟设备,控制火势蔓延和烟气扩散。

3. 保证人员安全疏散

地下商业空间安全疏散允许时间不超过3min,地下空间必须设置数量足够、布置均匀的出入口。每个出入口所服务的面积大致相当,出入口宽度要与最大人流强度相适应,以保证快速通过能力。地下空间布局要尽可能简单、清晰、规则,避免过多的曲折。同时,发挥消防电梯在地下空间尤其是相对深层地下空间的疏散作用。结合残疾人无障碍出入口的设置,做好消防机器人和轻型消防装备及灭火救援通道的预留。

4. 设置可靠的应急照明装置和疏散指示标志

可靠的应急照明装置和完整的疏散指示标志能够大大提高火灾时人员的安全逃生系数。应采用自发光和带电源相结合的疏散标志。应急照明装置除有保障电源外,还应使用穿透烟气能力强的光源。此外,还应配有完善的广播系统。

5. 内部建设与装修选用阻燃材料及新型防火材料

城市地下空间装修材料应选用阻燃、无毒材料,禁止在其中生产或储存易燃、易爆物品和着火后燃烧迅速而猛烈的物品,严禁使用液化石油气和闪点低于60℃的可燃液体。

6. 提高相关人员的消防素质

应对主管人员和有关的工作人员进行消防安全知识和技能培训,使其具备火灾预防、扑救和逃生知识,尤其对于一些日常的火灾隐患,应能够及时发现和消除。同时,应制定切合实际的火灾事故应急预案,并定期进行演练,提高发生火灾时人员疏散能力及控制初期火灾的能力,最大限度降低火灾危害后果。

四、城市地下空间防火技术措施

从建筑防火的角度出发,与地下空间防灾设计最为密切的环节是建筑总平面与平面设计、防火防烟分区的划分、安全疏散设计等，在这些方面，我国的《高层民用建筑设计防火规范》、《建筑设计防火规范》、《民用建筑设计通则》、《汽车库建筑设计规范》已做出了相关规定。

1. 地下空间分层功能、空间布局

明确各层地下空间功能布局。地下商业设施不得设置在地下三层及以下，地下文化娱乐设施不得设置在地下二层及以下，当位于地下一层时，地下文化娱乐设施的最大开发深度不得深于地面以下10m，具有明火的餐饮店铺应集中布置，重点防范。

地下空间布局应尽可能简洁、规整，每条通道的折弯处不宜超过3处，弯折角度大于90°，便于连接和辨认，连接通道力求直、短，避免不必要的高低错落和变化。

2. 耐火等级

民用建筑的耐火等级应根据建筑的火灾危险性和重要性等确定，地下、半地下建筑（室）的耐火等级不应低于一级。

3. 防火间距的规定

控制民用地下建筑防火间距的目的是为了有效控制火势蔓延，防止火势烟气从地下室迅速蔓延到地面其他建筑，如表8-3所示。

民用建筑防火间距的规定（m）　　表8-3

建筑类别		高层民用建筑	裙房和其他民用建筑		
		一、二级	一、二级	三级	四级
高层民用建筑	一、二级	13	9	11	14
	一、二级	9	6	7	9
裙房和其他民用建筑	三级	11	7	8	10
	四级	14	9	10	12

4. 防火分区的划分

为了防止地下建筑发生火灾时扩大蔓延，使火灾控制在一定范围之内，减小火灾所带来的损失，通常采用防火墙划分防火分区。地下空间防火分区面积的划分比地上建筑要求更加严格。对于地下商业建筑的防火分区面积以小为好，然而，由于建设投资和空间使用效率的要求，商业建筑地下空间通常采取把若干小空间划分在一个防火分区内，如表8-4所示。

地下空间防火分区允许最大建筑面积　　表8-4

建筑类别	地下、半地下建筑（室）	地下商业建筑	设备用房
最大建筑面积（m^2）	500	2000	1000

注：地下商业建筑应设置有火灾自动报警系统和自动灭火系统。

5. 防烟分区的划分

建筑地下空间的防烟分区是在防火分区内进行划分的，每个防烟分区的建筑面积不宜超过500m^2，防烟分区不应跨越防火分区。

防烟分区宜采用隔墙、顶棚下凸不小于500mm的结构梁以及顶棚或吊顶下凸不小于500mm的不燃烧体等来阻止烟气的扩大和蔓延。

6. 安全出入口的要求

由于地下空间具有封闭性的特点，一旦火灾发生，出口是逃离现场的重要节点。因此，从防灾角度出发，地下空间出入口的设计应主要考虑以下几个问题：

(1)出入口间距。根据地下建筑中可燃物的燃烧时间，计算出入口之间距离，我国防火规范规定，地下直接通向公共走道的房间门距最近的外部出口或封闭楼梯间的最大距离为40m。每个出入口应当均匀布置，使每个出口所服务的面积大致相等。以防止在某些出口处人流过分集中发生堵塞。此外，安全出口的宽度应与所服务面积的最大人流密度相适应，以保证人流在安全允许的时间内全部通过。

(2)出入口数量。每个防火分区的安全出口数量应经计算确定，且不应少于2个。当平面上有2个或2个以上防火分区相邻布置时，每个防火分区可利用防火墙上1个通向相邻分区，甲级防火门作为第二安全出口，但必须有1个直通室外的安全出口。地下空间的入口数量首先需要满足防火规范要求，满足规范要求后，还可以根据地下空间布局，在人流密集的区域多设置安全出口，保证紧急情况下人员疏散顺利进行，减少不必要的事故发生，如图8-7所示。

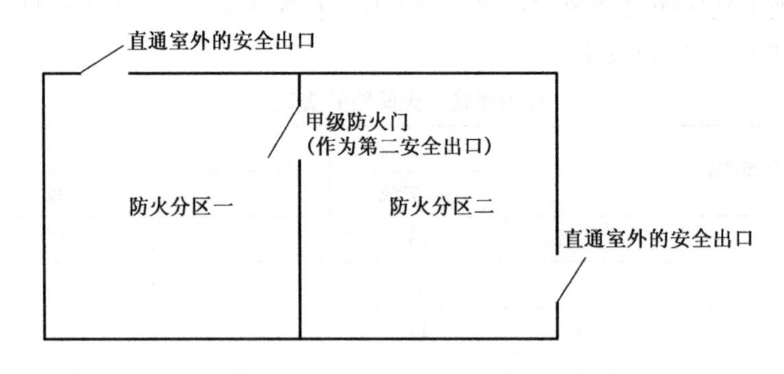

图8-7　安全出口借用设计示意图

(3)出入口宽度。地下出入口宽度主要是指门洞总宽度，应分别满足人流、物流的正常出入和人员防灾、紧急疏散两种情况。每个防火分区安全出口和相邻防火分区之间防火墙上防火门的总宽度，应按该防火分区设计容纳总人数乘以疏散宽度指标计算确定。室内地坪与室外出入口地面高差不大于10m的防火分区，其疏散宽度指标应为每100人不小于0.75m，室内地坪与室外出入口地面高差大于10m的防火分区，其疏散宽度指标应为每10人不小于1.0m，楼梯的宽度不应小于对应的出口宽度。地下商店营业部分疏散人数，可按每层营业厅和为顾客服务用房的使用面积之和乘以人员密度指标来计算，其人员密度指标应按下列规定确定：地下第一层，人员密度指标为0.85人/m^2，地下第二层，人员密度指标为0.80人/m^2。

7. 疏散楼梯

地下室、半地下室的楼梯间，在首层应采用耐火极限不低于2.00h的不燃烧体隔墙与其他部位隔开并应直通室外，当必须在隔墙上开门时，应采用乙级防火门。

地下室、半地下室与地上层不应共用楼梯间，当必须共用楼梯间时，在首层应采用耐火极限不低于2.00h的不燃烧体隔墙和乙级防火门将地下、半地下部分与地上部分的连通部位完全隔开，并应有明显标志。

8. 排烟口与排烟风道

地下空间排烟口与排烟风道的设置要求：

(1)排烟口数量。每个防烟分区均应设置排烟口，其数量不少于1个。

(2)排烟口位置。排烟口宜设置在吊顶面上或其他排烟效果好的部位，距最远点的水平距离不应超过30.0m。

(3)排烟口的形状。当采用机械排烟时，宜与挡烟垂壁相互配合，设计成与地下走道垂直的，长度与走道宽度相同的排烟口。而且，应使排烟口处的吊顶面比一般吊顶面凹进去一些。

(4)为防止烟气扩散，提高防烟、防火安全性，要求地下空间内的走道与房间的排烟风道分别独立设置。

9. 应急照明装置和疏散指示标志

消防应急照明灯具和灯光疏散指示标志备用电源的连续供电时间不应少于30min。

消防应急照明灯具宜设置在墙面的上部、顶棚上或出口的顶部，在疏散走道的地面最低水平照度不应低于0.5lx，人员密集场所内的地面最低水平照度不应低于1.0lx，楼梯间内的地面最低水平照度不应低于5.0lx。同时消防控制室、消防水泵房、自备发电机房、配电室、防烟与排烟机房以及发生火灾时仍需正常工作的其他房间的消防应急照明，仍应保证正常照明的照度。

安全出口和疏散门的正上方应采用“安全出口”作为指示标识；沿疏散走道设置的灯光疏散指示标志，应设置在疏散走道及其转角处距地面高度1.0m以下的墙面上，且灯光疏散指示标志间距不应大于20.0m；对于袋形走道，不应大于10.0m；在走道转角区，不应大于1.0m，其指示标识应符合现行国家标准《消防安全标志》(GB 13495—2015)的有关规定。

10. 自动报警和灭火装置

地下空间发生火灾，主要依靠自动消防设施进行自救，目前地下空间普遍装置有消火栓。建筑面积大于500m^{2}的地下建筑应设自动喷水灭火系统。地下空间一般应设自动灭火系统，自动灭火系统主要有两大类：自动水灭火和自动气体灭火。具体采用何种系统应根据建筑用途及其重要性、火灾特性和火灾危险性等综合因素进行，可单独使用或两种系统合并使用。具体火灾自动报警系统的设计，应符合现行国家标准《火灾自动报警系统设计规范》(GB 50116—2013)的有关规定。

第三节　地下空间防爆与安全

一、城市地下空间爆炸事故分类

地下空间内部爆炸事故按爆炸事故起因分为恐怖袭击爆炸事故和偶然爆炸事故两大类，偶然爆炸事故又可分为交通事故引发爆炸和可燃性气体爆炸。

1. 恐怖袭击爆炸事故

近年来，恐怖袭击事件频繁发生，造成了大量的人员伤亡和财产损失，据统计，过去几年全球所发生的恐怖事件中有约85%属于爆炸袭击事件,对于重要建筑物和构筑物,实施爆炸袭击可造成大的经济损失和人员伤亡,很容易成为恐怖分子袭击的目标。地铁作为城市交通大动脉,由于其人员密集程度高、客流量大、人员疏散困难、救援难度大、爆炸破坏效应及其产生的次生危害很大等特点,更是其成为恐怖分子爆炸袭击的主要目标。

2. 偶然爆炸事故

1)交通事故引发爆炸

隧道内因车辆相撞、列车出轨或运载易燃易爆物发生的爆炸事件层出不穷,这些爆炸事件往往造成结构的倒塌损毁、严重的人员伤亡和经济损失。

2)可燃性气体爆炸

可燃气体爆炸的形式大致分为定压燃烧、定容爆炸、爆燃和爆轰四种。

(1)定压燃烧是无约束敞开型的稳定燃烧过程,其燃烧产物能够及时排放,因而内部压力始终保持与外界环境压力相平衡,其主要特征为定压燃烧速度,取决于燃料输送速率和反应速率。

(2)定容爆炸是体积已知的刚性容器中可燃气体预混燃料均匀同时点火所发生的燃烧过程,实际上均匀同时点火是不大可能的,因而这是一个理想爆炸形式。

(3)爆燃是燃烧火焰面遇到边界约束或障碍物,燃烧产物形成一定的压力而在波阵面两侧产生压力差,进而形成以声速向前传播的压力波,此压力波也被称为前驱压力波或前驱冲击波。由此可见,前驱压力波和其后尾随的燃烧火焰面构成了爆燃。爆燃是一种不稳定的燃烧波,爆燃过程火焰速度特点是以亚音速传播。

(4)爆轰是可燃气体燃烧与爆炸的最高形式,其特征是形成以相对于波前未反应混合物的超音速传播并带化学反应的冲击波。跨过其波阵面,压力和密度具有突跃增加的特点。

综上所述,地下空间内部爆炸事故中,由于爆炸发生在建筑物内部,在相对封闭的环境中,爆炸释放的能量完全或大部分封闭在建筑物内,爆炸冲击波在结构壁面的多次反射,使得建筑物内部的爆炸压力分布及其作用十分复杂,比之自由空气中的爆炸,压力波形成具有多次反射特点,压力峰值大、作用时间长而且在空间传播过程中衰减要慢得多,对结构和设备构成巨大的破坏威胁。此外,内部爆炸不仅可破坏爆心附近的墙体、结构构件,还可能破坏生命线系统,堵塞通道、产生浓烟和尘土;另一方面,由于爆炸发生在一个相对封闭的环境中,除非出现爆炸破坏一些关键承重构件后导致建筑物部分或总体倒塌的情况,通常爆炸产生的破坏被限制在一个相对小的范围内。

二、城市地下空间爆炸的破坏效应

炸药爆炸是一种高速进行且能自动传播的化学反应过程,同时释放出大量的热并能生成大量的气体产物。炸药爆炸时,在极短时间内和有限的空间里释放出巨大的能量,炸药内的绝大部分物质转化为高温气体,急剧膨胀并压缩周围空气,导致冲击波产生。爆炸冲击波在空气中以超音速传播,所到之处空气的压力、密度、温度和空气质点速度急剧增大。

在爆炸恐怖活动中,爆炸的破坏效应主要有爆炸引起的直接毁伤、爆炸冲击波和爆炸产生的毒气及噪声,并造成对建筑结构、内部设备和设施以及人员的间接毁伤。爆炸引起的直接毁伤是炸弹在目标相对近的距离爆炸时,由爆炸冲击波、破片和飞散物对建筑结构和人员造成的破坏作用。当炸药与建筑结构接触爆炸时,爆炸点附近的材料或结构在爆炸压力作用下可能被压碎、破裂,造成局部破坏,严重时乃至整体破坏。破坏现象主要包括形成弹坑,混凝土结构震塌和局部破裂,结构被贯穿,甚至造成建筑坍塌。爆炸间接毁伤是指除上述造成爆炸直接毁伤各种因素外,由爆炸产生直接的冲击或感生的冲击引起的震动对人员、设施或仪器设备造成的伤害以及爆炸产生的毒气和噪声等因素造成的伤害。

1. 对建筑物的破坏

建筑结构常为钢筋混凝土结构,在承受近距离爆炸荷载时,除了产生整体破坏外,还可能产生局部破坏,即震塌与破裂。

结构整体破坏是指在爆炸荷载作用下,整个结构产生变形和内力,如产生梁、板弯曲、剪切变形,柱的压缩及基础沉陷等,由于变形、裂缝过大,结构变形与失稳,造成整个结构的倒塌。

结构局部破坏主要是爆炸点附近的材料质点获得了极高的速度,使介质内产生很大的应力而使结构破坏,并且破坏都是发生在爆炸点及其反表面附近区域内。结构的震塌通常是在混凝土结构背面出现剥落,并有混凝土碎块飞出。震塌是混凝土在垂直于自由面方向受拉破坏的结果,当冲击波正面撞击构件时,在构件材料中产生压缩波,压缩波通过构件到达背部自由表面,被反射为拉伸波,其波形和大小与压缩波相同。冲击波在向回传播期间,如反射波的拉应力与压缩波的压应力共同作用后超过混凝土的抗拉强度,则材料将被拉断裂,背部自由面与破坏面之间的部分混凝土将与其他部分脱离,形成震塌。破裂则是指局部混凝土碎裂甚至出现破口。

2. 对人员的伤害

爆炸冲击波对人员伤害极大,能引起血管破裂,致使皮下或内脏出血、内脏器官破裂,尤其是肝脾等器官破裂或肺脏撕裂等。高能炸药爆炸冲击波对人员的杀伤作用取决于多种因素,其中主要包括装药尺寸、冲击波持续时间、人员相对于爆炸点的方位、人体防御措施及个人对爆炸冲击波荷载的敏感程度等。

直接或初始冲击波作用,与空气冲击波传播时环境压力的变化有关。哺乳动物对入射波、反射波和动压、冲击压到达后上升到峰值超压的速度和冲击波持续时间都很敏感。决定冲击波伤害的参数还有:环境的大气压力、动物大小和种类、年龄等。身体上邻近组织密度相差最大的各部位,最容易受到冲击波的伤害,含有空气的肺组织比其他要害器官更容易受到初始冲击波的伤害,肺的伤害会直接或间接引许多有关冲击波伤害的病理生理效应,伤害包括肺出血、肺水肿、肺破裂和对中枢神经系统的伤害等。其他有害影响有:耳鼓膜破裂,中耳损伤,对喉咙和脊椎神经胚根的损伤以及身体其他部位的损伤等。

间接冲击波作用主要分为两类,即次生作用和第三作用。次生作用包括由爆炸装置本身和位于爆炸装置附近的物体所形成的抛掷物的撞击作用,这些抛掷物在与冲击波相互作用之后而加速。影响破片撞击对人体伤害程度的各类因素有:质量、速度、形状、密度、横截面和撞击角。病理生理学作用包括:皮肤划破、异物侵入要害器官、钝器损伤以及头骨和骨髓破裂等。第三作用包括整个身体发生位移,接着发生减速撞击。在这种情况下,冲击波压力和气流使身体发生位移。在加速阶段会发生伤害,在减速撞击中也会发生伤害,而减速撞击的伤害程度要更为严重。伤害程度取决于撞击时的速度变化、减速过程的时间和距离、撞击表面的形式以及人体碰撞的面积。当人体受到这种加速或减速撞击时,头部是最容易受到机械伤害的部位,因而最需要防护。除了对头部的伤害外,减速撞击也可能伤害内部器官,还可能引起骨折或骨裂,使头盖骨遭受一定概率的破裂所需要的撞击速度,通常低于整个身体任何部位产生相同概率伤害所需要的撞击速度。

三、城市地下空间防爆技术措施

1.工程技术措施

针对不同等级的地下空间内爆炸事故,可给出相应的应对措施,措施主要分类三类,即:风险监测预警措施、风险阻断措施和风险缓解措施。风险监测预警和风险阻断措施主要是为了降低风险发生的可能性而采取的措施,风险缓解是针对事故后果损失而采取的措施。具体地下空间防爆技术措施包括:

(1)安装照明系统。照明可以提供一个基本的、可用的并且是有效的安全和防卫措施。通过对所有关键区域提供可视性,照明能够使监视着管理员或执行部门采取一些必要的预防行动,以阻止一个蓄意的威胁或探测到一个在隧道内即将发生或已经发生的破坏。另外,正确的照明还可以让工作人员、人群在紧急事件中安全地撤离,同时还可以帮助事件的响应者到达事故区域。

(2)安装适用的通风系统。应为地下空间提供最适用的通风系统,对于已经安装通风系统的地下空间,管理者或运行者必须对当前系统做一个细致的调查。

(3)安装闭路电视系统。闭路电视系统能够让控制者看见地下空间内传来的实时图像。图像来自位于入口或沿道路放置或与控制中心相连的摄像机,在控制中心里,图像可以被运行者记录或监视,也可以通过一个可靠的内部网络被决策者和紧急事件响应者共享。

(4)加强安全意识培训。为地下空间服务或管理人员提供合适的工具去监测潜在的安全威胁能够阻止事故的发生。培训项目可以使工作人员获取知识,并将这些信息传给他人。

(5)加强巡逻。地下空间内工作人员可以通过巡逻来提高安全和防卫水平。巡逻可以安排一些经过训练的人去检查隧道结构与支护系统的内部和周围。

(6)对危险材料进行限制。对于重要的地下空间来说,工作人员的一个重要工作就是限制危险材料通过隧道结构。这个措施旨在保护隧道,避免爆炸事故带来的损失。

(7)加强人员检查。在不违反法律条件下,对进入隧道内的人员进行身份检查,以辨别一些具有明显威胁的危险人员。检查范围可以从粗略的抽查到全面的信息检查。

(8)安装侵入监测系统。在危险部位或不允许一般人员进入的地方安装红外探测器等报警器。

(9)制定应急预案。制定应急预案,保证在爆炸事故发生后能够及时有效地对人员进行撤退及救援。

(10)进行全面的紧急响应训练。为了应对爆炸灾害,进行全面的紧急响应训练,能有效地教导工作人员和紧急响应者怎样处理多变的紧急情况。

(11)加强进口防卫。在地下空间结构的进口固定位置布置警力或安全人员,以检查进入隧道的机械和人员,并观察所有发生在隧道内和周围的活动,对进入隧道的所有人员和材料都进行彻底检查。安全人员和警力可以灵活和快速的布置。

(12)检查人员/车辆。利用人工检查、自动检测等方法对进入地下空间内所有人员的车辆进行检查。

(13)使用查弹犬。在隧道中可使用查弹犬去探测爆炸装置,以应对高水平的威胁。

(14)进行证件校对。在每个重要入口都进行证件校对,保证未授权人员不能进入。

(15)移动或固定的爆炸装置探测。在隧道区域内部和周围安装固定在隧道结构内的,或者利用机械方式可移动的爆炸探测装置。

(16)建立后备通风系统。在主要通风系统不能使用的时候,建立的后备通风系统,可用于供应新鲜空气和在紧急条件下移出不纯空气,对于爆炸后的救援及应急能够起到良好作用。

(17)采取结构加强措施。可主要对地下空间内的结构进行加强,以减少爆炸灾害造成的后果,包括加强隧道管片的抗剪强度、增加钢板内衬、增加内部衬砌螺栓连接、增加内外顶钢/混凝土板、增加柱的钢/混凝土外包。

2. 应急响应措施

应急响应指在发生事故或即将发生事故的情况下,各级应急组织针对事故的应急状态,实行正确决策,采取有效措施,妥善处置事故,从源头降低事故发生的风险,将事故后果减到最小所进行的一系列决策、组织指挥和相应的行动。

应急响应工作包括以下方面:

(1)及时准确确定事故应急状态。事故的应急状态主要包括事故发生前的事故应急处置状态、应急事故发生后的应急救援,一般由现场管理负责人对出现的异常情况或事故进行核查,并在确认后,初步判定应急状态等级,并将应急状态等级及应急建议迅速报告。

(2)快速启动应急组织。地下空间管理部门一般应设置相应的应急组织,在事故发生后作为第一响应单位进行事故的预防及响应,并根据事故的应急状态启动应急响应。

(3)进行事故分析,积极采取各种防护措施降低事故损失。

(4)做好伤员的救治工作以及事故信息的发布工作。

(5)恰当调动、协调各种应急支援力量。

(6)做好联络、交通运输等后勤保障工作。

3. 事故调查与评估

事故的调查与评估不仅可以让我们吸取教训、总结经验、完善制度,还可以对事故可能性及后果预测模型进行检验,防止类似事件发生,为更加科学地制订防范措施提供依据。事故的调查是通过一定的现场勘查、人员访问等方式获取相关事故信息的过程。事故评估是指根据收集来的相关事故信息对事故进行分析判断。事故调查与评估的目的主要是寻找事故源头、理顺导致事故发生的各种因素之间的关系、评定损失。

(1)事故调查

我国事故调查分析主要依据国家标准《企业职工伤亡事故调查分析规则》(GB 6442—1986)。在事故原因分析时通常要明确一下内容:在事故发生之前存在什么样的不正常状态、不正常的状态是在哪儿发生、在什么时候首先注意到不正常的状态、不正常状态时如何发生的、事故为什么会发生、事故发生的可能顺序以及可能的原因(直接原因、间接原因、分析可选择的

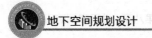

事故发生顺序)。事故调查的程序如下:

①现场勘察,查看事故现场状况,拍摄摄录有关的痕迹和物件,收集和妥善处理与事故有关的物证。

②收集资料,包括向有关人员调查事故经过和原因,并做好询问记录;有关规章制度及执行情况;设计和工艺技术等资料;对设备、设施所做的技术鉴定材料或试验报告等。

③事故分析,整理和阅读调查资料,分析伤害方式,确定事故的直接原因和间接原因。

④根据事故后果和事故责任者应负的责任提出处理意见。

⑤事故的教训和防范措施建议。

(2)损失评估

地下工程内发生爆炸灾害风险事故,事故的发生将产生各种各样的后果损失,如地下空间结构损坏、机械设备损坏、人员伤亡、工期拖延、环境破坏以及不良社会影响等;而各种后果损失的性质、表现形式、估计方法不尽相同。结合实际情况,本着风险后果判定简便性和准确性的原则,现将后果分为人员伤亡、工程自身损失、周边环境损失以及社会损失四个方面。

①人员伤亡:人员伤亡主要是指地下空间内管理人员、服务人员、使用人员的伤亡情况。

②工程自身损失:工程自身损失是指在地下空间范围内对地下空间结构、设备等自身要素造成的损失。对于施工期间的地下工程来说,自身损失是指事故对工程结构、施工人员、施工机械、工期等的影响;对于运行期间地下工程来说,自身损失主要指爆炸对于地下空间结构、功能设备的影响。

③周边环境损失:周边环境损失指相对于工程自身而言的,更趋向于工程自身之外的周边建筑物或其他基础设施的破坏及人员伤亡,也包括对地面交通的影响。

④社会损失:社会损失指事故对社会造成的不良影响和危害,这些影响包括:对企业声誉的影响,政治影响,对政治稳定、社会治安的影响,对社会生活秩序、社会关系的影响,对社会舆论的影响,对社会公众精神与心理的影响等。

第四节　地下空间减震与安全

一、城市地下空间震害特点

1.隧道的震害特征

盾构隧道和明挖隧道的震害特征基本一致,主要有:衬砌开裂、衬砌剪切破坏、边坡破坏造成隧道坍塌、洞门裂损、渗漏水、边墙变形和底拱损坏等。

(1)衬砌开裂

衬砌开裂是最常发生的现象。主要包括衬砌的纵向裂损、横向裂损、斜向裂损、斜向裂损进一步发展所致的环向裂损、底板隆起以及沿孔口如电缆槽、避车洞或避人洞发生的裂损。

(2)衬砌剪切破坏

对于衬砌剪切破坏,软土地区的盾构隧道主要表现为裂缝、错台,山岭隧道主要表现为衬砌受剪后的断裂、混凝土剥落、钢筋裸露拉脱。

（3）边坡破坏造成隧道坍塌

这种震害特征多发生于山岭隧道。地震中临近边坡的隧道可能会由于边坡失稳破坏而坍塌。

（4）洞门裂损

洞门裂损主要发生在端墙式和柱墙式洞门结构中。

（5）渗漏水

大部分地下结构震害都伴随渗漏水的发生。沙土地区盾构隧道多表现为地下水的渗流，隧道内涌入泥沙等现象。

（6）边墙变形和底拱损坏

对于地下结构的破坏，当侧压比小于1时，破坏主要发生在边墙；当侧压比大于1时，破坏主要发生在拱部、底部；当侧压比等于1时，洞周都发生破坏，高跨比很小时，情况例外。

2. 地下框架结构的震害特点

地下结构中的框架结构震害中，混凝土中柱破坏现象最为突出，虽然各车站震害程度不同，但具体到某个车站，混凝土中柱损坏程度比其他构件更为严重。因此，对于箱形地下轨道交通车站结构，混凝土中柱结构是薄弱环节，对其设计应高度重视。中柱的破坏包括弯曲破坏、剪切破坏及弯剪联合破坏。

（1）弯曲破坏

造成中柱弯曲破坏的一个主要原因是其弯曲延性不足，延性不足意味着混凝土中柱在反复循环载荷作用下，经过几个周期变形后，强度明显下降，塑性铰区域内的混凝土压应力大于其无侧限抗压能力，造成混凝土保护层剥落，进而对搭接的箍筋失去约束作用，无法控制核心混凝土的横向变形，导致压碎区向核心区域扩展，纵向钢筋屈曲，强度迅速降低，最后中柱因无法承载而破坏。

（2）剪切破坏

中柱剪切破坏受多种复杂因素影响，混凝土的剪力传递、沿弯曲—剪切斜裂缝处集料的咬合程度、箍筋水平连接产生的桁架机制等都会影响混凝土中柱截面的抗剪强度。如果产生桁架机制的箍筋发生屈服，剪切裂缝宽度和数量将迅速扩展，又由集料咬合作用产生的混凝土抗剪机理强度也随之折减，造成混凝土剥落，纵向钢筋受剪而变曲，最终导致中柱发生脆性剪切破坏。多数中柱出现剪切破坏的一个直接原因是：在结构设计时，中柱作为铰约束进行分析，但实际上，轴向钢筋深固于纵梁内部而形成刚性约束，导致弯矩和剪切力大于设计值；另外，为承受较大轴力，纵向钢筋配筋率较高，使弯曲刚度增大，抗剪强度相对降低。

（3）弯剪联合破坏

在强烈地震作用下，由于中柱纵向钢筋过早被切断，抗弯强度降低，在离中柱固定端一定位置处形成塑性铰区域。在此区域内，弯曲—剪切裂缝宽度的增加使集料间通过咬合所传递的抗剪能力也丧失，从而发生弯曲—剪切破坏。

二、城市地下空间减震控制技术

地下结构在地震作用下主要是追随周围土层的运动，其自身的振动特性表现不明显，周围地层的变形大小和结构变形能力是决定地下结构抗震安全性的关键因素。因此,地下结构的抗减震措施主要包括三类:一类是通过地基加固等手段降低周围地基变形的大小;第二类是通过调整结构参数降低结构的刚度,增强其变形能力;第三类是设置减震装置,在隧道中设置特殊构造来降低地震时的结构内力。

1.地基加固

通过地基处理方法提高隧道结构周围地基的强度和模量,能起到减小地基变形,从而降低传递到结构上作用力的效果。

注浆加固是加固隧道周围围岩的一种有效方法。通过对围岩进行注浆,使围岩刚度相对于衬砌刚度发生变化,从而使衬砌在地震中的响应减小,这是减震的主要途径之一。

2.调整衬砌结构刚度

(1)采用刚性结构

采用刚性结构即大大增加衬砌结构的刚度,做成“刚性结构”。由于衬砌结构的变形受围岩变形控制,而围岩主要是受剪变形作用,其变形规律是:上部大,下部小。因此,当采用刚性结构时,必然使衬砌结构承受更大荷载。同时为了增加地下结构的刚性,必然要增加材料用量,工程费用也随之加大。可见,采用刚性结构并不经济,且破坏危险性较大。然而,目前我国铁路、公路隧道的抗震设计主要还是通过提高衬砌刚度来实现,其设计思想的合理性还有待探讨。

(2)采用柔性结构

采用柔性结构即大大减少地下结构的刚度,做成“柔性结构”。这样做能有效减少衬砌结构的加速度响应,减少地震荷载,但同时位移会加大,在静载或地震荷载作用下可能显得刚度不足,影响隧道正常使用。

(3)采用延性结构

采用延性结构即适当控制衬砌结构的刚度,使结构某些构件在地震时进入非弹性状态,并且具有较大的延性以耗散地震能量,减轻地震响应,使地下结构“裂而不倒”。这种方法在很多情况下是很有效的,但也存在诸多局限,比如接头进入非弹性状态,将使衬砌结构变形加大,使内部附属设施严重损坏;另外,若遭遇超过设计烈度的地震时,接头构件发生非弹性变形甚至损坏,震后修复非常困难。

有关隧道及地下结构减震,一直都有“刚”、“柔”之争。一般柔性结构和延性结构的抗震性能要优于刚性结构,但柔性结构和延性结构产生的位移都较大,限制了它们在工程中的使用。

3.设置减震装置

这属于隔震技术范畴。隔震技术是近年来发展起来的一种新技术,并且在地面结构抗震工程中取得了显著效果。它采用的是一种特殊的措施来隔离地震对上部结构的影响,地震能量直接由基础的隔震支座和耗能装置所吸收,使建筑物在地震时只产生很小的振动。地下结构由于周边被岩土体所包围,其受力状态不同于地面结构,其变形要受到岩土体约束,岩土体本身不仅是结构物的震源,而且还是结构物的附加荷载,因此,地下结构的减震方法不同于地面结构。

减震模式的基本构思是：在衬砌的周边和围岩之间设减震装置，使原有衬砌—围岩系统变成衬砌—减震层—围岩系统，其目的是通过减震层将衬砌与周围介质隔开，从而减小和改变地震对结构的作用强度和方式，以便达到减小结构振动的目的。减震层不但要能隔断周围地层对衬砌的约束力，而且还要能吸收衬砌与地层之间反复循环的动应变或相对动位移。此外，减震层应具有充分弹性，保证在一次地震塑性化后，下一次地震时能再发挥作用。

常用减震装置主要包括：减震器、板式减震层、压注式减震层等，如图 8-8 和图 8-9 所示。减震器一般由提供刚度的弹簧和提供阻尼的橡胶材料组成，主要有板式减震器、压注式减震器等。板式减震层是将减震材料制成板材，以便于现场施工。压注式减震层是新近开发出来的减震材料，包括沥青系、氨基甲酸乙酯系、橡胶、硅树脂系等，这些材料平时呈液状，与硬化添加剂一起压注到围岩与衬砌之间的间隙内，硬化后就形成减震层，这种减震材料具有较高的剪切变形性能、耐久性好、施工性好、不易产生有害物质。

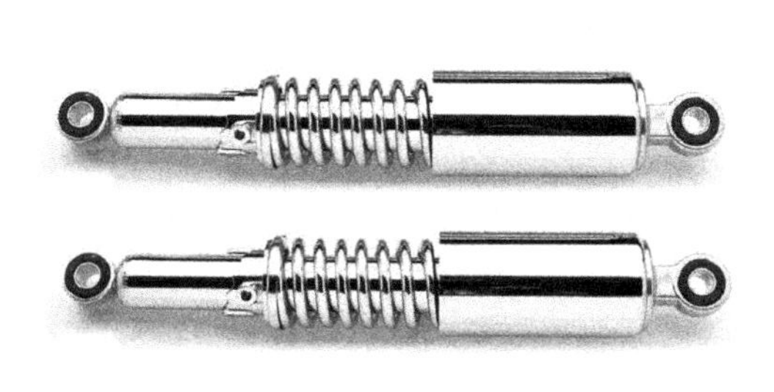

图 8-8 减震器

图 8-9 减震层

三、城市地下空间消能减震体系

地震时地面振动引起结构的震动反应，结构接收了大量的地震能量，要通过能量转换或消耗才能结束震动反应。

结构及承重构件在地震中可能损坏，该损坏过程就是能量的“耗能”过程。结构和构件的严重破坏或倒塌即为能量转换或消耗的完成。

结构消能减震体系，是把结构物的某些非承重构件（如支撑、连接件等）设计成消能杆件，或在结构的某部位（层间空间、节点等）设置消能装置。在小地震时，这些消能装置处于弹性状态。遇到中、强地震时，随着结构侧向变形的增大，消能构件或消能装置率先进入非弹性状态，产生大阻尼，大量消耗输入结构的地震能量，使主体结构避免进入明显的非弹性状态，并迅速衰减结构地震反应，保证主体结构的安全。

传统抗震结构，为终止结构地震反应，必导致主体结构及承重构件的损坏、严重破坏或倒塌。消能减震体系中，消能构件或消能装置率先发挥消能作用，大量消耗输入结构的地震能量，从而保护主体结构及承重构件，并迅速衰减结构的地震反应。

与传统抗震结构体系相比，消能减震结构体系具有下述优越性：

（1）安全性

传统抗震结构体系实质上把结构本身及主要构件作为“消能”构件，允许结构本身及构件在地震中出现不同程度损坏，由于地震烈度的随机变化和抗震能力设计计算的误差，结构在地震中的损坏程度难以控制，无法保证安全。

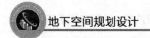

消能减震结构体系设置的消能构件或消能装置具有极大的消能能力，在强震中能率先消耗结构的地震能量，迅速衰减结构的地震反应，确保结构安全。

此外，消能构件或消能装置属“非结构构件”，即非承重构件，其功能仅是在结构变形过程中发挥消能作用，而不承担承载作用，因此，对结构的承载能力和安全不构成影响或威胁。所以，消能减震结构体系是一种安全可靠的结构减震体系。

(2)经济性

传统结构抗震材料“硬抗”的方法，通过加大构件截面、增加配筋等途径提高抗震性能，因此，抗震结构的造价大大提高。

耗能减震结构是通过“柔性消能”的途径减少地震反应，因此，可以减少结构断面，减少配筋，而耐震安全度反而提高。

(3)技术合理性

传统抗震结构体系通过加强结构，提高侧向刚度以满足抗震要求。但加强结构后，地震作用随之增大，只有再加强结构，形成恶性循环。这样，既影响经济性、安全性，又对采用轻质高强材料的工程结构造成严重的制约。

消能减震结构通过设置消能构件或消能装置，可在地震发生时大量消耗输入到结构的地震能量，从而保护主体结构的安全。

由于消能减震结构体系具有上述优越性，已被广泛、成功地应用于“柔性”工程结构物的减震设计中。

第五节　地下空间防洪与安全

一、城市地下空间洪灾事故分类

(1)因雨量太大且集中，城市的排水系统不畅或者雨量超过排水设计能力，造成路面积水，地下空间的地面挡水板、沙袋无法抵御高水位，致使雨水漫进地下空间。

(2)地下空间的排水系统故障，如架空电缆被台风刮断、遭雷击、电气设备被水淹造成跳闸等各种原因的停电，导致排水能力丧失，从而造成地下空间积水受淹。

(3)未能及时落实各类孔口、采光窗、竖井、通风孔等的各项防汛措施，暴雨打进和漫进地下空间，造成地下空间积水受淹。

(4)地下空间外面的积水从排出管倒灌而止回阀失效，造成地下空间积水。

(5)城市市政改造导致路面高程抬高，路面积水从地下空间采光窗、出入口等裸露部位漫进地下空间。

(6)城市大口径自来水管爆裂，大量自来水涌入，造成地下空间水灾。

(7)由于地下空间的水泵、管道、阀门、浮球和水位开关等机械故障、管理不善，造成地下空间内部漏水，形成水灾。

(8)大型地下空间的沉降缝止水带老化破裂，造成地下水涌入成灾。

(9)地下水位的抬高,也会加剧简易地下室的渗漏。

(10)由于地下空间的积水和潮湿,使得电气线路的绝缘性能降低,甚至线路浸泡在水中,会导致触电事故,形成二次灾害。

二、城市地下空间洪灾的特点

随着城市地下空间规模的迅速扩大,功能、结构和相邻环境呈现多样性和复杂性,导致地下空间洪涝灾害的成灾特性具有不确定性、难以预见性和弱规律性。

(1)地下空间洪涝灾害成灾风险大。地下空间具有一定埋置深度,通常处在城市建筑层面的最低部位,对于地面低于洪水位的城市地区,由洪涝灾害引起的地下空间成灾的风险高。如沿海城市多位于流域入海口三角洲地区,地势低洼,在上游径流下泄和下游潮水顶托作用下,洪水位多高于地面,加上受海平面上升和地面沉降的影响,要将所有建筑物的地面高程抬高至洪水位以上几无可能。一旦在外围堤防决口或河道调蓄能力有限、内涝积水难以排出的情况下,处于城市最低处的地下空间受淹风险将大幅增加。

(2)灾害发生具有不确定性、难预见性和弱规律性。相对于城市地面建筑空间,地下空间为隐蔽空间,建设和管理的不确定性和受灾风险都高于地面空间。从已发生的地下空间受洪涝灾害的众多案例来看,受灾因素多样化,有自然因素也有人为因素,灾害发生前难以预料。如:上海市和北京市在多次暴雨期间,地下立交受淹的主要因素是因为排水设施无法正常使用或排水能力不足造成;2003 年上海市轨道交通 4 号线施工事故造成黄浦江近 50m 长的防洪墙坍塌,黄浦江水灌满隧道内部,主要因素是断电造成冷冻法开挖失效,若江水倒灌发生在运营期间,后果将不堪设想;2005 年台风“麦莎”期间,上海多处地下车库由于没有完善的挡、排水设施,导致地面水侵入;2012 年台风“海葵”期间,上海嘉定万达广场地下空间集水井部位发生严重冒砂、冒水;2013 年上海嘉定城市岸泊小区由于片区河道通过小区内景观河道漫溢,造成 4 个地下车库完全被淹没;历年来,国内还发生过多起因地下空间内部自来水管爆裂造成受淹的事故。以上各案例,发生原因各不相同,呈多样性,灾害发生前没有明显的自然警示现象,缺少规律性,加上防洪设施和管理措施的不完善,导致灾害发生,并且由于难预见性,灾损严重。

(3)灾害损失大、灾后恢复时间长。城市地下空间功能的多样性和重要性的演变,大型地下城市综合体和大型城市公共设施的出现,加上地下空间规划的连通性、城市承受洪涝灾害能力的脆弱性和地下空间自身抵御洪涝的脆弱性,导致洪涝灾害一旦发生损失严重,短时间内地下空间内的人员、车辆和物资难以快速疏散和撤离,甚至产生相关联的次生灾害。同时,大部分地下空间日常运行管理的配套设备也均位于地下,淹水后,易造成损坏,进一步加剧灾损严重程度和灾后恢复难度,如已发生的一些地下空间受淹后排水设施无法启用或区域排水能力不足,需临时调集排水设备或等外围洪水退去方可救援,造成灾损无法控制和灾后恢复需相当长的时间。

三、城市地下空间防洪工程措施

地下空间是一个相对封闭的环境,因此,地下空间防洪应急设备的布置要与地下空间的防洪特点相对应,应急抢险设备包括防淹门、挡水闸板、潜水泵及水管、电源拖线盘、发电机组、沙袋、五金工具、照明器材、雨衣、雨靴、对讲机等,本节主要针对防淹门、挡水闸板、集水井和排水泵等关键应急设备分别进行介绍。

1. 防淹门

根据《地铁设计规范》(GB 50157—2013)及《轨道交通工程人民防空设计规范》(RF J02—2009),对于穿越河流或湖泊等水域的地铁、越江隧道工程,应在进出水域的隧道两端适当位置设置防淹门或采取其他防淹措施。防淹门由车站控制中心控制。按照地铁工程设计和国家人民防空办公室的要求,地铁在和平时期是交通干线,要保证车站区间隧道连接运营通畅,无需启动人防防淹门,但在遭遇战争破坏、恐怖袭击以及自然灾害时,防淹门将自动关闭,用来防止江水或地面洪水进入隧道、地铁,从而保障隧道、地铁及附属设施的结构安全及人民生命和财产安全。防淹门可以结合隧道的工作井、地下轨道交通车站、通风井等特征建筑物进行布置,一般布置在距离江、河堤岸较近的部位,一方面避免保护范围过大,另一方面又要防止堤岸坍塌对防淹门造成影响,避免引起失效。

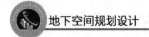

目前防淹门有落闸式和平开式两种,其中落闸式又叫升降式。落闸式闸门门体为单扇,属平面多主梁焊接钢结构构件;门槽作为闸门下滑的导槽,结合土建结构门框二期施工安装在土建结构上;闸门的止水橡胶块在外力的作用下,紧贴在门槽上,止水性能良好。平开式闸门为普通民用门形式,可根据隧道内土建结构尺寸做成一扇或双扇结构,一侧通过铰耳与基础相连,平时置于隧道内壁的一侧,工作时在动力驱动下门扇绕铰耳旋转,门体完全闭合。

地铁隧道防淹门主要用于隧道意外进水时隧道及车站的人员及设备的保护,故地铁隧道防淹门的操作方式主要以自动控制为主,手动控制为辅。

2. 连通口挡水闸板

地下空间出入口设置挡水闸板闸槽是避免地面积水侵入最有效的应急措施之一。特别是对于车辆、人员出入口,出于使用功能角度考虑,与通风井、采光井等连通口不同,往往难以一次性达到防洪设防高程。在此前提下,应采用两级设防体系,台阶和驼峰作为第一级挡水结构,保证日常运行时,积水不深的地表水不会进入地下空间,在洪涝期间,则能起到良好的缓冲作用,为应急抢险和设备物资的运送、安装争取时间;挡水闸板则作为第二级挡水结构,根据气象预警、预报或者外界洪涝发展趋势,及时安装或关闭,与第一级挡水结构共同形成有效的挡水系统。目前挡水闸板可采用沙袋、充水橡胶袋、木板、金属闸板等材料组成。国内使用较为广泛的挡水闸板为铝合金组合闸板,特别是在上海地下轨道交通车站各出入口作为行业规定使用。这种闸板的特点是安装速度快、耐高压、轻巧易搬、储存方便、防水密闭性高,挡水高度1m以内,可在5~10min内快速组装完成,单片闸门板高度为15~30cm,只需在出入口侧墙部位预先安装闸槽。对于出入口距离超宽时可辅以三角撑架加固,形成组合式挡水闸板。

国内对于地下空间连通口挡水闸板新型设备的研发还处于初期阶段,对于地下空间使用最多的就是采用临时性沙袋堆置,由于城市化地区沙袋的日常管理和堆放均不方便,因此,针对地下空间不同的连通口开发新型设备具有广阔的前景。

四、集水井和排水泵

1. 集水井

集水池有效容积一般按《室外排水设计规范》(GB 50014—2006)和设计手册中规定,不应小于最大一台泵5min的出水量，或每小时启动次数不超过6次的出水量计算，这是基于人工操作所需启动时间和避免潜水泵的频繁启动而要求的。

集水井的有效水深一般为1000～1500mm，以保证水泵底有一定的淹没深度，池的高度一般为300～500mm，池底距离水泵底保持一定的距离，一般不宜小于300mm。

集水池内应设水位装置、检修孔口等，并应在集水池入口设拦污格栅等设备。格栅的作用是清除雨水中较大的杂质和漂浮物，以防杂质和漂浮物吸入水泵，损坏泵体，从而延长水泵的使用寿命，有利于水泵的日常维护。

集水井中雨水流态会对泵的运行产生影响，由于水泵与雨水收集系统的集水井相连，暴雨时流速较快的雨水径流进入集水井会形成回流、湍流，从而恶化水泵的进水条件，导致水泵效率下降，因此应采取导流等措施改进雨水流态，以助泵站的正常运行，可设置导流板和挡水板等。

2. 排水泵

排水泵作为地下空间排水的核心，直接对排水的运行效率产生影响。一般要求易安装、易维护、运行安全可靠、结构简单、故障率低。潜水泵具有类似的优点，所以地下空间雨水排放时宜采用潜水泵，其设计流量在自动控制时应按设计秒流量确定，人工控制时应按最大小时流量确定，水泵数量应不少于2台，以保证有1台备用泵。水泵的自动控制不仅有助于及时排水，还可减小集水池容积。因此地下空间的排水宜充分利用潜水泵易于实现自动控制的优点，采用报警水位双泵启动方式控制，即高水位时启动1台水泵，超高水位时再启动1台水泵并报警。值得注意的是，使用潜水泵时，最低水位不应低于电动机露出液面部分的一半高度。水泵的扬程应根据地下空间集水井距离地面的高差，并需考虑水泵运行、管道摩阻、管道弯头连接等因素形成的水头损失，综合确定。

潜水泵的安装，有悬吊式、斜拉式、自由移动式、轨道式自动耦合安装等形式。目前，小型雨水泵站中潜水泵多采用轨道式自动耦合安装，安装、检修时不需进入集水池，便于维护管理。

参考文献

[1] 王文卿. 城市汽车停车场(库)设计手册[M]. 北京:中国建筑工业出版社,2002.

[2] 王文卿. 城市地下空间规划设计[M]. 南京:东南出版社,2000.

[3] 陈立道,朱雪岩. 城市地下空间规划理论与实践[M]. 上海:同济大学出版社,1997.

[4] 合肥市规划局. 合肥市地下空间开发利用规划(2013 ~2020),2014

[5] 南京市规划局. 南京市城市地下空间开发利用总体规划(2015 ~2030),2017.

[6] 南京市规划局. 南京城市轨道交通线网规划(修编),2009.

[7] 周炳宇, 夏南凯, 张雅丽,等. 理想空间——城市地下空间规划与设计[M]. 上海:同济大学出版社,2015.

[8] 钱七虎, 陈志龙, 王玉北,等. 地下空间科学开发与利用[M]. 南京:江苏科学技术出版社,2007.

[9] 俞泳. 城市地下空间研究[D]. 上海:同济大学,2005.

[10] 童林旭. 城市地下空间资源评估与开发利用规划[M]. 北京:中国建筑工业出版社,2009.

[11] 朱迎红. 杭州钱江经济开发区地下空间控制性详细规划研究[D]. 杭州:浙江大学,2012.

[12] 李迅. 李迅谈城市地下空间规划利用:向地下要空间[N]. 中国建设报,2008.

[13] 马仕, 束昱. 上海城市发展对地下空间资源开发利用的需求预测研究[D]. 上海:同济大学,2007.

[14] 束昱. 地下空间与未来城市[M]. 上海:复旦大学出版社,2005.

[15] 徐国强, 郑盛, 胡莉莉. 基于和谐发展理念的城市地下空间规模需求预测研究[J]. 城市规划学刊,2008.

[16] 陈志龙, 王玉北. 地下空间总体规划[M]. 南京:东南大学出版社,2005.

[17] 童林旭. 论城市地下空间规划指标体系[J]. 地下空间与工程学报,2006.

[18] 周庆芬. 地下空间控制性规划指标体系研究[D]. 上海:同济大学,2012.

[19] 上海市地下空间规划编制导则[R]. 上海市城市规划管理局,2008.

[20] 王萍. 太原市城市综合交通规划体系研究[J]. 山西建筑,2010.

[21] 北京交通发展年度报告[R]. 北京交通发展研究中心,2009.

[22] 上海市综合交通规划[Z]. 上海市城市综合交通规划研究所,2008.

[23] 杭州市城市综合交通规划[Z]. 杭州市规划局,2009.

[24] 深圳市城市轨道交通近期建设规划(2011 ~2016 年)[Z]. 深圳市城市规划院,2011.

[25] 于丽, 刘大刚, 郭春. 城市轨道交通地下车站设计与施工[M]. 北京:科学出版社,2014.

[26] 中华人民共和国国家标准. GB 50157—2013　地铁设计规范[S]. 北京:中国建筑工业出版社,2003.

[27] 中华人民共和国行业标准 TB 10003—2016　铁路隧道设计规范[S]. 北京:中国铁道出版社,2005.

[28] 崔之鉴, 周健华. 城市轨道交通结构设计与施工[M]. 北京:水利水电出版社,2011.

[29] 孙章，蒲琪.城市轨道交通概论[M].北京:人民交通出版社,2010.
[30] 高波，王英学，周佳媚.地下铁道[M].成都:西南交通大学出版社,2011.
[31] 张庆贺，朱合华，庄荣,等.地铁与轻轨[M].北京:人民交通出版社,2011.
[32] 鲍宁.城市地铁换乘站建筑设计初探[D].北京:北京交通大学,2009.
[33] 隋晓波.城市轨道交通换乘站设施协调研究[D].北京:北京交通大学,2008
[34] 郝磊.城市地铁车站地区地下空间综合开发建设模式研究[D].上海:同济大学,2008.
[35] 邵继忠，王海丰，季燕福.大连小窑湾国际商务中心核心区地下空间控制导则[R],2012.
[36] 辛庆丽.北京CBD核心区地下商业空间设计研究[D].北京:北京建筑大学,2013.
[37] 罗寅.基于舒适度的重庆地下商业街空间环境设计研究[D].重庆:重庆大学,2012.
[38] 杜洪泰.地下商业街系统设计研究[D].长沙:中南林业科技大学,2014.
[39] 方勇.城市中心区地下空间整合设计研究[D].重庆:重庆大学,2004.
[40] 付玲玲.城市中心区地下空间规划与设计研究[D].南京:东南大学,2005.
[41] 汤永净，朱旻.蒙特利尔地下空间扩建案例对上海的启发[J].地下空间与工程学报,2010.
[42] 胡瑶瑶.深圳地铁5号线上水径站施工设计[J].科技视界,2012.
[43] 林燕.从巴黎德方斯新区人车立体分流系统论立体开发[J].广东工业大学学报,2007.
[44] 刘皆谊.城市立体化视角地下商业街设计及其理论[M].南京:东南大学出版社,2009.
[45] 陈志龙，张平.城市地下停车场系统规划与设计[M].南京:东南大学出版社,2014.
[46] 李雅芬.当前居住小区地下停车库规划与设计的优化研究[D].西安:西安建筑科技大学,2010.
[47] 陆蓉.大城市停车需求预测及停车设施供应策略研究[D].武汉:武汉大学,2007.
[48] 聂婷婷.基于区位的城市停车需求预测研究[D].西安:长安大学,2012.
[49] 南京市建筑物配建停车设施标准与准则[S].南京市规划局,2010.
[50] 王陈媛，张平，陈志龙,等.地下停车场系统布局形态探讨[J].地下空间与工程学报,2008.
[51] 姜毅.大城市中心区地下停车场系统规划研究[D].南京:解放军理工大学,2006.
[52] 王泓，郑苦苦，王波.地下停车诱导系统设计探讨[J].山东建筑大学学报,2007.
[53] 王恒栋，薛伟辰.综合管廊工程理论与实践[M].北京:中国建筑工业出版社,2013.
[54] 王江波，苟爱萍.我国城市共同沟规划建设的缘起与未来[J].四川建筑,2011.
[55] 城市市政工程综合管廊技术研究和开发研究报告[R].上海市市政工程设计研究总院(集团)有限公司,2010.
[56] 胡翔，薛伟辰.上海世博园区预制预应力综合管廊接头防水性能试验研究[J].特种结构,2009.
[57] 胡翔，薛伟辰.预制预应力综合管廊受力性能试验研究[J].土木工程学报,2010.
[58] 戴慎志，郝磊.城市防灾与地下空间规划[M].上海:同济大学出版社,2014.
[59] 朱合华，闫治国.城市地下空间防火与安全[M].上海:同济大学出版社,2014.
[60] 王明洋，宋春明，蔡浩.地下空间防爆与防恐[M].上海:同济大学出版社,2014.

[61] 袁勇，陈之毅.城市地下空间抗震与安全[M].上海:同济大学出版社,2014.
[62] 刘曙光，陈峰，钟桂辉.城市地下空间防洪与安全[M].上海:同济大学出版社,2014.
[63] 朱琳俪.试析上海城市地下空间治理与城市安全[D].上海:复旦大学,2007.
[64] 戴慎志.城市综合防灾规划[M].北京:中国建筑工业出版,2011.
[65] 郝磊，戴慎志，宋彦.城市综合防灾规划编制与评估的美国经验及对我国的启示[J].城市规划学刊,2011.
[66] 李英民，王贵珍，刘立平，等.城市地下空间多灾种安全综合评价[J].河海大学学报(自然科学报),2011.
[67] 史培军.五论灾害系统研究的理论与实践[J].自然灾害学报,2009.
[68] 王薇.城市防灾空间规划研究及实践[D].长沙:中南大学,2007.
[69] 熊彦哲.地下空间建筑火灾成因及防灾救灾对策[J].消防技术与产品信息,2010.
[70] 陈峰.城市地下空间防汛风险综合评估研究[J].同济大学学报(自然科学版),2012.
[71] 丁晓波，陈海霞，张芸芸.关注世博周边地下空间:防洪防汛篇[J].生命与灾害,2010.
[72] 胡月，张继全，刘兴明，等.荷兰防洪综合管理体系及经验启示[J].国际城市规划,2011.
[73] 刘延凯.城市防洪与排水[M].北京:中国水利水电出版社,2008.
[74] 陈明辉.城市综合管沟设计的相关问题研究[D].西安:西安建筑科技大学,2013.
[75] 西安市规划局.西安市城市地下空间利用体系规划,2015.